页岩气
测井方法
与评价

"十三五"国家重点图书

中国能源新战略——页岩气出版工程

国家出版基金项目
NATIONAL PUBLICATION FOUNDATION

编著：魏　斌　邹长春　李　军　王丽忱

U0395534

华东理工大学出版社
EAST CHINA UNIVERSITY OF SCIENCE AND TECHNOLOGY PRESS
·上海·

上海高校服务国家重大战略出版工程资助项目

图书在版编目(CIP)数据

页岩气测井方法与评价/魏斌等编著.—上海：
华东理工大学出版社,2016.12
（中国能源新战略：页岩气出版工程）
ISBN 978-7-5628-4503-4

Ⅰ.①页…　Ⅱ.①魏…　Ⅲ.①油页岩—油气测井—研
究　Ⅳ.①TE151

中国版本图书馆 CIP 数据核字(2016)第 319493 号

内容提要

全书共分六章,第 1 章系统地介绍了地球物理测井原理、响应机理及测井方法；第 2 章为井筒质量测井解释与评价技术；第 3 章具体阐述了岩石测井解释与评价；第 4 章是流体(含气性)和有机地化的测井解释与评价；第 5 章系统地阐述了环境测井解释与评价；第 6 章系统地介绍了测井系列组合与优化。

本书可作为高等学校地质相关专业本科生、研究生的学习指导书,也可供从事页岩气地质分析与调查评价、测井评价、生产和管理的人员参考使用。

项目统筹 / 周永斌　马夫娇		
责任编辑 / 韩　婷		
书籍设计 / 刘晓翔工作室		
出版发行 / 华东理工大学出版社有限公司		

地址：上海市梅陇路 130 号,200237

电话：021-64250306

网址：www.ecustpress.cn

邮箱：zongbianban@ecustpress.cn

印　　刷 / 上海雅昌艺术印刷有限公司
开　　本 / 710 mm×1000 mm　1/16
印　　张 / 19.5
字　　数 / 311 千字
版　　次 / 2016 年 12 月第 1 版
印　　次 / 2016 年 12 月第 1 次
定　　价 / 98.00 元

总序

一

　　能源矿产是人类赖以生存和发展的重要物质基础，攸关国计民生和国家安全。推动能源地质勘探和开发利用方式变革，调整优化能源结构，构建安全、稳定、经济、清洁的现代能源产业体系，对于保障我国经济社会可持续发展具有重要的战略意义。中共十八届五中全会提出，"十三五"发展将围绕"创新、协调、绿色、开放、共享的发展理念"展开，要"推动低碳循环发展，建设清洁低碳、安全高效的现代能源体系"，这为我国能源产业发展指明了方向。

　　在当前能源生产和消费结构亟须调整的形势下，中国未来的能源需求缺口日益凸显。清洁、高效的能源将是石油产业发展的重点，而页岩气就是中国能源新战略的重要组成部分。页岩气属于非传统（非常规）地质矿产资源，具有明显的致矿地质异常特殊性，也是我国第172种矿产。页岩气成分以甲烷为主，是一种清洁、高效的能源资源和化工原料，主要用于居民燃气、城市供热、发电、汽车燃料等，用途非常广泛。页岩气的规模开采将进一步优化我国能源结构，同时也有望缓解我国油气资源对外依存度较高的被动局面。

　　页岩气作为国家能源安全的重要组成部分，是一项有望改变我国能源结构、改变我国南方省份缺油少气格局、"绿化"我国环境的重大领域。目前，页岩气的开发利用在世界范围内已经产生了重要影响，在此形势下，由华东理工大学出版社策划的这套页岩气丛书对国内页岩气的发展具有非常重要的意义。该丛书从页岩气地质、地球物理、开发工程、装备与经济技术评价以及政策环境等方面系统阐述了页岩气全产业链理论、方法与技术，并完善了页岩气地质、物探、开发等相关理论，集成了页岩气勘探开发与工程领域相关的先进技术，摸索了中国页岩气勘探开发相关的经济、环境与政策。丛书的出版有助于开拓页岩气产业新领域、探索新技术、寻求新的发展模式，以期对页岩气关键技术的广泛推广、科学技术创新能力的大力提升、学科建设条件的逐渐改进，以及生产实践效果的显著提高等，能产生积极的推动作用，为国家的能源政策制定提供积极的参考和决策依据。

我想，参与本套丛书策划与编写工作的专家、学者们都希望站在国家高度和学术前沿产出时代精品，为页岩气顺利开发与利用营造积极健康的舆论氛围。中国地质大学（北京）是我国最早涉足页岩气领域的学术机构，其中张金川教授是第376次香山科学会议（中国页岩气资源基础及勘探开发基础问题）、页岩气国际学术研讨会等会议的执行主席，他是中国最早开始引进并系统研究我国页岩气的学者，曾任贵州省页岩气勘查与评价和全国页岩气资源评价与有利选区项目技术首席，由他担任丛书主编我认为非常称职，希望该丛书能够成为页岩气出版领域中的标杆。

让我感到欣慰和感激的是，这套丛书的出版得到了国家出版基金的大力支持，我要向参与丛书编写工作的所有同仁和华东理工大学出版社表示感谢，正是有了你们在各自专业领域中的倾情奉献和互相配合，才使得这套高水准的学术专著能够顺利出版问世。

中国科学院院士

2016年5月于北京

总

序

二

进入21世纪,世情、国情继续发生深刻变化,世界政治经济形势更加复杂严峻,能源发展呈现新的阶段性特征,我国既面临由能源大国向能源强国转变的难得历史机遇,又面临诸多问题和挑战。从国际上看,二氧化碳排放与全球气候变化、国际金融危机与石油天然气价格波动、地缘政治与局部战争等因素对国际能源形势产生了重要影响,世界能源市场更加复杂多变,不稳定性和不确定性进一步增加。从国内看,虽然国民经济仍在持续中高速发展,但是城乡雾霾污染日趋严重,能源供给和消费结构严重不合理,可持续的长期发展战略与现实经济短期的利益冲突相互交织,能源规划与环境保护互相制约,绿色清洁能源亟待开发,页岩气资源开发和利用有待进一步推进。我国页岩气资源与环境的和谐发展面临重大机遇和挑战。

随着社会对清洁能源需求不断扩大,天然气价格不断上涨,人们对页岩气勘探开发技术的认识也在不断加深,从而在国内出现了一股页岩气热潮。为了加快页岩气的开发利用,国家发改委和国家能源局从2009年9月开始,研究制定了鼓励页岩气勘探与开发利用的相关政策。随着科研攻关力度和核心技术突破能力的不断提高,先后发现了以威远–长宁为代表的下古生界海相和以延长为代表的中生界陆相等页岩气田,特别是开发了特大型焦石坝海相页岩气,将我国页岩气工业推送到了一个特殊的历史新阶段。页岩气产业的发展既需要系统的理论认识和配套的方法技术,也需要合理的政策、有效的措施及配套的管理,我国的页岩气技术发展方兴未艾,页岩气资源有待进一步开发。

我很荣幸能在丛书策划之初就加入编委会大家庭,有机会和页岩气领域年轻的学者们共同探讨我国页岩气发展之路。我想,正是有了你们对页岩气理论研究与实践的攻关才有了这套书扎实的科学基础。放眼未来,中国的页岩气发展还有很多政策、科研和开发利用上的困难,但只要大家齐心协力,最终我们必将取得页岩气发展的良好成果,使科技发展的果实惠及千家万户。

这套丛书内容丰富,涉及领域广泛,从产业链角度对页岩气开发与利用的相关理论、技术、政策与环境等方面进行了系统全面、逻辑清晰地阐述,对当今页岩气专业理论、先进技术及管理模式等体系的最新进展进行了全产业链的知识集成。通过对这些内容的全面介绍,可以清晰地透视页岩气技术面貌,把握页岩气的来龙去脉,并展望未来的发展趋势。总之,这套丛书的出版将为我国能源战略提供新的、专业的决策依据与参考,以期推动页岩气产业发展,为我国能源生产与消费改革做出能源人的贡献。

中国页岩气勘探开发地质、地面及工程条件异常复杂,但我想说,打造世纪精品力作是我们的目标,然而在此过程中必定有着多样的困难,但只要我们以专业的科学精神去对待、解决这些问题,最终的美好成果是能够创造出来的,祖国的蓝天白云有我们曾经的努力!

中国工程院院士

2016年5月

总序

三

    页岩气属于新型的绿色能源资源，是一种典型的非常规天然气。近年来，页岩气的勘探开发异军突起，已成为全球油气工业中的新亮点，并逐步向全方位的变革演进。我国已将页岩气列为新型能源发展重点，纳入了国家能源发展规划。

    页岩气开发的成功与技术成熟，极大地推动了油气工业的技术革命。与其他类型天然气相比，页岩气具有资源分布连片、技术集约程度高、生产周期长等开发特点。页岩气的经济性开发是一个全新的领域，它要求对页岩气地质概念的准确把握、开发工艺技术的恰当应用、开发效果的合理预测与评价。

    美国现今比较成熟的页岩气开发技术，是在20世纪80年代初直井泡沫压裂技术的基础上逐步完善而发展起来的，先后经历了从直井到水平井、从泡沫和交联冻胶到清水压裂液、从简单压裂到重复压裂和同步压裂工艺的演进，页岩气的成功开发拉动了美国页岩气产业的快速发展。这其中，完善的基础设施、专业的技术服务、有效的监管体系为页岩气开发提供了重要的支持和保障作用，批量化生产的低成本开发技术是页岩气开发成功的关键。

    我国页岩气的资源背景、工程条件、矿权模式、运行机制及市场环境等明显有别于美国，页岩气开发与发展任重道远。我国页岩气资源丰富、类型多样，但开发地质条件复杂，开发理论与技术相对滞后，加之开发区水资源有限、管网稀疏、人口稠密等不利因素，导致中国的页岩气发展不能完全照搬照抄美国的经验、技术、政策及法规，必须探索出一条适合于我国自身特色的页岩气开发技术与发展道路。

华东理工大学出版社策划出版的这套页岩气产业化系列丛书，首次从页岩气地质、地球物理、开发工程、装备与经济技术评价以及政策环境等方面对页岩气相关的理论、方法、技术及原则进行了系统阐述，集成了页岩气勘探开发理论与工程利用相关领域先进的技术系列，完成了页岩气全产业链的系统化理论构建，摸索出了与中国页岩气工业开发利用相关的经济模式以及环境与政策，探讨了中国自己的页岩气发展道路，为中国的页岩气发展指明了方向，是中国页岩气工作者不可多得的工作指南，是相关企业管理层制定页岩气投资决策的依据，也是政府部门制定相关法律法规的重要参考。

我非常荣幸能够成为这套丛书的编委会顾问成员，很高兴为丛书作序。我对华东理工大学出版社的独特创意、精美策划及辛苦工作感到由衷的赞赏和钦佩，对以张金川教授为代表的丛书主编和作者们良好的组织、辛苦的耕耘、无私的奉献表示非常赞赏，对全体工作者的辛勤劳动充满由衷的敬意。

这套丛书的问世，将会对我国的页岩气产业产生重要影响，我愿意向广大读者推荐这套丛书。

中国工程院院士

胡文瑞

2016年5月

总

序

四

　　绿色低碳是中国能源发展的新战略之一。作为一种重要的清洁能源,天然气在中国一次能源消费中的比重到2020年时将提高到10%以上,页岩气的高效开发是实现这一战略目标的一种重要途径。

　　页岩气革命发生在美国,并在世界范围内引起了能源大变局和新一轮油价下降。在经过了漫长的偶遇发现(1821—1975年)和艰难探索(1976—2005年)之后,美国的页岩气于2006年进入快速发展期。2005年,美国的页岩气产量还只有1134亿立方米,仅占美国当年天然气总产量的4.8%;而到了2015年,页岩气在美国天然气年总产量中已接近半壁江山,产量增至4291亿立方米,年占比达到了46.1%。即使在目前气价持续走低的大背景下,美国页岩气产量仍基本保持稳定。美国页岩气产业的大发展,使美国逐步实现了天然气自给自足,并有向天然气出口国转变的趋势。2015年美国天然气净进口量在总消费量中的占比已降至9.25%,促进了美国经济的复苏、GDP的增长和政府收入的增加,提振了美国传统制造业并吸引其回归美国本土。更重要的是,美国页岩气引发了一场世界能源供给革命,促进了世界其他国家页岩气产业的发展。

　　中国含气页岩层系多,资源分布广。其中,陆相页岩发育于中、新生界,在中国六大含油气盆地均有分布;海陆过渡相页岩发育于上古生界和中生界,在中国华北、南方和西北广泛分布；海相页岩以下古生界为主，主要分布于扬子和塔里木盆地。中国页岩气勘探开发起步虽晚，但发展速度很快，已成为继美国和加拿大之后世界上第三个实现页岩气商业化开发的国家。这一切都要归功于政府的大力支持、学界的积极参与及业界的坚定信念与投入。经过全面细致的选区优化评价（2005—2009年）和钻探评价（2010—2012年），中国很快实现了涪陵（中国石化）和威远–长宁（中国石油）页岩气突破。2012年，中国石化成功地在涪陵地区发现了中国第一个大型海相气田。此后，涪陵页岩气勘探和产能建设快速推进，目前已提交探明地质储量3805.98亿立方米，页岩气日产量（截至2016年6月）也达到了1387万立方米。故大力发展页岩气，不仅有助于实现清洁低碳的能源发展战略，还有助于促进中国的经济发展。

然而，中国页岩气开发也面临着地下地质条件复杂、地表自然条件恶劣、管网等基础设施不完善、开发成本较高等诸多挑战。页岩气开发是一项系统工程，既要有丰富的地质理论为页岩气勘探提供指导，又要有先进配套的工程技术为页岩气开发提供支撑，还要有完善的监管政策为页岩气产业的健康发展提供保障。为了更好地发展中国的页岩气产业，亟须从页岩气地质理论、地球物理勘探技术、工程技术和装备、政策法规及环境保护等诸多方面开展系统的研究和总结，该套页岩气丛书的出版将填补这项空白。

该丛书涉及整个页岩气产业链，介绍了中国页岩气产业的发展现状，分析了未来的发展潜力，集成了勘探开发相关技术，总结了管理模式的创新。相信该套丛书的出版将会为我国页岩气产业链的快速成熟和健康发展带来积极的推动作用。

中国科学院院士

2016年5月

丛书前言

社会经济的不断增长提高了对能源需求的依赖程度,城市人口的增加提高了对清洁能源的需求,全球资源产业链重心后移导致了能源类型需求的转移,不合理的能源资源结构对环境和气候产生了严重的影响。页岩气是一种特殊的非常规天然气资源,她延伸了传统的油气地质与成藏理论,新的理念与逻辑改变了我们对油气赋存地质条件和富集规律的认识。页岩气的到来冲击了传统的油气地质理论、开发工艺技术以及环境与政策相关法规,将我国传统的"东中西"油气分布格局转置于"南中北"背景之下,提供了我国油气能源供给与消费结构改变的理论与物质基础。美国的页岩气革命、加拿大的页岩气开发、我国的页岩气突破,促进了全球能源结构的调整和改变,影响着世界能源生产与消费格局的深刻变化。

第一次看到页岩气(Shale gas)这个词还是在我的博士生时代,是我在图书馆研究深盆气(Deep basin gas)外文文献时的"意外"收获。但从那时起,我就注意上了页岩气,并逐渐为之痴迷。亲身经历了页岩气在中国的启动,充分体会到了页岩气产业发展的迅速,从开始只有为数不多的几个人进行页岩气研究,到现在我们已经有非常多优秀年轻人的拼搏努力,他们分布在页岩气产业链的各个角落并默默地做着他们认为有可能改变中国能源结构的事。

广袤的长江以南地区曾是我国老一辈地质工作者花费了数十年时间进行油

气勘探而"久攻不破"的难点地区,短短几年的页岩气勘探和实践已经使该地区呈现出了"星星之火可以燎原"之势。在油气探矿权空白区,渝页1、岑页1、西科1、常页1、水页1、柳页1、秭地1、安页1、港地1等一批不同地区、不同层系的探井获得了良好的页岩气发现,特别是在探矿权区域内大型优质页岩气田(彭水、长宁-威远、焦石坝等)的成功开发,极大地提振了油气勘探与发现的勇气和决心。在长江以北,目前也已经在长期存在争议的地区有越来越多的探井揭示了新的含气层系,柳坪177、牟页1、鄂页1、尉参1、正西页1等探井不断有新的发现和突破,形成了以延长、中牟、温县等为代表的陆相页岩气示范区和海陆过渡相页岩气试验区,打破了油气勘探发现和认识格局。中国近几年的页岩气勘探成就,使我们能够在几十年都不曾有油气发现的区域内再放希望之光,在许多勘探失利或原来不曾预期的地方点燃了燎原之火,在更广阔的地区重新拾起了油气发现的信心,在许多新的领域内带来了原来不曾预期的希望,在许多层系获得了原来不曾想象的意外惊喜,极大地拓展了油气勘探与发现的空间和视野。更重要的是,页岩气理论与技术的发展促进了油气物探技术的进一步完善和成熟,改进了油气开发生产工艺技术,启动了能源经济技术新的环境与政策思考,整体推高了油气工业的技术能力和水平,催生了页岩气产业链的快速发展。

该套页岩气丛书响应了国家《能源发展"十二五"规划》中关于大力开发非常规能源与调整能源消费结构的愿景,及时高效地回应了《大气污染防治行动计划》中对于清洁能源供应的急切需求以及《页岩气发展规划(2011—2015年)》的精神内涵与宏观战略要求,根据《国家应对气候变化规划(2014—2020)》和《能源发展战略行动计划(2014—2020)》的建议意见,充分考虑我国当前油气短缺的能源现状,以面向"十三五"能源健康发展为目标,对页岩气地质、物探、工程、政策等方面进行了系统讨论,试图突出新领域、新理论、新技术、新方法,为解决页岩气领域中所面临的新问题提供参考依据,对页岩气产业链相关理论与技术提供系统参考和基础。

承担国家出版基金项目《中国能源新战略——页岩气出版工程》(入选《"十三五"国家重点图书、音像、电子出版物出版规划》)的组织编写重任,心中不免惶恐,因为这是我第一次做分量如此之重的学术出版。当然,也是我第一次有机会系统地来梳理这些年我们团队所走过的页岩气之路。丛书的出版离不开广大作者的辛勤付出，他们以实际行动表达了对本职工作的热爱、对页岩气产业的追求以及对国家能源行业发展的希冀。特别是，丛书顾问在立意、构架、设计及编撰、出版等环节中也给予了精心指导和大力支持。正是有了众多同行专家的无私帮助和热情鼓励，我们的作者团队才义无反顾地接受了这一充满挑战的历史性艰巨任务。

该套丛书的作者们长期耕耘在教学、科研和生产第一线，他们未雨绸缪、身体力行、不断探索前进，将美国页岩气概念和技术成功引进中国；他们大胆创新实践，对全国范围内页岩气展开了有利区优选、潜力评价、趋势展望；他们尝试先行先试，将页岩气地质理论、开发技术、评价方法、实践原则等形成了完整体系；他们奋力摸索前行，以全国页岩气蓝图勾画、页岩气政策改革探讨、页岩气技术规划促产为己任，全面促进了页岩气产业链的健康发展。

我们的出版人非常关注国家的重大科技战略，他们希望能借用其宣传职能，为读者提供一套页岩气知识大餐，为国家的重大决策奉上可供参考的意见。该套丛书的组织工作任务极其烦琐，出版工作任务也非常繁重，但有华东理工大学出版社领导及其编辑、出版团队前瞻性地策划、周密求是地论证、精心细致地安排、无怨地辛苦奉献，积极有力地推动了全书的进展。

感谢我们的团队，一支非常有责任心并且专业的丛书编写与出版团队。

该套丛书共分为页岩气地质理论与勘探评价、页岩气地球物理勘探方法与技术、页岩气开发工程与技术、页岩气技术经济与环境政策等4卷，每卷又包括了按专业顺序而分的若干册，合计20本。丛书对页岩气产业链相关理论、方法及技术等进行了全面系统地梳理、阐述与讨论。同时，还配备出版了中英文版的页岩气原理与技术视频（电子出版物），丰富了页岩气展示内容。通过这套丛书，我们希望能为页岩气科研与生产人员提供一套完整的专业技术知识体系以促进页岩气理论与实践的进一步发展，为页岩气勘探开发理论研究、生产实践以及教学培训等提供参考资料，为进一步突破页岩气勘探开发及利用中的关键技术瓶颈提供支撑，为国家能源政策提供决策参考，为我国页岩气的大规模高质量开发利用提供助推燃料。

国际页岩气市场格局正在成型，我国页岩气产业正在快速发展，页岩气领域中的科技难题和壁垒正在被逐个攻破,页岩气产业发展方兴未艾,正需要以全新的理论为依据、以先进的技术为支撑、以高素质人才为依托,推动我国页岩气产业健康发展。该套丛书的出版将对我国能源结构的调整、生态环境的改善、美丽中国梦的实现产生积极的推动作用,对人才强国、科技兴国和创新驱动战略的实施具有重大的战略意义。

不断探索创新是我们的职责,不断完善提高是我们的追求,"路漫漫其修远兮,吾将上下而求索",我们将努力打造出页岩气产业领域内最系统、最全面的精品学术著作系列。

丛书主编

2015 年 12 月于中国地质大学(北京)

前

言

加快包括页岩气在内的非常规天然气的勘探开发对提高我国天然气资源供应能力具有重要的现实意义。地球物理测井作为评价页岩气的重要手段,针对页岩及页岩气的特殊性,深入研究页岩气测井评价方法技术具有非常重要的意义。

页岩气测井评价与常规油气有很大不同。一是评价内容不同。常规油气评价油气储层的岩性、物性、含油气性和电性,称为"四性评价"。页岩气要在常规油气评价的基础上,评价烃源岩特性、岩石脆性、地应力各向异性,即为"七性评价"。二是评价方法有很大差别。例如页岩渗透率已远远不能用传统的汤姆公式评价,常规油气涉及不到的总有机碳含量、脆性指数、镜质体反射率等参数是页岩气测井评价的重要参数。三是测井系列上差异明显。自然伽马能谱、光电吸收界面指数、元素俘获谱等这些常规油气的可选测井方法,成为页岩气测井的必选项目。四是评价方法部分借鉴煤层气。由于页岩气赋存状态有游离和吸附等状态,页岩气的测井评价可以部分借鉴煤层气测井评价的方法和技术。

在丛书主编张金川教授等专家的指导下,结合作者近年来从事页岩气测井方法与评价方面的研究工作和取得的成果与认识,考虑到页岩气从业者的技术需求编写了本书,旨在为广大页岩气从业者提供较为全面的页岩气测井方法和评价技术。

全书共分六章。第 1 章为页岩气测井原理与方法,主要介绍与页岩气密切相关的测井原理和方法；第 2 章为井筒质量测井解释与评价，介绍了包括井径、井斜、井温、固井质量等的测井方法与评价技术；第 3 章为岩石测井解释与评价，介绍了页岩元素矿物成分的计算、岩性识别、测井相、物性、脆性等岩石性质的测井评价方法；第 4 章为流体(含气性)和有机地化的测井解释与评价，全面介绍了有机碳含量、镜质体反射率、流(气)体、含气量等的测井解释与评价方法；第 5 章为环境测井解释与评价，主要包括地层压力、应力、地层可压(裂)性的测井评价；第 6 章则根据国内目前测井采集系统的现状和页岩气评价的要求，介绍了分阶段进行测井系列组合与优化的内容。

本书前言及第 4、6 章由魏斌编写；第 1、2 章由邹长春、赵耀编写；第 3 章由魏斌、李军编写；第 5 章由邹长春、王丽忱编写。李玮、曲璐参与了资料整理工作。全书由魏斌统稿。

本书在编写和项目研究过程中，得到了郑浚茂教授、张凤山教授的大力支持与帮助，同时得到了张金川教授、李玉喜研究员、张占松教授给予的指导与帮助。傅永强、岳海玲、董红、刘爱芹、王正国高级工程师，曾番惠工程师在项目研究期间做了大量富有成效的工作。本书的部分内容得到了国家自然科学基金项目(项目编号：41274185)的资助。丁小玲女士绘制了部分图件。在此一并表示衷心的感谢。

鉴于作者水平有限，同时由于相关研究在不断发展，书中不足之处，敬请读者批评指正。

2016 年 6 月

目 录

页岩气
测井方法
与评价

页岩气
测井原理
与方法

地球物理测井方法种类繁多,从物理学基本原理出发,可以将测井分为电法测井、声波测井、核测井等几大类。本章主要介绍页岩气储层评价中常见的几种测井方法的基本原理,主要包括自然电位、普通电阻率、侧向测井和感应等四种电法测井的原理;声速和声幅测井等两种声波测井的原理;自然伽马、自然伽马能谱、密度和中子等核测井的原理;核磁共振和元素俘获谱测井以及井径、井温、地层倾角测井的原理。除此之外,系统地介绍了页岩气测井响应机理及页岩气测井方法。

1.1　　测井基本原理

地球物理测井简称测井,是地球物理学的一个重要分支,它以物理学、数学和地质学的理论为基础,采用先进的电子技术和信息处理技术,借助专门的仪器设备,沿井身测量井眼周围地层或井中介质的各种物理参数,以便了解地下的地质情况,进而发现石油与天然气、煤、金属与非金属、地热、地下水等矿产资源,近年来已扩展到基础地质、工程地质、灾害地质、生态环境、考古研究等应用领域。

测井起源于法国。1927 年 9 月 5 日,法国人斯伦贝谢兄弟(C. Schlumberger & M. Schlumberger)在法国 Merkwiller Pechelbronn 油田一口 500 m 深的井中进行普通电阻率测井,获得了世界上第一条测井曲线,这标志着测井技术的诞生。随后,测井开始在欧洲用于勘探煤和油气,两年后传到美国和苏联。1939 年 12 月 20 日,翁文波在四川石油沟一号井主持了我国首次测井工作。1943—1945 年,翁文波与赵仁寿在玉门油矿做过 10 余口井的电法测井工作;1947 年夏—1949 年春,刘永年和王曰才在玉门油矿组建并主持我国第一个电测站。长期以来,测井在石油工业中发挥着十分重要的作用,而石油勘探开发工作的不断深入和科学技术的进步,又有力地推动了测井技术的发展,逐渐形成了以电、磁、声、核、热、力、光等物理学原理为基础的一系列测井方法。根据测井数据采集系统的特点,测井技术的发展大致可分为四个阶段,即模拟测井阶段、数字测井阶段、数控测井阶段和成像测井阶段(表 1 - 1)。

表 1-1 测井技术发展状况

发展阶段		模拟测井 （1964 年以前）	数字测井 （1965—1972）	数控测井 （1973—1990）	成像测井 （1990 年以后）
地面系统		检流计光点照相 记录仪	数字磁带记录仪	计算机控制测井仪	成像测井仪
测量方式		单测为主	部分组合	多参数组合	多参数阵列组合
数据传输			单向编码传输	双向可控数据传输 （100 kps）	双向可控数据传输 （500 kps）
下井仪器	电阻率	三侧向、七侧向 （1951）	双侧向（1978） 四臂地层倾角（1969）	地层学高分辨率地层倾角 （1982） 地层微电阻率扫描（1985）	方位电阻率成像（1992） 全井眼微电阻率成像（1992）
	电导率	感应（1948） 深聚焦感应（1958）	双感应（1963）	数字感应（1984）	阵列感应成像（1991）
	介电		介电测井（1975）	电磁波传播测井（1984）	多频多探头电磁波（1995）
	声波速度	连续声波（1952）	补偿声波（1964）	长源距声波（1978）	偶极子横波成像（1990）
	声波幅度	水泥胶结（1959）	变密度（1968）	水泥胶结评价（1981） 井下声波电视（1981）	超声成像（1991）
	自然伽马	闪烁自然伽马（1956）	自然伽马能谱（1971）	补偿自然伽马能谱（1984）	复杂环境自然伽马能谱 （1991）
	中子	中子伽马（1941） 单探测器中子（1950）	双源距中子（1972）	四探测器补偿中子（1981）	加速器中子源孔隙度（1991）
	密度	地层密度（1950）	补偿地层密度（1964）	岩性密度（1980）	岩性密度能谱（1994） 三探测器密度（1996）
	核磁测井			核磁测井样机（1988）	核磁共振仪（1991） 核磁共振成像仪（1996）
	地层测试	电缆地层测试（1955）	重复式地层测试 （1972）	重复式地层测试（1972）	模块化地层测试（1990） 套管井地层测试（2000）

1. 模拟测井阶段（1927—1964）

测井仪器采用模拟记录方式,利用检流计光点照相记录仪在照相纸或胶片上记录测井曲线。模拟记录的特点是采集的数据量小、传输速率低。

这一阶段相继诞生的测井方法包括普通电阻率测井（1927）、自然电位测井（1931）、自然伽马测井（1946）、感应测井（1948）、地层密度测井（1950）、七侧向测井和三侧向测井（1952）、声波测井（1952）及闪烁自然伽马测井（1956）等。

2. 数字测井阶段(1965—1972)

20 世纪 60 年代,世界石油产量达到 10×10^8 t,测井工作量大增。同时,测井技术的发展使测量信息越来越丰富,模拟测井仪器已不能满足需要,人们开始研制数字化测井地面仪器以及与之配套的下井仪器。

1965 年,斯伦贝谢公司首次用"车载数字转换器"(包括模/数转换器、数字深度编码和磁带记录装置)记录数字化测井数据,数字测井时代开始。利用数字磁带机进行数字记录,提高了测量精度,增加了可靠性,且便于将测井资料输入计算机进行处理。

3. 数控测井阶段(1973—1990)

计算机技术的高速发展推动了测井仪器的更新换代。1973 年,首次在现场用计算机采集和处理数据,数控测井时代开始。数控测井仪器是以车载计算机为中心的遥控、遥测系统,各种下井仪器作为计算机的外设,通过电缆通信系统实现数据的交换和计算机对下井仪器的控制。仪器校验、测量数据处理、显示、曲线回放等都通过软件实现。

在这一阶段增加的测井方法,包括自然伽马能谱测井、岩性密度测井、碳氧比能谱测井、长源距声波测井、电磁波传播测井、地层学地层倾角测井及地层微电阻率扫描测井。这些新的测井方法能够提取更多的有用信息,从而扩大了测井的应用领域。

4. 成像测井阶段(1990 年以后)

石油勘探中,越来越多地遇到裂缝等各种复杂地层,这迫使人们寻求应对复杂地层的测井方法。1986 年,微电阻率扫描成像测井仪问世,为裂缝识别和评价提供了全新的手段,引起了研究人员极大的兴趣和充分重视。随后,其他一些成像测井下井仪器相继诞生。为了满足各种成像测井仪器在大信息量传输、记录、图像处理等方面的要求,研制成像测井地面仪器并将各种成像测井仪器与之集成从而形成完整的成像测井系统已成为必然趋势。

20 世纪 90 年代初,斯伦贝谢公司率先推出了 MAXIS - 500 成像测井系统。成像测井是一个集各种先进技术之大成的系统,是高新技术的结晶;成像测井地面系统是计算机技术、遥控遥测技术、高速数据传输、应用软件密切结合的体现。

1.1.1　电法测井

电法测井是在井中测量井眼周围地层及其孔隙流体的电学性质的一类测井方法的总称,在页岩气储层评价中常用的方法包括自然电位测井、普通电阻率测井、侧向测井和感应测井等。

1. 自然电位测井

在生产实践中人们发现,将一个测量电极放入裸眼井中并在井内移动,在没有人工供电的情况下,仍能测量到与岩性有关的电位变化。这个电位是自然产生的,称为自然电位。

井中自然电位包括扩散电位、扩散吸附电位、过滤电位和氧化还原电位等。钻井泥浆滤液和地层水的矿化度(或浓度)一般是不同的,两种不同矿化度的溶液在井壁附近接触产生电化学过程,结果产生扩散电位和扩散吸附电位;当钻井液柱与地层之间存在压力差时,地层孔隙中产生过滤作用,从而产生过滤电位;金属矿含量高的地层具有氧化还原电位。

下面以砂泥岩地层为例来说明井中自然电场分布特征。在砂泥岩剖面井中,自然电位主要由扩散电位和扩散吸附电位组成。当含水砂岩被钻开后,泥浆滤液与地层水在井壁附近直接接触,若地层水和泥浆滤液均为氯化钠溶液,且两者的含盐浓度不同,则高浓度溶液中的离子向低浓度溶液中扩散。由于氯离子比钠离子的扩散速度快,导致地层水中富集正电荷,泥浆中富集负电荷。从而,在地层水和泥浆滤液接触面附近产生了自然电场和自然电位。在这个电场的作用下,钠离子扩散速度加快,氯离子扩散速度减小,当正负离子扩散速度相同时,电荷的富集停止,溶液达到动平衡状态,这时的自然电位保持一个定值。这种由离子扩散而产生的自然电位称为扩散电位 E_d。

泥岩井段泥浆滤液和地层水在井壁附近相接触,由于黏土矿物表面具有选择吸附负离子的能力,因此当浓度不同的氯化钠溶液扩散时,黏土矿物颗粒表面吸附氯离子,使其扩散受到牵制,只有钠离子可以在地层水中自由移动,从而导致电位差的产生,这样就产生了扩散吸附电位 E_{da}。由扩散电位和扩散吸附电位形成的自然电场分布如图 1-1 所示。

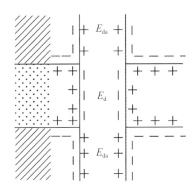

图1-1 井中自然
电场分布

在砂岩和泥岩接触面附近,总自然电位 $E_{总}$ 与 E_d 和 E_{da} 都有关系,可以表示成

$$E_{总} = E_d - E_{da} = K\lg\frac{R_{mf}}{R_w} \qquad (1-1)$$

式中　K——自然电位系数,与岩性、温度及溶液的化学成分有关;

　　　R_{mf}——泥浆滤液电阻率;

　　　R_w——地层水电阻率。

自然电位测井使用一对测量电极,用 M、N 表示,见图 1-2。测井时,将测量电

图1-2 自然电位
测井示意

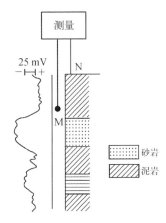

极 N 放在地面,电极 M 用电缆送至井下,沿井轴提升电极 M 同时测量自然电位随井深的变化,所记录的自然电位随井深变化的曲线即自然电位曲线。由于泥岩岩性变化不大,扩散吸附电位比较稳定,因此,自然电位曲线常常表现为一条竖直线或略有倾斜的直线,称为泥岩基线。

自然电位测井用于划分渗透性岩层、地层对比和研究沉积相、确定地层水电阻率、估算泥质含量、判断水淹层位等。

2. 普通电阻率测井

普通电阻率测井是最早出现的测井方法之一。普通电阻率测井采用人工电场,利用一对供电电极 A 和 B 来建立井下电场,然后利用一对测量电极 M 和 N 进行电位差测量。通常将这四个电极中的三个构成一个相对不变的体系,称为电极系。电极系根据电极的排列方式的不同,可以分为梯度电极系和电位电极系两种。测井时将电极系放入井中,而另外一个电极放置在地面,在提升电极系的过程中地面仪器记录一条沿井深的电位差变化曲线,测量原理如图 1-3 所示。

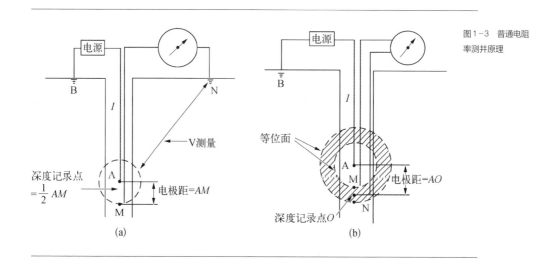

图 1-3 普通电阻率测井原理

为了得到电阻率,需要确定电阻率与电位差之间的关系。假设介质是均匀各向同性的,其电阻率为 R,在介质中放入一个点电源 A,发出电流 I,测量电极之间的电位差与测量电流、测量电极之间介质的电阻率满足欧姆定律。

对于电位电极系,供电电极 B 和测量电极 N 均在地面,可视为无穷远,其电位可

视为零,则 M、N 之间的电位差为

$$\Delta U_{MN} = U_M - U_N = U_M - 0 = \frac{RI}{4\pi}\frac{1}{\overline{AM}} \qquad (1-2)$$

得到电阻率表达式为

$$R = 4\pi\,\overline{AM}\,\frac{U_M}{I} \qquad (1-3)$$

令 $K = 4\pi\,\overline{AM}$,K 称为电位电极系数。

对于梯度电极系,B 电极在地面,可视为无穷远,在 M、N 处产生的电位可忽略不计,因此,M、N 之间的电位差为

$$\Delta U_{MN} = U_M - U_N = \frac{RI}{4\pi}\left(\frac{1}{\overline{AM}} - \frac{1}{\overline{AN}}\right) = \frac{RI}{4\pi}\frac{\overline{MN}}{\overline{AM}\cdot\overline{AN}} \qquad (1-4)$$

得到电阻率表达式为

$$R = \frac{4\pi\,\overline{AM}\cdot\overline{AN}}{\overline{MN}}\cdot\frac{\Delta U_{MN}}{I} \qquad (1-5)$$

令 $K = \dfrac{4\pi\,\overline{AM}\cdot\overline{AN}}{\overline{MN}}$,$K$ 称为梯度电极系数。

因此,得到普通电阻率测井计算电阻率的通式为

$$R = K\frac{\Delta U}{I} \qquad (1-6)$$

式中,ΔU 为 M、N 之间的电位差;K 为电极系数。一般地,仪器采用恒流供电方式,测量 ΔU 即可计算出电阻率。

实际测井时,电极系周围的介质并不是均匀各向同性的,测得的 ΔU 受井眼、围岩、冲洗带等各种环境因素的影响,利用式(1-6)计算的电阻率在数值上与地层真电阻率有一定差别,称为视电阻率。

普通电阻率测井可以确定地层界面、计算地层真电阻率、形成标准测井图和柱状剖面图。

3. 侧向测井

在高电阻率剖面或高矿化度泥浆井中,进行普通电阻率测井时,由于井的分流作

用大,所测量视电阻率曲线变化平缓,几乎无法分辨剖面上的地层,更无法确定地层的真电阻率。因此在电极系中增设聚焦电极迫使供电电极发出的电流径向地流入地层,从而减少井的分流和围岩的影响,提高纵向分辨能力。用这种电极系沿井眼进行电阻率测量的测井方法称作侧向测井,也称为聚焦电阻率测井。侧向测井包括三侧向、七侧向、双侧向、微侧向、邻近侧向、微球形聚焦等方法。下面主要介绍目前常用的双侧向测井方法,它是在三侧向和七侧向测井的基础上发展起来的。

双侧向测井下井仪器由一对深、浅侧向电极系组成,如图 1-4 所示。主电极 A_0 居中,上下对称分布监督电极 M_1、M_1' 和 M_2、M_2',环状屏蔽电极 A_1、A_1',在 A_1、A_1' 的外侧对称位置上有两个柱状电极。深侧向电极系中两个柱状电极是屏蔽电极 A_2、A_2';浅侧向电极系中两个柱状电极是回路电极 B_1 和 B_2。在电极系较远处装有对比电极 N 和深侧向电极系的回路电极 B。

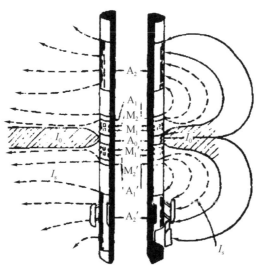

图 1-4 双侧向电极系及电流分布

左侧为深侧向电极系;右侧为浅侧向电极系

深侧向电极系由于增加了一对柱状屏蔽电极,对主电流的控制作用加强,电极系的探测深度加深,主电流径向流入地层至很远处才发散并与 B 电极形成回路,其电流分布见图 1-4 左侧阴影部分,测量结果主要反映原状地层的电阻率;浅侧向电极系由

于柱状回路电极 B_1、B_2 靠近电极系,使屏蔽电流对主电流的控制能力减弱,致使主电流流入地层不远处就开始发散,因此其探测范围较浅,所测量的结果主要反映侵入带电阻率。

双侧向测井采用恒流供电方式,主电极 A_0 发出主电流 I_0 并在测井过程中保持不变。同时环状屏蔽电极 A_1、A_1' 和柱状屏蔽电极 A_2、A_2' 分别发出与 I_0 同极性的屏蔽电流 I_1 和 I_1'。在测量过程中用自动调整电路维持柱状屏蔽电极电位与环状屏蔽电极电位的比值为一常数,即 $U_{A_2}/U_{A_1} = \alpha$(α 在测井时给定),同时维持两对监督电极之间的电位差等于零,即 $U_{M_1} = U_{M_2}$ 或 $U_{M_1'} = U_{M_2'}$。随着电极系的提升,周围介质电阻率改变,I_0 的分布随之改变,监督电极的电位改变。测量任一监督电极(如 M_1)与对比电极 N(其电位 ≈ 0)之间的电位差变化,即可以反映介质电阻率的变化,其视电阻率表达式为

$$R_\alpha = K \frac{U_{M_1}}{I_0} \qquad (1-7)$$

式中　K——双侧向电极系系数,对于深侧向测井,$K = K_d$,对于浅侧向测井,$K = K_s$;

　　　U_{M_1}——监督电极 M_1 的电位;

　　　I_0——主电流。

深、浅侧向测井记录的视电阻率通常用 R_{LLd} 和 R_{LLs} 表示,两种曲线的特点基本一致。

双侧向测井曲线可以用于确定地层的真电阻率、划分岩性剖面,还可以快速直观判断油、水层。

4. 感应测井

普通电阻率测井和侧向测井方法只能在泥浆导电性能较好的井中使用,为了测量油基泥浆井和空气钻进井中地层的电性参数,发展了以电磁感应原理为基础的感应测井方法。

感应测井下井仪器包括线圈系和辅助电路两个部分,如图 1-5 所示。线圈系由发射线圈 T 和接收线圈 R 组成;辅助电路中的振荡器接在发射线圈上作为感应测井的交流信号源,放大器接到接收线圈上,把接收线圈接收到的感应电动势放大后经电缆送到地面进行记录。

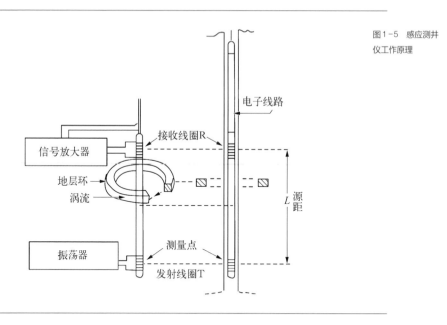

图1-5 感应测井
仪工作原理

振荡器产生的高频电流流过发射线圈,会产生一个高频磁场。在这个磁场的作用下,井眼周围地层中感应出与仪器轴心同心的水平电流环,即涡流。涡流的强度与地层电导率成正比。涡流产生二次磁场,当二次磁场穿过接收线圈时产生感应电流。地层中不同区域对接收线圈中的感应电流的贡献以电阻率的形式相加,与地层电导率成正比。

双感应和浅侧向测井组合测量得到深感应曲线、中感应曲线和浅侧向曲线,进而可以求出地层真电阻率、冲洗带电阻率和侵入带直径。

1.1.2 声波测井

声波在不同介质中传播时,其速度、幅度衰减及频率变化等声学特性是不同的。声波测井就是以岩石等介质的声学特性为基础来研究钻井地质剖面、判断固井质量等问题的一类测井方法。

声波测井主要分为两大类,即声波速度测井和声幅测井。声波速度测井简称声速测井,也称声波时差测井,它是测量声波在地层中的传播速度。声波在岩石中的传播速度与岩石的性质、孔隙度以及孔隙中所填充的流体性质等有关,因此,研究声波在岩石中的传播速度或传播时间,就可以确定岩石的孔隙度,判断岩性和孔隙流体性质。声幅测井是研究声波在地层或套管内传播过程中幅度的变化,从而认识地层及固井水泥胶结情况的一种声波测井方法。

1. 声波速度测井

声波速度测井下井仪器主要由声波脉冲发射器和声波接收器构成的声系以及电子线路组成。声系主要有三种类型,即单发射双接收声系、双发射双接收及双发射四接收声系。下面主要介绍单发射双接收声速测井仪的测量原理。

单发射双接收声速测井仪(图1-6)包括三个部分:声系、电子线路和隔声体。声系由一个发射换能器 T 和两个接收换能器 R_1、R_2组成。下井仪器的外壳上有很多刻槽,称为隔声体,用以防止发射换能器发射的声波经仪器外壳传至接收换能器造成对地层测量的干扰。

图1-6 单发双收
声速测井示意

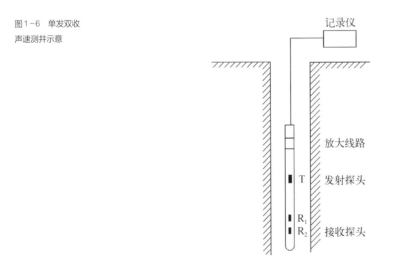

在测量过程中,电子线路每隔一定的时间给发射换能器一次强的脉冲电流(一般地,其频率为 20 kHz),使发射换能器晶体受到激发而产生振动,振动频率由换能器晶

体的体积和形状所决定。发射换能器晶体振动,引起周围介质的质点发生振动,产生向井内泥浆及岩层中传播的声波。如图 1 - 7 所示,由于泥浆的声速 v_1 与地层的声速 v_2 不同,$v_1 < v_2$,所以在泥浆和地层的界面(井壁)上将发生声波的反射和折射,由于发射换能器可在较大的角度范围内向外发射声波,因此,必有以临界角 i 方向入射到界面上的声波,折射后产生沿井壁在地层中传播的滑行波。由于泥浆与地层接触良好,滑行波传播使井壁附近地层的质点振动,这必然引起泥浆质点的振动,在泥浆中产生相应的波动,因此,在井中就可以用接收换能器 R_1、R_2 先后接收到滑行波,进而测量地层的声波速度。

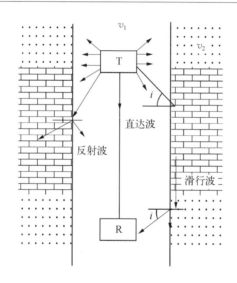

图 1 - 7 井中声波
传播示意

发射换能器发射的声波以泥浆的纵波形式传到地层,地层受到应力的作用不仅会产生压缩形变,也会产生切变形变,因此地层中既有滑行纵波产生又有滑行横波产生。不论滑行纵波还是滑行横波,在传播时都会引起泥浆质点的振动,以泥浆纵波的形式分别被接收换能器所接收,只不过,地层滑行纵波最先到达接收器,较后到达的地层滑行横波叠加在滑行纵波的尾部上。声速测井测量的是滑行纵波。

如果发射器在某一时刻 t_0 发射声波,声波经过泥浆、地层、泥浆传播到接收器,其传播路径如图 1 - 8 所示,即沿 ABCE 路径传播到接收换能器 R_1,经 ABCDF 路径传播

图1-8 声速测井
原理

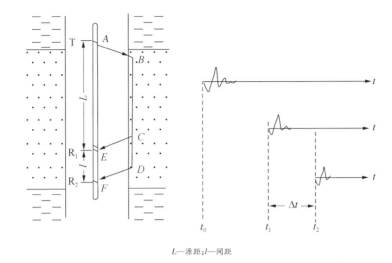

L—源距；l—间距

到接收换能器 R_2，到达 R_1 和 R_2 的时刻分别为 t_1 和 t_2，那么到达两个接收换能器的时间差 Δt 为

$$\Delta t = t_2 - t_1$$

$$= \left(\frac{AB}{v_1} + \frac{BC}{v_2} + \frac{CD}{v_2} + \frac{DF}{v_1} \right) - \left(\frac{AB}{v_1} + \frac{BC}{v_2} + \frac{CE}{v_1} \right)$$

$$= \frac{CD}{v_2} + \left(\frac{DF}{v_1} - \frac{CE}{v_1} \right) \tag{1-8}$$

如果在两个接收换能器之间的距离 l（称之为间距）对着的井段井径没有明显变化且仪器居中，则可认为 $CE = DF$，所以 $\Delta t = CD/v_2 (= l/v_2)$。仪器的间距 l 是固定的，时间差 Δt 的大小只随地层声速变化，所以 Δt 的大小反映了地层声速的高低。声速测井实际上测量记录的是时差 Δt（声波传播 1 m 用的时间），单位是 $\mu s/m$。

声波速度测井曲线可以用于判断气层、划分地层及确定岩石孔隙度。

2. 声波幅度测井

声波在岩石等介质中传播的过程中，由于质点振动要克服相互间的摩擦力，即由于介质的黏滞使声波能量转化成热能而衰减，这种现象也称为介质吸收声波能量。因此,声波在传播过程中能量在不断减小,直至最后消失。声波能量被地层吸收的情况与声波频率和地层密度等因素有关。对同一地层来说,声波频率越高,其能量越容易被吸收;对于一定频率来说,地层越疏松(密度小、声速低),声波能量被吸收得越多,声波幅度衰减越大。所以测量声波幅度可以用于了解岩层的特点和固井质量。

声波在地层中传播时其能量(或幅度)的变化有两种形式,一是因地层吸收声波能量而使幅度衰减;另一种是存在声阻抗不同的两种介质的界面的反射、折射,使声波幅度发生变化。这两种变化形式往往同时存在,究竟以哪种为主,要根据具体情况来分析。例如:在裂缝发育及疏松岩石的井段,声波幅度的衰减主要是由于地层吸收声波能量所致;在下套管井中,各种波的幅度变化主要和套管与地层之间的界面所引起的声波能量分布有关。因此,在裸眼井中测量声波幅度就可以划分出裂缝带和疏松岩石的地层;在下套管井中测量声波幅度变化,可以检查固井质量。

声波幅度测井常采用单发射单接收或单发射双接收声系。

1.1.3　核测井

核测井也称为放射性测井,是根据地层和井中介质(套管、水泥等)的核物理性质,研究钻井地质剖面,发现放射性矿床和油气藏,以及研究油田开发及油井工程的一类测井方法。核测井具有独特的优点,它是唯一能够确定岩石及其孔隙流体化学元素含量的测井方法,它既可以在裸眼井中进行测量又可以在套管井中进行测量,而且不受井中介质的限制。核测井方法包括自然伽马、密度、中子和脉冲中子测井等。

1. 自然伽马测井

自然伽马测井是在井中测量岩层中自然存在的放射性核素在衰变过程中释放出来的伽马射线的强度,并以此研究地质问题的一种测井方法。岩石的自然放射性取决于岩石所含的放射性核素的种类和数量。岩石中的自然放射性核素主要包括铀($_{92}U^{238}$)、钍($_{90}Th^{232}$)、锕($_{80}Ac^{227}$)及其衰变物和钾的放射性同位素$_{19}K^{40}$等,这些核素的原子核在衰变过程中能释放出大量的 α、β、γ 射线。不同岩石中放射性元素的种类和含量是不同的,与岩性及其形成过程中的物理化学条件有关。一般说来,在三大岩类中,火成岩的放射性最强,其次是变质岩,最弱是沉积岩。

自然伽马测井测量原理如图 1-9 所示。测量装置由下井仪器和地面仪器组成,下井仪有探测器(闪烁计数管)、放大器、高压电源等几部分。自然伽马射线由岩层穿过泥浆、仪器外壳进入探测器,探测器将 γ 射线转化为电脉冲信号,经过放大器把脉冲放大后,由电缆送到地面仪器,地面仪器把每分钟形成的电脉冲数(计数率)转变为与其成比例的电位差进行记录。

图 1-9 自然伽马测
井测量原理示意

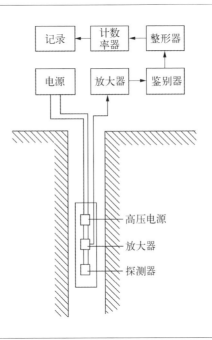

下井仪器在井内自下而上移动测量,就连续记录出井剖面岩层的自然伽马强度曲线,称为自然伽马测井曲线(用 GR 表示),以计数率(脉冲/min)或标准化单位(如 μR/h 或 API)刻度。

自然伽马测井用以划分岩性、估算岩层泥质含量、对比地层等。

2. 自然伽马能谱测井

自然伽马能谱测井是利用钾、钍、铀释放不同能量伽马射线能量的特性,在钻井中测量地层钾、钍、铀含量的方法技术。由实验测试可知钾(^{40}K)放出单能量 1.46 MeV 的伽马射线；钍系(^{232}Th)的特征能量是 2.62 MeV；而铀系(^{238}U)的代表能是 1.76 MeV。因此，分别测量 1.46 MeV、1.76 MeV、2.62 MeV 的自然伽马射线的强度，进而可求出钾、铀、钍的含量。

图 1-10 是自然伽马能谱测井示意图。上图为井下仪器部分，下图是地面记录部分。采用能量窗分析技术，测量几个"能量窗"的计数率，能窗的中心分别为 1.46 MeV、1.76 MeV、2.62 MeV，即用几个能窗测量钾、钍、铀所放出的伽马射线强度。对于每一个能窗有

$$W_i = A_i w(^{232}\text{Th}) + B_i w(^{238}\text{U}) + C_i w(^{40}\text{K}) \tag{1-9}$$

式中，A、B、C 分别为三个能窗的系数，由标定仪器得出。通过求解所划分的三个能窗测井结果所组成的方程组，即可得出钍、铀、钾的含量。

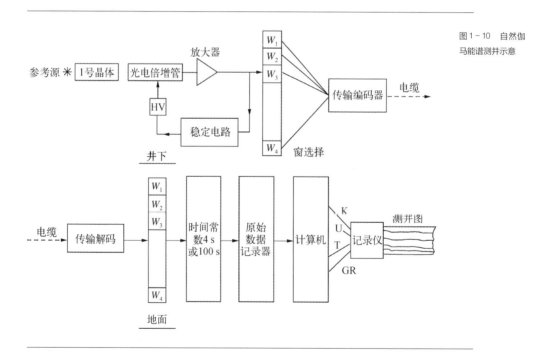

图 1-10 自然伽马能谱测井示意

在地层岩石中，钍、铀、钾含量的资料有广泛的用途。自然伽马能谱测井可应用于泥质地层和钾盐层的区分、判别沉积环境等问题。由于有机质和铀的关系十分密切，

经过岩心资料的刻度后,使用铀含量曲线可以较好地估计有机碳含量,确定含烃井段,在页岩气评价方面有较大的优势。

3. 密度测井

利用伽马射线与地层的康普顿效应测定地层密度的测井方法称为密度测井。由于密度测井所用的轰击粒子和探测的对象都是伽马光子,所以也称为伽马-伽马测井。

伽马射线与物质的相互作用包括三种:光电效应、康普顿效应及电子对效应。密度测井利用 γ 射线与物质之间的康普顿效应进行测量。

图 1-11 是一种常用的密度测井仪示意图,它包括一个伽马源,两个接收伽马射线的探测器,即长源距探测器和短源距探测器。它们安装在滑板上,测井时被推靠到井壁上。仪器使用 ^{137}Cs 作伽马源。它发射的伽马射线具有中等能量(0.661 MeV),用它照射物质只能产生康普顿散射和光电效应。地层的密度不同,则对伽马光子的散射和吸收的能力不同,探测器接收到的伽马光子的计数率也就不同。已知通过距离为 L 的伽马光子的计数率为

$$N = N_0 e^{-\mu L} \tag{1-10}$$

图 1-11 密度测井仪示意

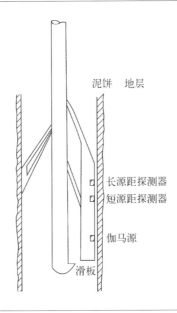

泥饼　地层

长源距探测器

短源距探测器

伽马源

滑板

若只存在康普顿散射,则 μ 即为康普顿散射吸收系数,所以

$$N = N_0 \cdot e^{-\frac{\sigma_e Z N_A}{A} \rho_b \cdot L} \tag{1-11}$$

式中,N_0 为总计数率;ρ_b 为地层密度。

由于沉积岩的 $2Z/A \approx 1$,对式(1-11)两边取对数,则得

$$\ln N = \ln N_0 - \frac{\sigma_e Z N_A}{A} \rho_b \cdot L = \ln N_0 - K \cdot \rho_b \cdot L \tag{1-12}$$

式中,$K = \sigma_e \cdot N_A / 2$ 为常数。

可见探测器记录的计数率 N 在半对数坐标系上与 ρ_b 和 L 呈线性关系。图 1-12 是不同泥饼厚度、两种源距情况下地层密度 ρ_b 与计数率 N 的关系曲线图。

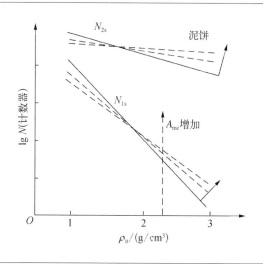

图 1-12 不同泥饼厚度、两种源距情况下计数率与地层密度的关系曲线

源距选定后,对仪器进行刻度,找到 ρ_b 和 N 的这种关系,则记录散射伽马光子计数率 N 就可以测得地层的密度 ρ_b。

密度测井资料可用于确定地层孔隙度、识别气层、判断岩性。

4. 中子测井

利用中子源向地层发射快中子,中子与地层中的原子核发生各种相互作用。地层使中子减速为超热中子或热中子,或使中子减速、俘获而释放俘获伽马射线。探测器

测量俘获伽马射线、超热中子或热中子密度，并以此评价地层的减速特性或俘获特征从而研究钻井剖面地层性质。中子测井包括超热中子测井、热中子测井、中子—伽马测井、中子活化测井以及非弹性散射伽马能谱测井和中子寿命测井等。下面将重点介绍补偿中子测井。

补偿中子测井是热中子测井的一种。热中子能量与原子核处于热平衡状态，容易被原子核俘获，同时伴生俘获伽马射线。在组成沉积岩的核素中氯的热中子俘获截面最大，因此地层含氯量决定了岩石的俘获特性。这就决定了热中子的空间分布既与岩层的含氢量有关，又与含氯量有关。这对于利用热中子计数率的大小反映岩层含氢量，进而反映岩层孔隙度值来说，氯含量就是个干扰因素。在均匀无限介质中，对点状快中子源造成的热中子分布进行理论推导，得到下列关系

$$N_t(r) = \frac{KL_d^2}{4\pi D(L_s^2 - L_d^2)}\left(\frac{e^{-r/L_s}}{r} - \frac{e^{-r/L_d}}{r}\right) \qquad (1-13)$$

式中　N_t——热中子计数率；

r——探测器到中子源的距离（源距）；

D——扩散系数；

L_s、L_d——分别为减速长度和扩散长度；

K——与仪器有关的系数。

计数率的大小不仅取决于岩层的减速性质（反映含氢量），还与岩层的俘获性质有关。用源距不同的两个探测器记录两个计数率 $N_t(r_1)$ 和 $N_t(r_2)$，取这两个计数率比值，当源距 r 足够大时，则有

$$\frac{N_t(r_1)}{N_t(r_2)} = \frac{r_2}{r_1}e^{-(r_1-r_2)/L_s} \qquad (1-14)$$

从式（1-14）可以看出"比值"只与减速性质有关，所以比值能很好地反映地层的氢含量。

补偿中子测井可以用于确定地层孔隙度、确定岩性、判断气层等。

1.1.4 井径测井和温度测井

1. 井径测井

井眼直径作为衡量井眼情况的最基本参数一般由井径测井来测量。

通常使用的井径仪,就其结构来讲,主要有两种形式:一种是进行单独井径测量的张臂式井径仪;另一种是利用某些测井仪器(如密度仪、微侧向仪等)的推靠臂,在这些仪器测井的同时进行井径测量。

以张臂式井径测井仪为例,其测量原理如图1-13所示。仪器一般有1~4个或多个井径探测臂,探测臂由弹簧支撑,在测量过程中,探测臂的一端紧贴井壁,另一端通过传动装置与井径仪的测量电位器的滑动端连接在一起,可以将探测臂的径向位移转换成电压变化,该电压经电子线路中的压频转换电路转换成频率信号,利用仪器刻度值把频率值转换成井径的工程值直接显示在井径测井曲线上。

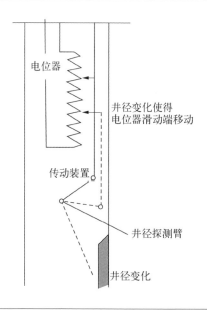

图1-13 四臂井径仪结构示意

井径测井可以用于划分地质剖面和识别岩性、校正其他测井曲线的井眼影响、计算固井所需水泥量。

2. 温度测井

温度测井是测量井筒中地层温度随深度变化的一种测井方法,它包括梯度井温测井、梯度微差井温测井和径向微差井温测井。

温度测井仪的关键部件是温度测量探头,温度测量探头主要有热敏电阻、PN 结和热电偶 3 种类型。井温测井主要用于研究地热分布,在油田生产中确定产层、研究地层的热学性质以及水泥胶结和返高等情况。

1.1.5　　　地层倾角测井

地层倾角测井是在井内测量地层面倾角和倾斜方位角的一种测井方法。利用地层倾角测井资料可以进行地层对比、研究地质构造、鉴别断层和不整合等构造变化以及研究沉积结构和沉积相。

1. 地层倾角测井原理

地层倾角测井要取得的基本资料就是地层层面的倾角和倾斜方位角,从而确定地层层面在空间上的位置。

从数学知识可知,空间一平面可以用与其相垂直的单位法向矢量来表示它的倾斜情况。如图 1－14 所示, $\boldsymbol{n}$ 是地层层面上的单位法向矢量,它表示了地层层面的倾斜情况。而它在大地坐标系$(V、N、E)$中的三个分量,分别是 $\boldsymbol{n}_V$、$\boldsymbol{n}_N$、$\boldsymbol{n}_E$。从图 1－14 中可以看出,单位法向矢量 $\boldsymbol{n}$ 与 V 轴的夹角 θ 就是地层层面的倾角, $\boldsymbol{n}$ 在水平面上的投影 OP 与 N 轴的夹角 φ 就是地层层面的倾斜方位角。它们和大地坐标系上的三个分量 $\boldsymbol{n}_V$、$\boldsymbol{n}_N$、$\boldsymbol{n}_E$ 有下述关系

$$\left.\begin{aligned} \boldsymbol{n}_V &= \cos\theta \\ \boldsymbol{n}_N &= \sin\theta \cdot \cos\varphi \\ \boldsymbol{n}_E &= \sin\theta \cdot \sin\varphi \end{aligned}\right\} \qquad (1-15)$$

即

$$\varphi = \arctan\frac{\boldsymbol{n}_E}{\boldsymbol{n}_N}$$

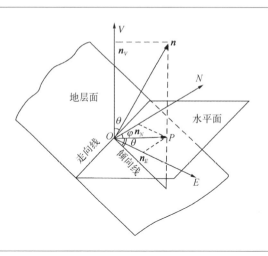

图1-14　地层层面上单
位法向矢量在大地坐标
中的表示

$$\theta = \arctan\left(\frac{\sqrt{\boldsymbol{n}_E^2 + \boldsymbol{n}_N^2}}{\boldsymbol{n}_V}\right)$$

由式(1-15)可知,只要能知道层面单位法向矢量在大地坐标系上的三个分量 $\boldsymbol{n}_V$、$\boldsymbol{n}_N$、$\boldsymbol{n}_E$ 就可以确定地层层面的倾角 θ 和倾斜方位角 φ。

只要知道层面上的单位法向矢量 $\boldsymbol{n}$, 就可以知道它的三个分量。所以问题是如何确定地层层面上的法向矢量 $\boldsymbol{N}$。它可以由层面上三点所构成的矢量的矢积得到,或四点构成的矢量的矢积得到,如图1-15所示。

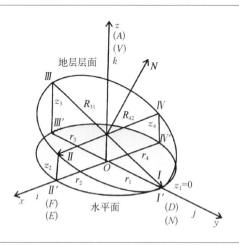

图1-15　层面四点构成
层面法向矢量

点 I、II、III、IV是被垂直井眼穿透的地层层面上的四个点,且两相邻点间的方位相差90°。点 I'、II'、III'、IV'分别是点 I、II、III、IV在水平面上的投影,对应点的高程分别为 z_1、z_2、z_3、z_4。点 I、III 和点 II、IV 分别构成了矢量 $\boldsymbol{R}_{31}$ 和 $\boldsymbol{R}_{42}$。它们在直角坐标系(z 轴在铅直方向, y 轴过点 I', x 轴过点 II')上可分别表示为

$$\boldsymbol{R}_{31} = 0 \cdot i + (r_1 + r_3)j + (z_1 - z_3)k$$

$$\boldsymbol{R}_{42} = (r_2 + r_4)i + 0 \cdot j + (z_2 - z_4)k$$

式中,$(r_1 + r_3)$ 和 $(r_2 + r_4)$ 是相互垂直的两个直径。

层面上的法向矢量 $\boldsymbol{N}$ 就是 $\boldsymbol{R}_{31}$ 和 $\boldsymbol{R}_{42}$ 的矢量积,即

$$\boldsymbol{N} = \boldsymbol{R}_{42} \times \boldsymbol{R}_{31}$$

$$\boldsymbol{N} = (r_1 + r_3)(z_4 - z_2)i + (r_2 + r_4)(z_3 - z_1)j + (r_2 + r_4)(r_1 + r_3)k$$

层面的单位法向矢量 $\boldsymbol{n}$ 则为

$$\boldsymbol{n} = \frac{\boldsymbol{N}}{|\boldsymbol{N}|} = \frac{\boldsymbol{N}}{S}$$

其中,S 是 $\boldsymbol{N}$ 的模, $\boldsymbol{n}$ 在大地坐标系上的投影为

$$\left.\begin{aligned}\boldsymbol{n}_V &= \frac{(r_2 + r_4)(r_1 + r_3)}{S} \\[2mm] \boldsymbol{n}_N &= \frac{(r_2 + r_4)(z_3 - z_1)}{S} \\[2mm] \boldsymbol{n}_E &= \frac{(r_1 + r_3)(z_4 - z_2)}{S}\end{aligned}\right\} \qquad (1-16)$$

由此可见,只要测量到上述的两个直径值及地层层面上相间90°的四个点的高程,就可由式(1-15)和式(1-16)求得地层层面的倾角和倾斜方位角。

因为地层层面处电阻率或电导率曲线要发生变化,会出现拐点,所以利用方位相差90°的四个贴井壁的电极系测量得到电导率曲线,就可得到上述地层层面上四个高程以及两个井径值。

2. 地层倾角测井的用途

用计算机对地层倾角测井资料进行相关对比分析、计算地层倾角等,将地层倾角

计算成果打印成数据表并绘制出各种图件,其成果图包括矢量图、棍棒图(杆状图)、方位频率图、改进的施密特图及圆柱面展开图。

地层倾角测井资料可以用于研究地质构造问题,确定区域构造倾角,对地质构造异常解释,研究构造形态及位置,确定小层真倾角和倾斜方位角,绘制构造图;在地层学和沉积学中用于研究岩层的层理构造,了解沉积搬运方向,估计沉积环境,还可以研究沉积相带内由于岩性变化形成的地层圈闭,预测储层的延伸和加厚方向,是油藏描述、沉积相研究的一个重要工具。

1.1.6　　　核磁共振测井

核磁共振测井是唯一一种可以直接反映孔隙流体信息的测井方法,在储层物性评价和流体性质识别等方面有着突出的优势。1991 年 MRIL 仪器提供了三类其他常规测井仪器无法提供的信息:关于岩石孔隙中流体数量的信息、关于流体特性的信息以及关于含流体孔隙尺寸的信息。下面将从量子物理和岩石物理量两方面介绍核磁共振原理。

核磁共振是指原子核对磁场的响应。许多原子核都有一个净磁矩和角动量(或自旋)。当存在一个外部磁场时,原子核就围绕外磁场的方向进动,当这些自旋的磁核与外部磁场相互作用时,就能产生一个可测量的信号,其主要测量氢核的核磁共振。

氢原子核只有一个质子,是一个很小的带正电荷的粒子,并且有角动量或自旋。自旋质子相当于一个电流环,它产生一个磁场(或磁矩)。两极对准自旋轴的方向。因此,氢核可以认为是一个磁棒,其磁轴与核的自旋轴一致。当外部无磁场时,氢核的自旋轴取向是随机的。

在核磁共振测量中首先采用静磁场 B_0 使磁场中原子排列成一个方向。当力矩作用于自旋物体时,该物体的旋转轴绕垂直于力矩方向运动,称为进动。当大量的自旋质子沿外加静磁场 B_0 进动时,平行于 B_0 的自旋与反向于 B_0 的核自旋之差形成了磁化矢量 M_0,为核磁共振测井提供了测量信号。当质子在外加静磁场中定向排列后,称为被极化。

$$M_z(t) = M_0[1 - \exp(-t/T_1)] \tag{1-17}$$

式中　t——质子置于 B_0 场中的时间;

　$M_z(t)$——B_0 与 z 轴方向一致时,在 t 时刻的磁化矢量的幅度;

　　M_0——在给定磁场中最终或最大的磁化矢量;

　　T_1——磁化矢量达到其最大值的 63% 时对应的时间。

核磁共振测量周期中的第二步就是使磁化矢量从纵向扳转到横向平面。扳转是通过施加一个与静态磁场 B_0 相垂直的脉冲交变磁场 B_1 来完成的,该磁场频率必须等于质子相对于 B_0 的拉莫尔频率。从量子力学角度看,质子处于低能态,会吸收由 B_1 提供的能量跃迁到高能态。由 B_1 引起的能级的变化和同相进动就称为核磁共振。当 B_1 场关闭时,质子群开始散相或失去相位同相性,从而净磁化矢量减小,会测量到一个衰减信号。而这种散相是可以扳转恢复的,所以当施加一个 180° 脉冲 B_1 时,水平面上的质子磁化矢量可以再次同相,产生一个接收线圈可以探测到的信号,称为自旋回波信号。单个自旋回波衰减非常快,但仍可以重复施加 180° 脉冲重聚磁化矢量并产生一系列的自旋回波。自旋回波峰值出现在 2τ,定义为 T_E。

实际上在几个 T_2 周期后,横向磁化衰减就完成了,不可能再有进一步的重聚,此时就完成了一个脉冲序列(记为 CPMG 序列)。之后质子完全随机化,想要开始下一个脉冲序列就需要对质子重新极化。因此在两个脉冲序列之间存在一个等待时间 T_w。

在岩石物理方面,岩石孔隙中的流体有三种不同的弛豫机制:自由弛豫、表面弛豫和扩散弛豫。三种作用同时存在时,孔隙流体的 T_1 和 T_2 时间可以表示为

$$1/T_2 = 1/T_{2自由} + 1/T_{2表面} + 1/T_{2扩散} \tag{1-18}$$

$$1/T_1 = 1/T_{1自由} + 1/T_{1表面} \tag{1-19}$$

式中　$T_{2自由}$——在一个足够大的容器(达到容器影响可以忽略不计)中测到的孔隙流体的 T_2 弛豫时间;

　$T_{2表面}$——表面弛豫引起的孔隙流体的 T_2 弛豫时间;

　$T_{2扩散}$——梯度磁场下扩散引起的孔隙流体的 T_2 弛豫时间;

　$T_{1自由}$——在一个足够大的容器(达到容器影响可以忽略不计)中测到的孔隙流体的 T_1 弛豫时间;

$T_{1表面}$——表面弛豫引起的孔隙流体的 T_1 弛豫时间。

这三种弛豫机制的相对重要性取决于流体类型、孔隙尺寸、表面弛豫强度以及岩石表面的湿润性。通常对于亲水岩石:

(1) 对于盐水,T_2 主要由 $T_{2表面}$ 决定;

(2) 对于重油,$T_{2自由}$ 为主要影响因素;

(3) 对于中等黏度和轻质油,T_2 主要由 $T_{2自由}$ 和 $T_{2扩散}$ 共同决定,且与黏度有关;

(4) 对于天然气,T_2 主要由 $T_{2扩散}$ 决定。

经过核磁共振 T_2 谱反演后,就可以得到核磁 T_2 谱的信息。单一孔隙的 T_2 值与孔隙的表面积和体积的比值成正比,是孔隙尺寸的度量。反演出的 T_2 谱代表岩石的孔径分布。图 1-16 是三种不同岩性的饱和盐水岩石的 T_2 谱分布与压汞实验岩石孔隙喉道尺寸分布的对比(图中 ρ_e 为有效弛豫,正比于固有表面弛豫 ρ 和孔隙喉道尺寸与孔隙尺寸的比值的乘积),图中表明砂岩的弛豫强度通常大于碳酸盐岩。可以利用 T_2 谱数据求取岩石孔隙结构相关参数,如排驱压力、束缚水饱和度、最大连通孔喉半径等,进而用于储层物性评价。也可以通过差移谱的方法识别孔隙流体性质。

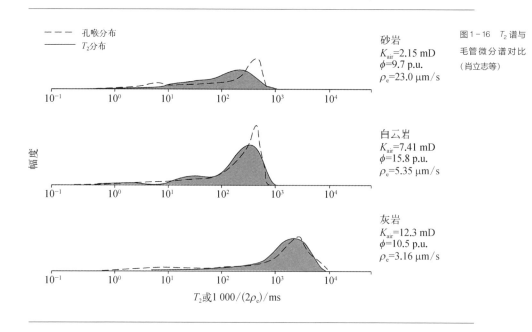

图 1-16 T_2 谱与毛管微分谱对比(肖立志等)

1.1.7 元素俘获谱测井

元素俘获谱测井(ECS)仪器测量地层元素的热中子俘获谱,通过计算得到硅、钙、铁、硫、钛等元素的含量以及地层中主要矿物体积含量,其测量结构准确稳定,其测井纵向分辨率可达0.46 m。

该仪器由AmBe(Advanced Multi-Band Excitation)中子源、BGO晶体探测器、光电倍增管、高压放大电子线路构成(图1-17)。仪器采用单谱计,处理简单、组合性强、测速高,可在淡水泥浆、盐水泥浆或油基泥浆、氯化钾泥浆、含气泥浆等条件下使用,不受井眼条件的影响,即使在井眼条件差、高温井眼情况下也能取得较好的测井资料。在测量过程中,它通过AmBe中子源向地层发射4 MeV的快中子诱发地层发生非弹性散射,同时释放伽马射线,经过多次散射中子减速形成热中子,热中子被俘获产生元素的特征俘获伽马射线,元素通过释放伽马射线回到初始状态,用BGO晶体探测器探测并记录这些非弹性散射伽马能谱和俘获伽马能谱。经过对非弹性伽马谱进行解谱处理可以得到C、O、Si、Ca等元素的含量;对主要的俘获伽马谱解谱可以得到Si、Ca、S、Fe、Ti和Gd等元素含量;再应用特定的氧化物闭合模型技术,可以得到地层中矿物的质

图1-17 ECS元素俘获谱测井仪器结构

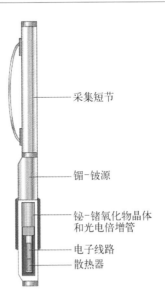

采集短节

镅-铍源

铋-锗氧化物晶体和光电倍增管

电子线路
散热器

量分数。对于未测量的 Al、Mg、Na 等元素,通过闭合标准化将它们和测量到的元素联系起来,进而由各种元素的丰度或浓度得到黏土矿物、石英、长石、云母以及菱铁矿、黄铁矿的含量。

元素俘获谱测井在页岩气储层评价中常用于地层岩性识别、页岩矿物含量计算、有机碳含量计算、岩石骨架密度确定、指导酸化、压裂施工等方面。

1.2 页岩气测井响应机理

页岩气作为非常规天然气资源,具有复杂的岩石物理性质和非均质性。页岩气藏无论在储层特征、气藏特征还是在成藏机制方面都与常规油气藏有着很大的区别,常规的储层识别标准已不能满足油气开发的需要。因此综合利用页岩气试井资料和岩石物理实验数据,分析总结页岩气测井响应机理,为开展页岩气储层识别和综合解释的标准建立奠定了理论基础。

页岩是从黏土到板岩的一大类海相或湖相沉积岩的总称,由黏土矿物和非黏土矿物(细粉砂等)组成,是组成地球上沉积岩的主要类型之一。页岩多为沥青质或富含有机质的暗黑色泥页岩和高碳泥页岩,其间或有夹层状发育的粉砂质泥岩、泥质粉砂岩、粉砂岩等。页岩气是储存在泥岩、页岩或粉砂质较重的细粒沉积岩中的天然气。页岩气主要是以吸附气和游离气状态赋存于泥页岩地层中,其中吸附气含量为 20% ~ 85% ,吸附在有机质或矿物固体颗粒表面上;在天然裂缝及有效的大孔隙中则以游离状态存在。

尽管页岩气储层测井响应复杂,但在实际测井资料中,页岩气地层在测井曲线上有明显的特征,主要表现为:自然伽马曲线为高值;井径曲线一般为扩径;双侧向曲线显示为中、低值,页岩发育地层双侧向一般为负差异;三孔隙度曲线显示为高值;光电截面指数值显示为低值等,因此可以利用页岩气储层的上述特征在测井曲线上进行识别。当页岩地层含气时,与常规气一样是不导电介质,具有密度值很小、含氢指数低、声波速度慢等特征。页岩气地层有机质含量较高,放射性元素铀含量高,干酪根的密度较低,通常介于 0.95 ~ 1.05 g/cm³,因此利用测井曲线形态和测井曲线相对大小可以快速而直观地识别含气页岩地层。具体含气页岩层测井曲线响应特征见表 1 - 2。

表 1 - 2 含气页岩层测井曲线响应特征

测井曲线	输出参数	曲线特征	影 响 因 素
自然伽马	自然放射性	高值(>100 API),局部低值	泥质含量越高,自然伽马值越大。 有机质中可能含有高放射物质,使自然伽马值大于 100 API,有些超过 400 API
井径	井眼直径	扩径	泥质地层明显扩径;有机质的存在使井眼扩径更加严重
声波时差	时差曲线	较高,有周波跳跃	岩性密度顺序为: 泥岩 <页岩 <砂岩; 有机质丰度高的情况下,声波时差大; 含气量高的情况下,声波值变大; 遇裂缝发生周波跳跃
中子孔隙度	中子孔隙度	高值	泥质束缚水使测量值偏高; 含气量增加的情况下,测量值变低; 裂缝地层中子孔隙度变大
地层密度	地层密度	中低值	含气量增加使密度值变低; 有机质使测量值偏低; 裂缝地层密度值低,井径扩大
岩性密度	光电吸收截面指数	低值	烃类引起测量值偏小;含气量增加使测量值变小; 裂缝带局部曲线降低
深浅电阻率	深探测电阻率浅探测电阻率	总体低值,局部高值,深浅侧向测井曲线几乎重合	地层渗透率、泥质含量和束缚水均使电阻率偏低; 有机质干酪根电阻率极大,测量值为高值

常规测井系列对页岩储层和页岩气层均有较好的响应特征,而含气页岩层相比普通页岩层在电阻率曲线上表现为高值,其他曲线的测井响应特征也比较明显,可以较好地识别出含气页岩层。

1.2.1　　页岩气测井导电机理研究

电阻率测井是发现与评价油气层的主要方法,其主要原理是油气层内较大孔隙中含有较多油气,孔径较小的孔隙中含水。因油气是非导电物质,因此油气层的电阻率大于水层,较好油气层的电阻率一般是相邻水层的 3 ~ 5 倍以上,这就是正常油水层的测井解释基础。要准确识别页岩气储层必须研究其导电机理。页岩电阻率的主要影响因素包括岩石孔隙度的大小、孔渗结构、孔隙中所含流体电阻率,以及岩石所处温度等。

1. 页岩矿物成分与电性关系

黄锐等针对实验测试技术和测井技术在页岩气勘探开发中矿物成分识别上存在的局限性,利用 X 射线衍射仪对岩心、岩屑进行组成元素及矿物成分研究。统计(表 1 - 3)表明,研究区龙马溪组泥岩/页岩的矿物成分较复杂,样品中均含有伊利石、高岭石、伊蒙混层等黏土矿物,以及石英和黄铁矿,其中黏土矿物和石英为研究区龙马溪组泥岩/页岩的主要组成矿物,其次是长石、方解石,其余如白云石、石膏、黄铁矿等较少,平均含量均小于 5。黏土矿物中,伊利石最多,其次为高岭石和绿泥石。

矿物含量/%	黏土含量	石英	长石	方解石	白云石	石膏	黄铁矿
最　大	72.5	75.4	13.3	20.5	8.1	1.2	2.8
最　小	17.3	16.1	0.5	0	0	0	0.6
均　值	54.2	28.8	5.5	5.2	2.2	0.5	1.5

表 1-3　泥页岩矿物成分分析结果

根据国内外钻探资料,Fort Worth 盆地 Barnett 页岩作为美国已成功开发的储量巨大的页岩气藏,其泥页岩主要为细粒沉积,石英、长石和黄铁矿含量为 20% ~ 80%(其中石英含量为 40% ~ 60%),碳酸盐矿物含量低于 25%,黏土矿物含量通常小于50%。而我国四川盆地寒武系筇竹寺组和志留系龙马溪组两套页岩各组分平均含量为:石英 43.4%,黏土矿物 37%,长石 8.7%(钾长石 2.6%,斜长石 7%),碳酸盐7.4%(方解石 3.6%,白云石 5.4%),黄铁矿 4.1%,石膏 3.25% 等(图 1 - 18)(蒋裕强等)。

岩石是由矿物和孔隙中流体以及胶结物组成,沉积岩的主要造岩矿物电阻率都在$10^6 \Omega \cdot m$ 以上。页岩矿物组成非常复杂,主要分为石英类、碳酸盐岩类和黏土类三种,

图1-18 不同地区页岩矿物组分对比三角

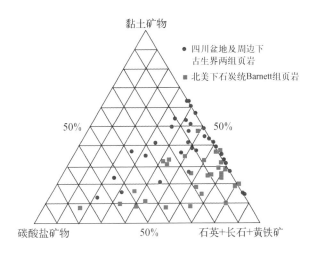

除了常见的伊利石、蒙皂石、高岭石等黏土类矿物,还混杂有石英、长石、方解石、白云石、黄铁矿、磷灰石、云母等,各种岩石矿物电阻率见表1-4。

表1-4 岩石矿物电阻率

矿物名称	电阻率/($\Omega \cdot m$)	矿物名称	电阻率/($\Omega \cdot m$)
石 英	$10^{10} \sim 10^{12}$	无水石膏	1×10^{9}
白云母	4×10^{11}	磁铁矿	$10^{-4} \sim 6 \times 10^{-3}$
长 石	4×10^{11}	黄铁矿	1×10^{-4}
方解石	$5 \times 10^{3} \sim 5 \times 10^{12}$	石 墨	$10^{-6} \sim 3 \times 10^{-4}$
硬石膏	$10^{4} \sim 10^{6}$	黄铜矿	1×10^{-3}

探测地层页岩中矿物含量的多少直接影响测井结果。对于大多数页岩,当其不含导电流体时,由造岩矿物组成的岩石骨架电阻率很高几乎是不导电的。

2. 页岩孔隙度、渗透率与电性关系

孔隙度和渗透率的变化必然要引起页岩气储层导电特性的变化,同时孔隙度结构的变化在阿尔奇公式中也要引起含水饱和度的变化。一般情况下,孔隙度越小、孔隙结构越复杂、迂曲度越高的岩石其电阻率指数越大。页岩的孔隙结构复杂的岩石,其孔隙结构连通性差,孔隙的弯曲和截面变化程度大,因此离子运动距离拉长且遇到的阻力增大,相当于离子迁移速率降低,流体的渗流通道与离子的导电路径不一致,则同其他岩性岩石相比电阻率增大(黄蓬刚)。

马建斌针对泥页岩微小孔隙的储集和孔渗特性,使用 AutoScan‒Ⅱ多参数岩心扫描仪对页岩岩样进行电阻率、渗透率测量。岩样取自中国南方某地的寒武系箱竹寺组的露头页岩。页岩岩样 x 和 y 方向分别为 51 mm 和 42 mm。在测量渗透率和电阻率时,测量网格密度为 3 mm × 3 mm。分别完成了渗透率和电阻率总点数各 270 个。对比等值线分布趋势(图 1‒19)可以得出,页岩电阻率与渗透率

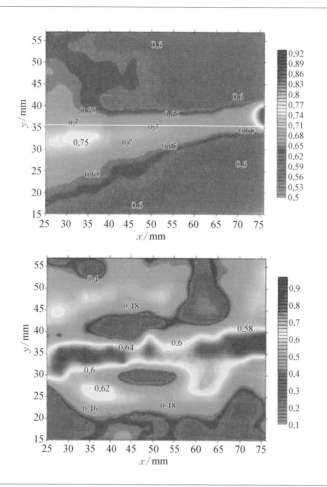

图 1‒19 页岩电阻率与渗透率等值线

分布关系密切,渗透率高值区域对应页岩电阻率值较低。电阻率低值集中于岩样中部。

3. 页岩含水饱和度与电性关系

岩心标本电阻率与溶液性质及饱和度的变化(图1－20)表示了岩心标本在不同温压、水溶液不同饱和度情况下电阻率的变化情况。

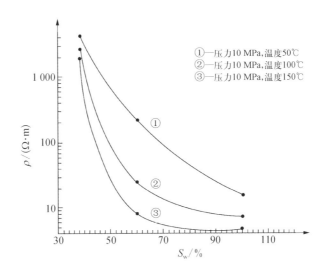

页岩气储层具有低孔、特低渗致密等物性特征。北美地区主要页岩储层含水饱和度为10%～35%(蒋裕强)。由图1－20可以明显看出,在某一固定温压下,岩心标本电阻率与其含水饱和度有明显的依赖关系,即岩心标本的电阻率随含水饱和度的增加而急剧下降,这说明岩石电阻率受含水饱和度的影响非常大;反之,当岩石标本含油量增加时电阻率急剧上升这一现象,正是目前石油测井中区分含油层与含水层的主要物理前提(石昆法等)。

国内学者缪飞飞采用恒压法参照 SY/T5385—91 标准对 GGY8099 井 1－14/54－1 岩心进行注入压力电阻率测量实验。实验结果表明,亲水岩心和亲油岩心都具有随含水饱和度增加岩心电阻率不断减小的现象:含水饱和度低时,电阻率变化幅度大;含水饱和度高时,电阻率变化幅度减小且趋于平缓;岩石渗透率越高电阻率越低,渗透率越低电阻率越高(表1-5、表1-6)。

表 1 - 5 GGY8099
井 1 - 14/54 - 1 岩心
电阻率与含水饱和度
的关系

注入压力/MPa	岩心电阻率/(Ω·m)	岩心含水饱和度/%
0.3	2 344.74	67.91
0.4	1 915.94	73.31
2.6	1 120.78	74.54
4.6	1 039.77	80.19
6.0	1 009.80	81.17

表 1 - 6 BB210 井
11 - 12岩心电阻率与
含水饱和度的关系

注入压力/MPa	岩心电阻率/(Ω·m)	岩心含水饱和度/%
0.12	453.68	58.27
0.15	412.00	60.48
0.23	392.73	61.36
0.24	377.60	62.68
0.42	373.28	62.69
0.93	372.69	62.70
1.24	365.78	62.71

4. 页岩气储层有机质热成熟度与电性关系

从岩石标本法测定的电阻率与测井方法的电阻率数据统计来看,富含有机质的页岩具有较高的电阻率特征。页岩气储层中含有大量的有机质,其丰度与成熟度对页岩气资源量有重要影响。在相同温压条件下,富有机质的页岩较贫有机质的页岩具有更多的微孔隙空间,能吸附更多的天然气,因而页岩油气储层中含烃饱和度相对较高,导致高电阻率,但电阻率也会随着流体含量和黏土类型而变化(图1-21)(刘海良等)。

图 1 - 21　页岩有机
质成熟度与电阻率

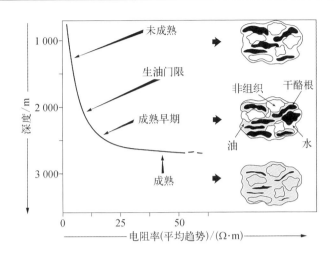

1.2.2　页岩气声波测井响应机理研究

　　声波测井是利用声波传播特性研究地层和钻井本身特征的一系列测井方法的统称。页岩气声波测井影响因素较多（如有机质丰度、含气量大小以及扩径和裂缝），在实际应用中声波测井常与其他测井方法组合使用。不同地区页岩气储集层参数（孔隙度、含水饱和度、渗透率等）与岩石声学参数（声速、声衰减、声频谱变化等）关系密切，必须在实验室进行准确测量和正确分析，才能更好地确立相互关系，这些参数与岩石储集层参数之间关系的实验研究是声波测井资料解释的基础（刘祝平）。

　　层理发育的硬脆性页岩的声波响应特征是页岩气开发过程中测井资料应用的基础，国内学者陈乔选取渝东南地区下志留统龙马溪组野外露头岩块，对作为油气储集层盖层的页岩地层的声波速度和各向异性的岩石物理数据进行了实验研究，获取了不同层理下的声波传播规律。实验测试是在常温（20℃）、轴压恒定为 0.5 MPa 的环境下，使承压型声波换能器采用透射法进行测量。对 22 块岩样采用激发频率为25 kHz、50 kHz、100 kHz、250 kHz、490 kHz的纵波探头发射出超声波脉冲,通过提取波形中的首波波速和利用波形对比法计算衰减系数来进行波形数据分析。

实验结果表明,尽管页岩孔隙度及其变化范围都较小,但声波速度随孔隙度的增加依然有减小的趋势,且层理角度越大速度越小;声波衰减系数随孔隙度的增加,总体呈现出增大趋势,且在不同层理间这种增加呈现出喇叭形状(图1-22),即在孔隙度较小时,不同角度衰减系数相差不大,随孔隙度的增加有差异变大的趋势(陈乔等)。

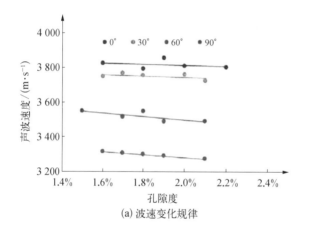

(a) 波速变化规律

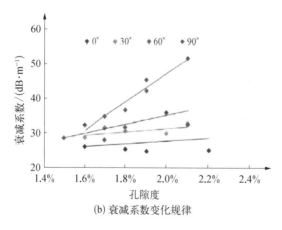

(b) 衰减系数变化规律

图1-22 不同层理角度、孔隙度与声速和衰减系数的关系

　　选取孔隙度数据最完整的一组岩心从关系图(图1-23)中得出波速与频率呈对数增加的趋势,频散现象明显,衰减系数随频率增加而增大。

图1-23　频率与波
速、衰减系数关系

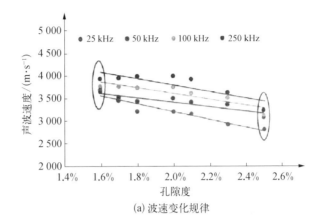

(a) 波速变化规律

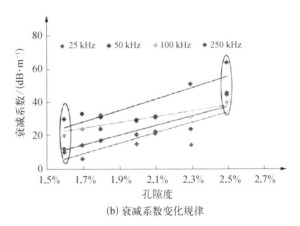

(b) 衰减系数变化规律

　　成志刚(2013)以岩石物理特征和气藏特征为基础,应用岩石物理实验手段和分析技术,通过对不同岩性、物性、含气性岩心声学特征参数变化规律的分析研究,实验按照(SY/T6351—1998)标准流程,采用 Panametrics 高压脉冲发生/接收器、1 MHz 纵横波声波换能器、HP 数字存储示波器对该地区的 126 块岩样进行实验及计算,测量每块岩心在饱含气、饱含水及不同含气饱和度下的纵波速度、横波速度,求得其纵波时差、纵横波速度比等声学参数。

根据测得的实验数据可计算出岩石的纵波时差和纵横波速度比。采用交会对比方法对取得的数据进行分析,从图 1-24 可以看出,由于受不同波的传播性质决定,在不同流体饱和状态下,岩心的声学参数存在不同的分布区域,可以看出流体对声学参数变化影响较大。

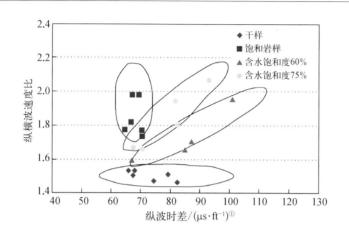

图 1-24　纵波时差和纵横波速度比交会

邓继新(2005)在实验室测量了泥页岩样品在一定频率下不同方向、压力、孔隙流体与声波衰减的关系。实验在 AUTLAB1000 多功能岩石力学参数测试仪上完成,其最大围压为 120 MPa,最大孔压为 67 MPa,纵波换能器的主频为 700 kHz,横波主频为 250 kHz。

Shale-1 页岩在干燥条件下垂直层理与平行层理方向传播的纵波振幅谱及相应的谱比图见图 1-25。在 500～1 500 kHz,谱比与频率呈较好的线性关系。当声波沿平行层理方向传播时,最大振幅对应的频率在 900～1 000 kHz。随压力增高,最大振幅增大的幅度很小。

马建斌使用 AutoScan-Ⅱ多参数岩心扫描仪来对寒武系沧浪铺组、志留系龙马溪组页岩进行密度、渗透率、声波速度等参数测量。从图 1-26 可以看出,密度与纵波的拟合效果和密度与横波的拟合效果相差不大(相关系数相差不大),这也进一步证明了岩石密度与声波速度存在某种关系,推测用声波速度预测地层密度是可行的。

---

① 1 英尺(ft)=0.304 8 米(m)。

图 1 - 25 不同围压下干
燥 Shale - 1 页岩的纵波
频谱特征

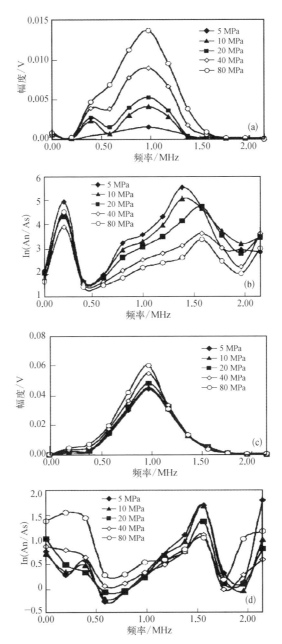

（a）垂直层理方向传播的振幅与频率的关系；（b）垂直层理方向传播的谱比与频率的关系；
（c）平行层理方向传播的振幅与频率的关系；（d）平行层理方向传播的谱比与频率的关系

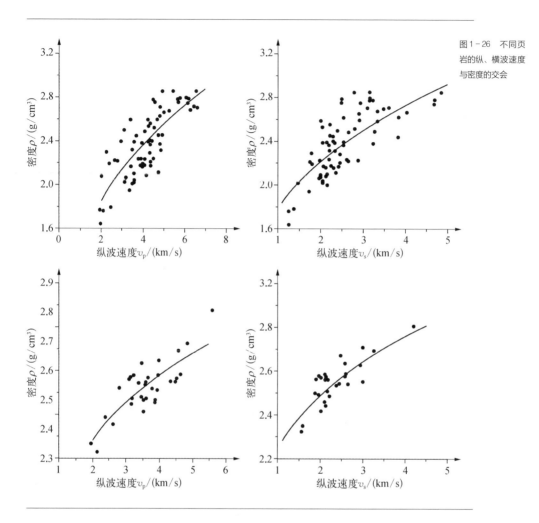

图1-26 不同页
岩的纵、横波速度
与密度的交会

　　饱和气、饱和水、饱和油在交会图中分为三个部分(黑色椭圆),对于流体敏感性较大的参数在交会图中,饱和气的椭圆区域与饱和水、饱和油的区域几乎完全分离,即该属性在交会图中对含气页岩有很好的指示作用(图1-27)。而饱和水与饱和油的椭圆区域有一部分重叠,可区分性相对较小,当纵波速度较低(岩石很疏松,孔隙度大)时,水饱和、油饱和都能很好地分开,而当速度较高时,油饱和与水饱和区分逐渐变差,椭圆部分重叠。

图 1 - 27
弹性参数与
波速交会

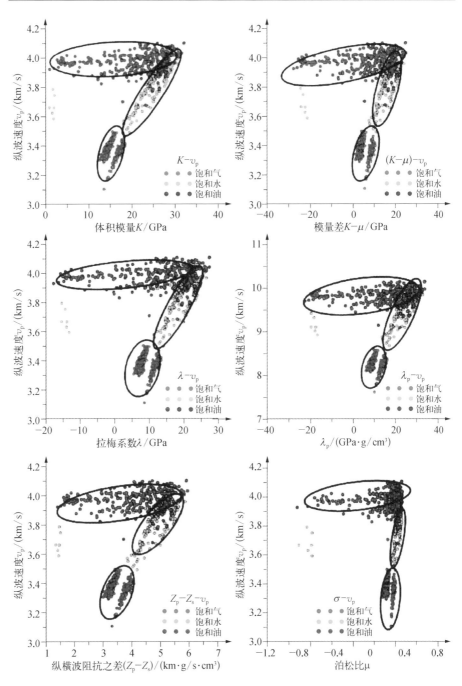

1.2.3　页岩气核测井响应机理研究

核测井是根据地层和井中介质(套管、水泥等)的核物理性质,研究钻井地质剖面发现油气藏的一类测井方法。为了研究页岩气储层核测井响应原理,需要对页岩、泥岩页岩含气层进行相应岩心物理化学分析,研究岩石参数(矿物成分、密度、孔隙度、泥质含量、总有机质含量)对伽马射线活度、中子、热中子强度的影响(邹长春,谭茂金)。

通常,常规页岩的密度孔隙度和中子孔隙度之间表现为均匀分离,而对于具有产气潜力的富含有机质页岩而言,两者之间的变化较大,密度孔隙度较高,中子孔隙度较低。出现这种情况的部分原因是岩石中存在气体,降低了氢指数,从而导致中子孔隙度较低。有机页岩的中子孔隙度也可能较低,因为与普通页岩相比,有机页岩中的黏土矿物含量较低。对密度孔隙度测量而言,构成页岩的矿物成分一般比构成常规储层岩石如砂岩和灰岩的矿物成分体积密度高。而干酪根的体积密度($1.2\ g/cm^3$)比砂岩和灰岩的体积密度低得多,其存在可能导致孔隙度计算值偏高的因素。要精确计算页岩的密度孔隙度,工程师必须要知道目标岩石的颗粒密度。颗粒密度主要通过 ECS(元素俘获能谱)仪器获得。另外,ECS 仪器还提供干酪根体积密度测量,用于校正颗粒密度。

岩石的自然放射性取决于岩石所含的核素的种类和数量,主要是由铀($_{92}U^{238}$)、钍($_{90}Th^{232}$)、钾($_{19}K^{40}$)及其衰变物核素组成。这些核素的原子核在衰变过程中放出大量的 α、β、γ 射线。熊建安等采用 FJ-428 型辐射仪测定不同矿物放射性剂量。本次研究所测定不同矿物天然放射性监测结果见表 1-7。

矿物名称	γ剂量/($\mu Sv \cdot h^{-1}$)	矿物名称	γ剂量/($\mu Sv \cdot h^{-1}$)
石　英	0.147 9	孔雀石	0.120 6
方解石	0.131 2	方铅矿	0.120 7
重晶石	0.134 4	磁铁矿	0.126 8
石　棉	0.129 8		

表1-7　矿物γ放射性剂量

不同的岩石放射性元素含量不同,它与岩性以及其形成过程中的物理化学条件有关。一般认为,泥质含量越高,则自然伽马值也会越高。因为在油气测井常遇到的地层中,黏土岩(泥岩、页岩)含有的天然放射性核素最多,主要由黏土矿物(>50%)组成。于炳松等经实验研究分析,页岩气储层富含黏土矿物。黏土矿物含量高是富有机质页岩的另一特点。如美国 Bossier 页岩黏土矿物含量可高达 70% ;Ohio、Wood ford/Barnett 页岩黏土含量在 15% ~ 65% ,其中 Barnett 硅质页岩黏土矿物通常小于 50% 。对上扬子地区下古生界富有机质页岩的研究发现,其黏土矿物含量在 20% ~ 65%(图 1 – 28)。由此可见,富有机质页岩中黏土矿物含量通常在 50% 左右。

图 1 – 28 渝页 1 井不同深度龙马溪页岩组矿物成分含量(质量分数)

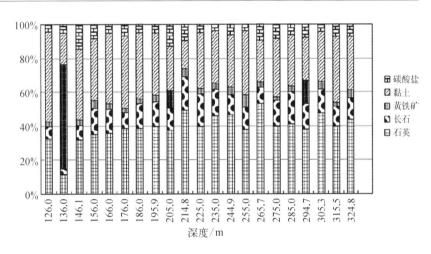

袁晓光等归类总结了自然伽马能谱识别页岩储层的交会图方法(图 1 – 29)。自然伽马能谱测井资料包括: 地层总自然伽马值及地层中铀、钍、钾的含量,可以使用自然伽马能谱测井测出钍、钾的含量,然后在 Th – K 交会图上投点,归类黏土矿物,定性识别黏土矿物,若投点位于黏土矿物类,则为页岩储层,否则不是页岩储层。此外,还可以通过黏土矿物定量计算解释图版,定量测出各黏土矿物的含量。

有关研究表明,在还原环境和有机质富集的条件下,可以使泥质沉积吸附大量的铀离子,自然伽马能谱测井中铀曲线代表地层中铀的含量,可以用来评价生油岩。在还原环境下,铀含量的高低与有机碳含量有密切的关系,有机碳含量越高,铀的含量也

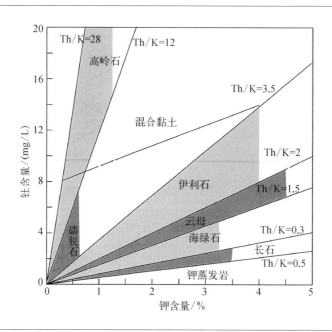

图 1-29 利用钍、
钾含量鉴别黏土矿物
的图版

越高,有机碳含量与铀含量是一种递增关系,因此铀值越高,评价生油岩就越有利(钱志)。

从能谱测井曲线并结合岩屑录井资料分析,侏罗系头屯河组地层为紫色、灰紫色、灰色、深灰色泥页岩,铀曲线数值大都在 1.6 ~ 5.0 mg/L,峰值在 2.4 mg/L 左右,说明该组地层生油能力一般,如图 1-29 所示;八道湾组地层泥岩为灰色、深灰色、褐色、灰黑色泥岩,铀曲线数值大都在(1.0 ~ 3.0)mg/L,峰值在 2.0 mg/L 左右,呈尖峰状,但总体上反映铀值偏低较多,说明该组地层不具有明显的生油能力,如图 1-30、图 1-31 所示。

有机质含量是生烃强度的主要影响因素,附气的核心载体、总有机碳含量(TOC)的大小直接影响吸附气数量的变化。同时大部分有机质寄存在岩石泥质成分中,总有机碳含量的大小间接反映了伽马射线值的变化。

马斌结合自然伽马能谱测井探讨了自然伽马、钍铀比与有机碳含量的关系。在自然伽马能谱测井中,生油岩显示铀含量高于周围泥岩。有机质含量较高的岩石自然伽马值高,特别是海相生油岩表现得更加明显。当有机质转化为烃类后,随排烃过程的进行,生油岩的放射性会随之降低。利用岩心分析的有机碳含量、岩石热解生烃潜量

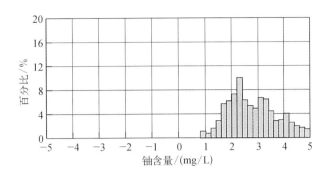

图1-30 头屯河组
地层页岩铀含量

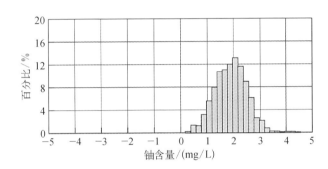

图1-31 八道湾组
地层页岩铀含量

与自然伽马、钍铀比的关系以及有机碳含量与铀钾比的关系可估算出生油岩的有机碳含量以及岩石热解生烃潜量。

从图1-32可以看出,随着钍/铀值的减小,有机碳含量逐渐增大。在建立以上关

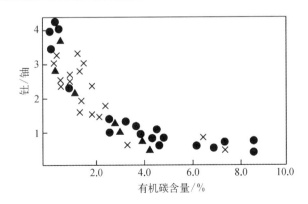

图1-32 TOC与钍/
铀交会

系的基础上,利用回归分析得到自然伽马能谱测井曲线计算有机碳含量公式,从而可以估算出生油岩的有机碳含量,进而对生油岩进行评价。

1.2.4　页岩气其他系列测井响应机理研究

除了一些常规油气藏采用的测井方法,在页岩气测井采集中还采用了一些测井新技术,包括元素俘获能谱测井、核磁共振、微电阻率成像测井,这些技术的应用有助于含气页岩储层特征的综合评价。与常规测井方法相同,这些测井新技术也是针对页岩的声、电、放射性差异,但由于页岩气储层的复杂性和隐蔽性有必要研究这些测井新技术对页岩气储层的响应规律,从而指导页岩气的后续评价和勘探开发。

元素俘获谱测井(ECS)　元素俘获谱测井利用 BGO 晶体探测器测量快中子与地层中元素发生非弹性碰撞产生的伽马能谱,经过解谱可以得到元素的相对产额;而对其中主要的俘获伽马能谱经过解谱处理可以得到 H、Cl、Si、Ca、S、K、Fe、Ti 和 Gd 等元素相对产额。有了元素的相对产额,通过特定的氧化物闭合模型就能得到这些元素的含量。再通过元素丰度和矿物含量(岩心实验)之间的统计关系得到方解石、白云石、石英、长石、云母、硬石膏、黄铁矿等矿物的含量。最后将元素俘获能谱测井与常规测井曲线结合确定黏土矿物含量及类型。

ECS 测井响应与地层元素含量密切相关,地层中的每种矿物均有极其固定的化学元素成分(表 1-8),ECS 所测量的主要元素包括 Si、Ca、Fe、S、Ti、Gd 等。其中,Si 主要与石英关系密切,Ca 与方解石和白云石密切相关,利用 Si 和 Ca 可计算石膏的含量;Fe 与黄铁矿和菱铁矿等有关系,Al 与黏土(高岭石、伊利石、蒙脱石、绿泥石、海绿石等)含量密切相关,而 Al 与 Si、Ca、Fe 有非常好的相关性,因此,ECS 通过 Si、Ca、Fe 等元素计算黏土矿物含量;Ti 与黏土矿物的含量有关;Gd 的中子俘获截面非常大,远大于其他元素的俘获截面,Gd 又与黏土矿物和一些重矿物的含量有一定关系,通过 Gd 的测量可准确计算其他元素的含量。

地层微电阻率成像测井　地层微电阻率成像测井能提供井壁附近地层的电阻率,测得图像外观类似于岩心剖面,可用于识别裂缝、进行储层评价以及沉积相和沉积构

表1-8 常见矿物中各种元素组分含量

矿物名称	密度/(g/cm³)	Si/%	Al/%	K/%	Ca/%	Mg/%	S/%	Fe/%	O/%	C/%	H/%
石 英	2.65	46.74	0	0	0	0	0	0	53.26	0	0
钾长石	2.55	30.27	9.69	14.05	0	0	0	0	0	0	0
白云母	2.83	20.32	20.32	9.82	0	0	0	0	48.20	0	0.51
黄铁矿	5.00	0	0	0	0	0	53.45	46.55	0	0	0
方解石	2.71	0	0	0	39.54	0.37	0	0	47.96	12.00	0
白云石	2.87	0	0	0	21.27	12.90	0	0	52.06	13.03	0
菱铁矿	3.94	0	0	0	0	0	0	48.20	41.43	10.37	0
石 膏	2.32	0	0	0	23.26	0	18.60	0	55.76	0	2.34

造方面的研究。页岩气储层相邻岩石之间的电阻率有差异，使得电阻率成像图像上产生相应的变化，从而识别出天然裂缝、诱导缝及断层。

核磁共振测井 核磁共振技术是近年来逐渐在石油工业领域广泛使用的无损检测技术之一。由于饱和含氢流体岩石进行实验测试时核磁仪器仅对孔隙流体有响应，岩石骨架矿物对核磁信号的影响很小。因此，进行岩石核磁共振测量不仅可以得到孔隙度、渗透率等常规物性参数，而且与气水离心、多相渗流实验相结合还可以获得可动流体饱和度等参数，将室内岩心核磁共振实验结果用于地层核磁测井信息刻度与校正，还可以获得实际地层原位信息（孙军昌，2012）。为了认识页岩储层核磁共振响应特征，孙军昌等综合使用核磁共振、气水离心等实验技术，研究页岩核磁共振 T_2 谱响应特征、可动流体 T_2 截止值、岩石比表面分布、矿化度对弛豫时间的影响及核磁孔隙度和可动流体等储层特征。

（1）页岩核磁共振 T_2 谱特征

根据饱和水状态岩石 T_2 谱响应特征就可以定性分析储层物性特征。储层物性越好，岩石中较大的孔隙越发育，则 T_2 谱上弛豫时间较长的核磁信号所占比例越高，相反岩石中细微孔隙越发育，则 T_2 谱上弛豫时间较短的核磁信号所占比例越高。实验共选取了12块致密页岩岩心，采用 RecCore04 型核磁共振仪（低磁场核磁共振岩样分析仪）进行核磁共振实验，岩心孔隙度平均值为 3.10%，气测渗透率分布为（0.049 ~ 78.102）× 10^{-6} μm²（即 μD），平均值为 $7.280 × 10^{-6}$ μm²。实验中设置等待时间 T_w

为 5 000 ms,回波间隔时间 T_E 为 0.6 ms,回波个数 N_E 为 1 024,扫描次数 SCAN 为 128。

图 1-33 为 12 块岩心饱和水状态的核磁共振 T_2 谱。根据图 1-33 中页岩 T_2 谱发育单峰、双峰特征及双峰是否连续分布等特征,可以将页岩岩心核磁共振 T_2 谱分为 3 种类型。I 类页岩岩心核磁 T_2 谱(SH-1 岩心)呈明显的单峰态分布(图 1-33、图 1-34),T_2 谱峰值对应的弛豫时间约为 2 ms,最大 T_2 弛豫时间一般小于 10 ms,核磁共振 T_2 谱弛豫时间几何平均值 T_{2g} 约为 2.85 ms。该类岩石 T_2 谱以单峰峰值为中心,具有较好的几何对称性。

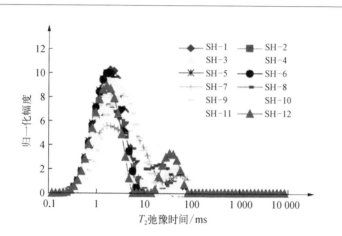

图 1-33 12 块页岩岩芯核磁共振 T_2 谱

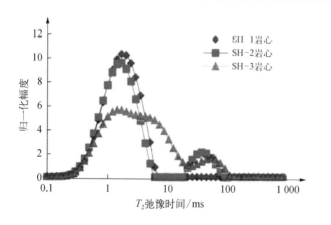

图 1-34 3 种不同类型核磁共振 T_2 谱

与Ⅰ类核磁 T_2 谱呈单峰态不同,Ⅱ类核磁 T_2 谱(SH-2 岩心)除具有几何对称的左峰外,还具有一与左峰完全分开的右峰,但其核磁信号幅度远小于左峰,反映出该类储层中除发育有有机质内孔、化石内孔等细微孔隙外,还发育有数量相对较少的溶洞或裂缝、微裂缝等孔隙空间。Ⅱ类核磁 T_2 谱左峰弛豫时间与Ⅰ类核磁 T_2 谱基本相同,其最大 T_2 弛豫时间仍小于 10 ms。T_2 谱右峰峰值对应的 T_2 弛豫时间约为 40 ms,其最大 T_2 弛豫时间一般小于 100 ms。

Ⅲ类核磁 T_2 谱(SH-3 岩心)呈连续的双峰态分布,T_2 弛豫时间较小的左峰分布较宽且核磁信号幅度较大,左峰峰值对应的 T_2 弛豫时间约为 2 ms,左峰最大 T_2 弛豫时间约为 25 ms。T_2 谱右峰峰值对应的 T_2 弛豫时间约为 60 ms,最大 T_2 弛豫时间约为 120 ms。该种类型核磁 T_2 谱反映出实验岩心具有相对较宽的孔径分布,储层中不同大小孔隙均有发育,对应的储层渗透率也相对较大。

(2)页岩核磁 T_2 谱与页岩比表面分布特征

饱和水岩石核磁共振 T_2 谱从物理机理上反映的是岩石孔隙中液固相互作用强弱,即多孔介质的比表面特征。岩石越致密,细微孔隙发育越多则其比表面越大,孔隙流体 T_2 弛豫时间越小。因此,根据核磁共振实验测试的 T_2 谱分布就可以分析页岩储层的比表面特征,相对于其他实验测试方法,核磁共振测试结果具有更高的实验效率和更加明确的物理机理。岩石的比表面 $S/V = 1/(\rho \cdot T_2)$,式中,S/V 为岩石的比表面,μm^{-1};ρ 为岩石表面弛豫强度系数,$\mu m/ms$。根据 Sondergeld 等的研究结果,页岩表面横向弛豫强度系数 ρ 平均约为 0.05 $\mu m/ms$。可以看出,致密页岩比表面(图 1-35)

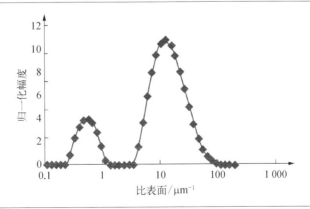

图 1-35 SH-12 岩心比表面分布特征

主要分布在 3.59 ~ 80.51 μm^{-1},平均值约为 14.34 μm^{-1}。

（3）页岩储层可动流体 T_2 截止值标定

可动流体 T_2 截止值是室内核磁共振岩样分析、核磁录井及测井进行储层可动流体百分数、束缚水饱和度等参数计算所需的关键参数之一,在页岩气勘探开发中具有重要的指导作用。

选取外形规则的岩心进行高速气水离心实验,在离心前后均进行核磁共振测试。图 1 – 36 为 SH – 6 岩心离心前后核磁共振 T_2 谱。从图 1 – 36 可以看出,页岩岩心气水离心后仅将较大孔隙及裂缝中的流体离心出来,T_2 弛豫时间小于 10 ms 的细微孔隙中的流体基本未被离心出来,表现为核磁共振 T_2 谱左峰基本未发生变化,而幅度较小的右峰基本全部消失。继续增大离心力,岩心核磁共振 T_2 谱上 T_2 弛豫时间小于 10 ms 的细微孔隙中的流体仍然未被离心出来,岩心含水饱和度的减小主要仍然来自弛豫时间较大的孔隙和裂缝,但其减小幅度很小,如图 1 – 37 所示（SH – 10 岩心）。根据气水离心实验结果可知,实验研究的页岩储层中处于自由状态的游离气主要分布在孔径大于 1 μm（对应 T_2 弛豫时间约为 10 ms）的裂缝及孔径分布在 0.1 ~ 1 μm 的孔隙空间中,孔径小于 0.1 μm 的孔隙空间主要为吸附气。对气水离心的 9 块岩心实验结果统计表明,9 块岩心束缚水饱和度分布在 80.26% ~ 97.18%,平均值为 90.28%,即 9 块致密页岩游离气饱和度平均值约为 9.72%,该离心实验结果仅对应页岩气储层基质游离气饱和度,由于实际具有开发潜力的页岩气储层往往发育一定的裂缝和微裂缝,

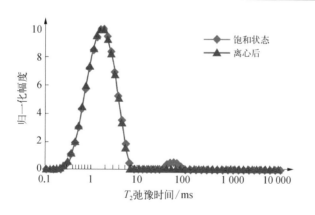

图 1-36 SH-6 岩心离心前后核磁共振 T_2 谱

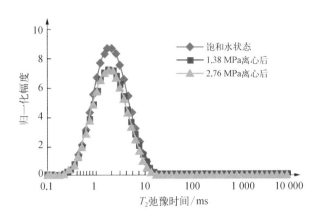

图 1-37　SH-8 岩心离心前后核磁共振 T_2 谱

因此,实际气藏游离气饱和度一般大于室内岩心离心实验结果。9 块岩心可动流体 T_2 截止值分布在 3.87～16.68 ms,平均值为 8.29 ms。页岩储层可动流体 T_2 截止值仅为中、高渗砂岩储层可动流体 T_2 截止值的 1/4,仅约为碳酸盐岩储层可动流体 T_2 截止值的 1/10。

（4）矿化度对弛豫时间的影响

采用低场核磁共振方法（共振频率 2 MHz,与 CMR 核磁共振测井仪工作频率一致）,在 20℃恒温条件下,配制矿化度为 10^{-3}～10^{-2} 的地层水进行 T_1 和 T_2 测量。T_1 测量参数为：恢复时间 10 s,反转时间从 50 μs 到 10 s,按对数布点 30 个,90°脉冲宽度为 10 μs;T_2 测量参数为：恢复时间 10 s,回波时间 2 000 ms,回波数 128 个。

图 1-38 是 T_1 和 T_2 随矿化度的变化图。可以看出在矿化度小于 10^{-2} 时,T_2 变化很小;在矿化度从 10^{-2} 变化到 4×10^{-2} 时,T_2 变化较大;以后直到矿化度为 10^{-1},T_2 基本保持不变,而 T_1 受矿化度的影响很小,可忽略不计。

（5）核磁共振与岩心孔隙度的关系

通过分别在 0.35 ms、0.6 ms、0.9 ms、1.2 ms 等 4 种回波间隔下测量岩心的核磁孔隙度,并与常规称重法岩心测量孔隙度对比（图 1-39）得到对比曲线。

实验表明,在不同回波间隔下核磁孔隙度与岩心真孔隙度存在一定的差别,在

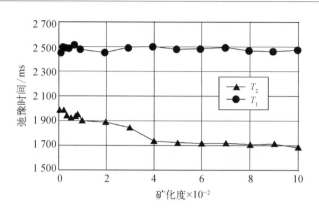

图 1-38 地层
水矿化度与 T_1
和 T_2 的关系

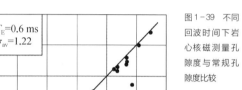

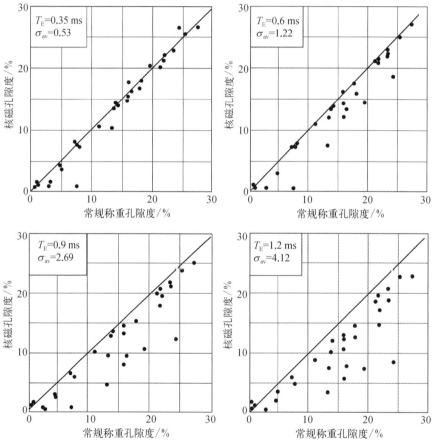

图 1-39 不同
回波时间下岩
心核磁测量孔
隙度与常规孔
隙度比较

0.35 ms 回波间隔下核磁孔隙度基本上反映了岩心的真实孔隙度,两者相关系数高达 0.96,与岩心常规分析孔隙度平均误差为 0.53 个孔隙度。随着回波间隔的增大,核磁孔隙度普遍小于常规岩心分析孔隙度,对 0.6 ms、0.9 ms、1.2 ms 回波间隔,核磁孔隙度与常规岩心孔隙度的平均误差依次为 1.22、2.69、4.12。岩石结构复杂,分选变差,顺磁物质含量增多,这种偏差也就越大。造成核磁孔隙度小于常规岩心孔隙度的原因是由于回波时间增大,有可能探测不到岩样中衰减非常快的流体信号(如黏土中的流体信号)。

图 1-40 为页岩岩心孔隙度与渗透率之间的关系。可以看出,页岩孔隙度与渗透率之间的相关性较差,这反映出实验研究的页岩储层部分孔隙对渗透率的贡献较小,岩石孔隙空间的增加并不一定能增加其渗流能力。

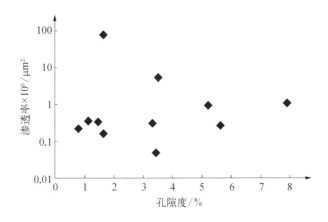

图 1-40 页岩储层孔隙度与渗透率的关系

(6) 可动流体测试

页岩储层孔渗物性极差,应用核磁共振技术能定量检测外来水相进入岩心后引起的束缚水增加量和可动水相滞留量,不但能准确给出水锁伤害程度,实现对水锁伤害的客观评价,而且能建立束缚水增加量与黏土吸水伤害、可动水相滞留量与水锁伤害之间的对应关系。因此,有必要研究清楚页岩气岩心中水的可动性。从常规储层研究思路入手,应用核磁共振技术对不同区块的 34 块页岩气储层岩样进行可动流体测试。实验表明,可动流体质量分数与岩心孔隙度相关性较差(图 1-41)。这是由于页岩气

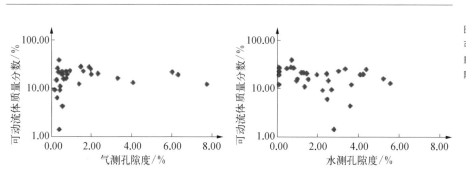

图 1 - 41
可动流体质
量分数与孔
隙度关系

岩心物性较差,孔隙度较低,并且页岩气岩心具有较强的吸附性。但可动流体质量分数与气测孔隙度的相关性要好于与水测孔隙度的相关性。观察可动流体质量分数与气测孔隙度之间的关系发现,孔隙度小于1%的岩心,可动流体质量分数分布在1.47%~39.43%,分布具有随机性;孔隙度大于1%的岩心,可动流体质量分数分布在12.46%~28.16%,两者之间具有一定相关性,但相关性很小,这是因为孔隙度主要表征储层的有效孔隙所占的比例,不能很好地表征孔隙之间的连通性,而可动流体质量分数受孔隙大小及其连通性的影响,所以导致孔隙度低的岩心可动流体质量分数可能很高,孔隙度高的岩心可动流体质量分数可能很低,但总体而言,可动流体质量分数随孔隙度的增加而增加。

渗透率与可动流体质量分数的相关性较差(图 1 - 42)。渗透率小于 $0.05 \times 10^{-3} \, \mu m^2$ 的岩心可动流体分布在1.47%~39.43%,不具有任何相关性。随着渗透率的增加,可

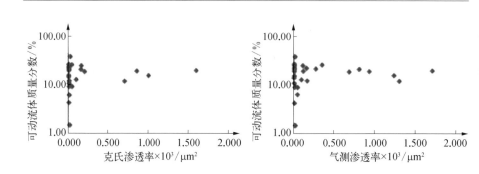

图 1 - 42
可动流体质
量分数与渗
透率关系

动流体质量分数趋于稳定,分布在 13.26% ~ 25.80%。这是因为不同大小孔喉分布比例对可动流体质量分数影响较大,大孔喉所占比例越高,可动流体质量分数越高,而不同孔喉分布的岩心可能具有相同的渗透率,由此可以看出,两者相关性较差。

图 1 - 43 为 1 号岩心和 31 号岩心经归一化处理后的核磁共振 T_2 谱,2 块岩样的气测孔隙度都为 0.33%,渗透率分别为 0.020×10^{-3} μm^2 和 0.014×10^{-3} μm^2,经 1.38 MPa 离心后所得岩心可动流体质量分数分别为 39.34% 和 1.47%,相差 37.87%。孔隙中所含可动流体质量分数(流体饱和度)等于岩心可动流体质量分数减去裂缝/微裂缝质量分数,即孔隙中所含可动流体质量分数分别为 8.53% 和 1.47%。

图 1 - 43
1 号和 31
号岩心饱和
状态和束缚
水状态下核
磁共振 T_2 谱

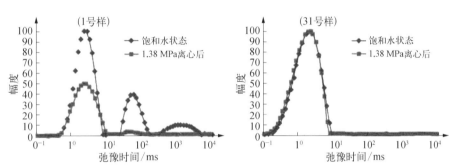

1 号样和 31 号岩心渗透率相差无几,但其孔隙中的可动流体质量分数却相差较大。因此,相比于孔隙度和渗透率,可动流体质量分数可以更好地表征页岩气储层物性特征,是评价页岩气储层渗流能力及开发潜力的一个重要物性参数(常文会等)。

1.3   页岩气测井方法

测井在页岩气藏勘探开发中有两大任务,一是储层及含气量的评价,二是为完井服务提供指导参数并在钻井中起地质导向作用,这其中包含岩性、孔隙、裂缝、有机碳、储层岩石力学等参数评价。勘探和开发不同阶段达到上述目的采用的测井系列是不同的,表1-9总结了国内外针对不同井别采用的测井采集系列。对于新区,一般而言,最经济的测井系列包括自然伽马测井、自然电位测井、井径、岩性密度测井、补偿中子测井、普通电阻率测井、双侧向测井、双感应测井和声波扫描测井。从表1-9中可

完井方式	井　别	必测井项目	可选测井项目
裸眼井	探　井	自然伽马能谱	核磁共振
		岩性密度	
		补偿中子	
		双侧向(阵列感应)	
		元素俘获能谱	
		微电阻率扫描成像	
		声波扫描	
		自然电位	
		井径、井斜、井温	
	评价井	自然伽马能谱	核磁共振 元素俘获能谱
		岩性密度	
		补偿中子	
		双侧向(阵列感应)	
		偶极声波	
		自然电位	
		井径、井斜、井温	
	开发井	自然伽马能谱	微电阻率扫描成像
		岩性密度	
		补偿中子	
		阵列声波	
		井径、井斜、井温	
套管井		自然伽马能谱	
		岩性密度	
		声波扫描	
		相对方位	
		热中子寿命	

表1-9 页岩气不同井别采用的测井采集系列(郝建飞,2012)

见,除了一些常规油气藏采用的测井方法,在页岩气测井采集中还采用了一些测井新技术,主要包括元素俘获能谱测井、核磁共振测井、微电阻率成像测井和声波扫描测井,这些测井新技术的应用在页岩气勘探开发初期是非常有必要的,有助于含气页岩储层特征的综合评价,也有助于指导油气公司后续的勘探开发。

用于分析页岩地层岩石物理特性的主要资料与用于分析常规储层所用资料相同,包括自然伽马、电阻率、孔隙度和声波测井等,此外还有中子俘获能谱资料。和常规油气井须具备关键生产指标一样,具有油气生产潜力的页岩也表现出不同于无生产潜力的页岩特有特征。

1.3.1　　　页岩气电阻率测井系列

在页岩气测井中常用的电阻率测井方法包括自然电位测井、侧向测井、感应测井等。自然电位测井常与声波测井、自然伽马测井一起来识别岩性。自然电位也用于寻找天然裂缝,在泥(页)岩裂缝发育层段,自然电位幅度和形态趋向于纯砂岩层,较小裂缝层自然电位和幅度趋向于高含泥质砂岩层。低角度裂缝的有效性表现为电阻率曲线在高阻背景上的明显降低,曲线形状尖锐,一般呈负差异,说明横向延伸较远,幅度差越大,张开角度就越大,有效性就越好;页岩气勘探中侧向测井常用双侧向和三侧向测井,除了识别页岩储层,用双侧向方法来识别页岩气储层裂缝也得到了一定的应用。

在页岩气储层中,各电阻率测井方法所得到的曲线大都成变大趋势。以美洲地区Barnett 页岩层系的电性结构调查为例可以获得如下认识:页岩层系与其围岩具有电性的差异,页岩层系因含有机质的多少等因素而存在内部结构不同,对应了电阻率结构的不同。

普通电阻率测井发现,各地层单元的电阻率具有明显差异(图 1 - 44),并且Barnett 页岩各层电阻率的差异也非常显著——Barnett 页岩上部的含气量低,相应的电阻率相对较低,而下部是主要的含气层,对应的电阻率相对较高。Barnett 页岩下部储层中还可以分成 A、B、C、D、E 等 5 段,各段的电阻率与含气量各不同。区间 A、C 和

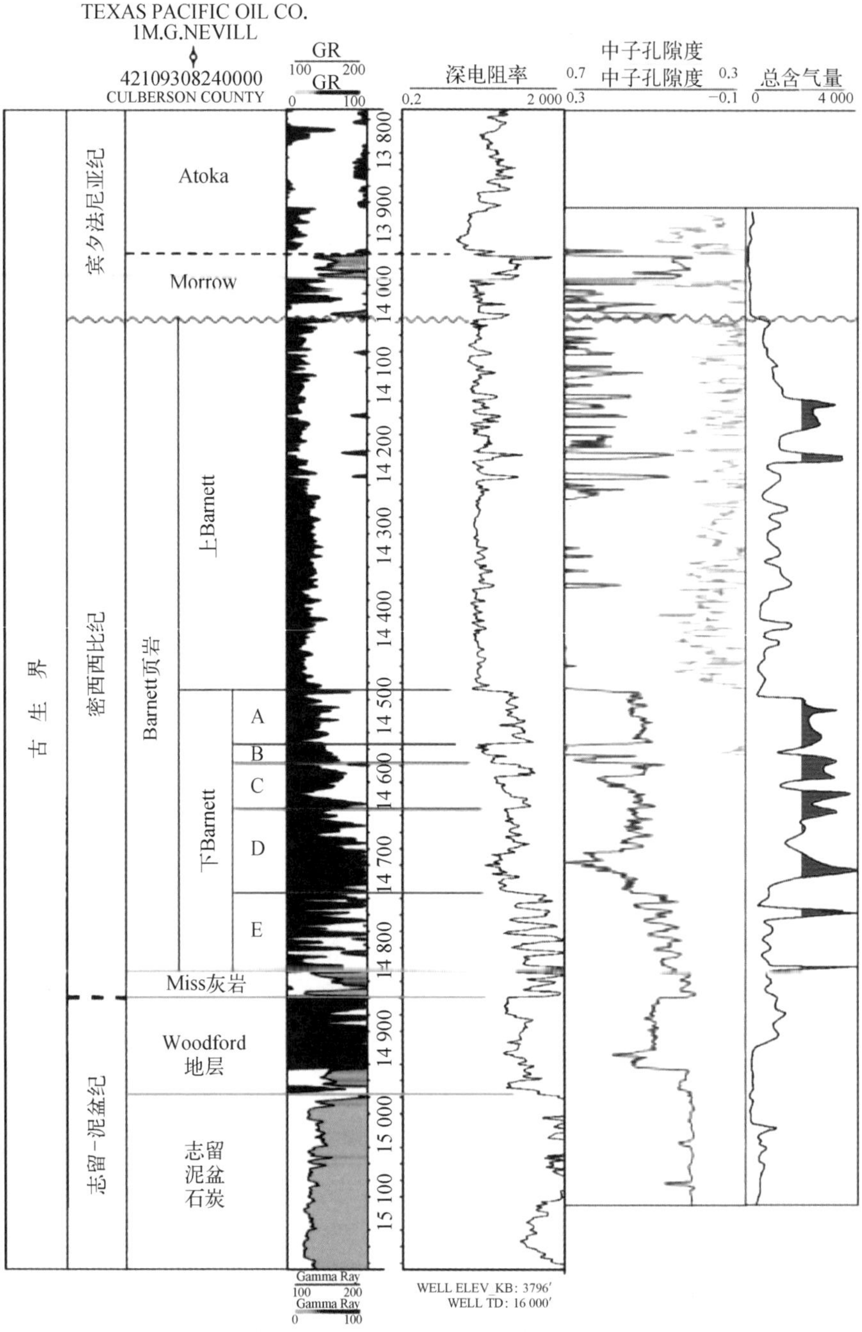

图 1－44 Barnett Shale 电阻率测井识别页岩层

E 显示为和整个研究区一致的电阻率高值,而区间 B 和 D 显示为电阻率低值。区间 D 显示为自然伽马值高值,与 TOC 的增加相吻合。区间 E 显示为一系列的电阻率峰值,反映为和密西西比石灰岩层的相互贯穿和过渡接触。总体上,Barnett 页岩电阻率较高的岩段,其含气量较高,从而推测其页岩相对富含有机质。

利用电阻率-密度交会图可以将页岩储层与上、下层致密灰岩层及泥岩围岩层区分开(图 1-45)。泥岩电阻率低于黑色页岩及致密灰岩,黑色页岩与致密灰岩电阻率相当,但黑色页岩的密度值明显低于致密灰岩层。

图 1-45 北美某井页岩储层电阻率-密度交会

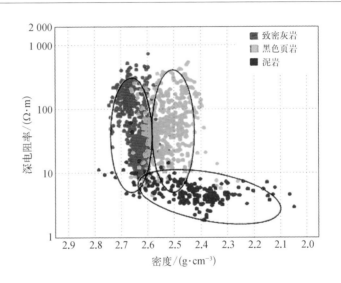

利用常规三组合测井资料识别富含有机质的潜在页岩层。图 1-46 最下面的 50 ft①为一常规页岩层(蓝色阴影)。其自然伽马(第 1 道)读值小于 150 gAPI;电阻率值(第 2 道)较低,且基本不变;密度孔隙度和中子孔隙度(第 3 道)出现分离,且变化范围较小。与常规页岩相比,有机页岩段(红色阴影)的自然伽马读值较高,电阻率高,且变化较大,密度孔隙度也相应较高,中子孔隙度变化较大。有机页岩的中子孔隙度通常较低,这是因为其束缚水体积较小。

①　1 英尺(ft) = 0.304 8 米(m)。

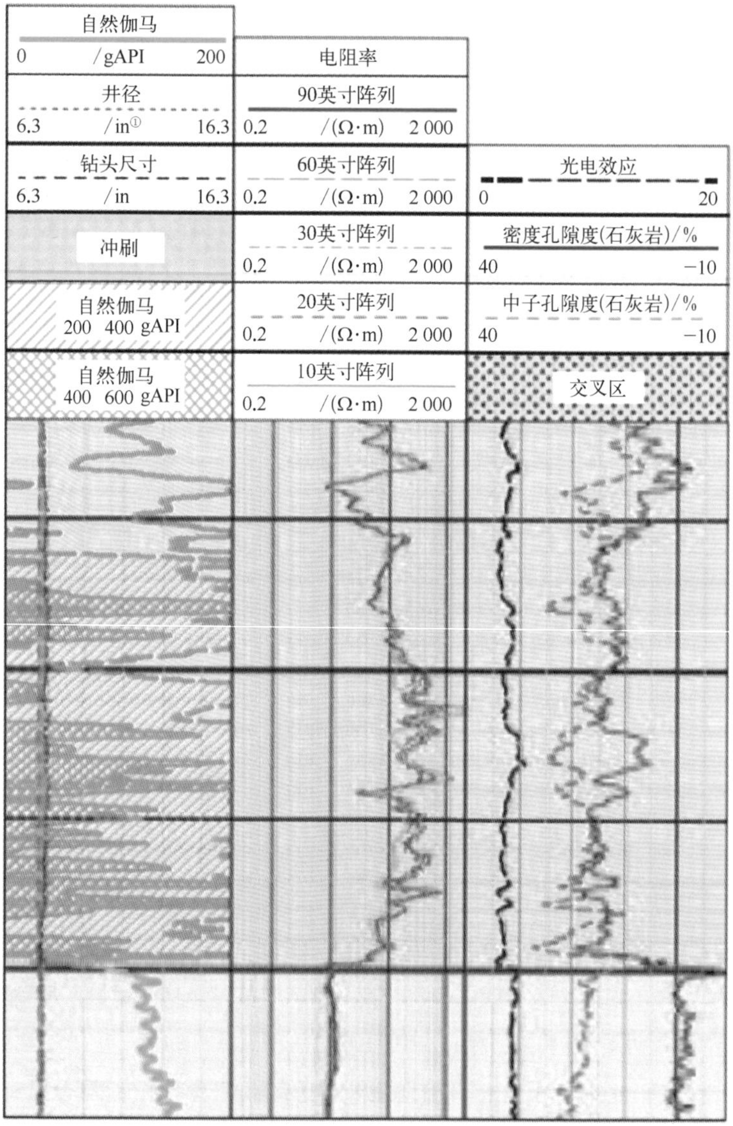

图 1 - 46 常规三组
合测井资料识别富含
有机质的潜在页岩层

自然伽马			电阻率					
0	/gAPI	200						
井径			90英寸阵列			光电效应		
6.3	/in①	16.3	0.2	/(Ω·m)	2 000			
钻头尺寸			60英寸阵列			0		20
6.3	/in	16.3	0.2	/(Ω·m)	2 000			
冲刷			30英寸阵列			密度孔隙度(石灰岩)/%		
			0.2	/(Ω·m)	2 000	40		−10
自然伽马 200 400 gAPI			20英寸阵列			中子孔隙度(石灰岩)/%		
			0.2	/(Ω·m)	2 000	40		−10
自然伽马 400 600 gAPI			10英寸阵列			交叉区		
			0.2	/(Ω·m)	2 000			

---

① 1 英寸(in) = 2.54 厘米(cm)。

1.3.2　　页岩气声波测井系列

　　页岩气测井中常用的声波测井方法有声波速度测井和阵列声波测井。声波速度测井是通过将接收声波到达的时间差换算成声速测井的时差曲线,用于岩石力学性质分析。阵列声波测井可测量地层的纵波、横波、斯通利波,能够提取首波传播时间,计算出频散特性。页岩气声波测井主要应用于分析岩石的声学特性,结合其他测井曲线可以计算地层弹性力学参数、泥浆参数以及各向异性大小和方位。

　　当页岩层含气时,与常规气一样是不导电介质,具有密度值很小、含氢指数低、传播速度小等物理特性,同时,页岩气中有机质含量较高,干酪根的密度较低,通常介于 $0.95 \sim 1.05 \text{ g/cm}^3$。声波时差测井曲线上声波时差较高,有时会出现周波跳跃现象(张晓玲,肖立志)。因此,利用声速测井曲线形态和数值相对大小可以相对快速而直观地识别含气页岩层,但也由于影响因素较多在实际应用中常与其他测井方法组合使用。

　　利用声波时差(DT)和电阻率值(取对数)来确定页岩分界线,能够用来区分岩性,确定富含有机质的页岩区。Thomas 研究了密西西比 Fort Worth 盆地 Barnett 组的页岩层(图1-47)。从图中可以看出,由 DT 和 $\lg R$ 交会可以得到页岩分界线,$DtR = 105 - 25\lg R$,从而可以划分地层岩性(肖昆,邹长春等)。

图1-47　DT 和 $\lg R$
交会识别岩性

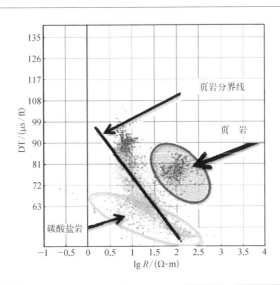

在仅有孔隙度、电阻率测井信息的情况下常规测井资料可以评价岩石结构,即电阻率和声波时差重叠法。令其在块状泥岩段重合,同时连续逐点地分析声波、电阻率曲线幅度变化,判断岩层构造特征(图1-48)。图1-48表明,电阻率和声波时差曲线幅度变化平缓,曲线间有较小的幅度差,为块状构造;曲线呈锯齿状变化,曲线间有较大的幅度差为层状-纹层状构造(张晋言)。

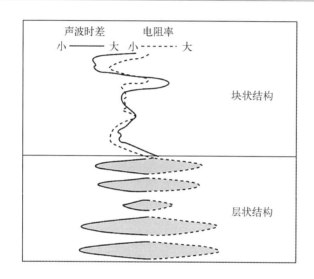

图1-48　测井信息
判断岩石结构

图1-49表明 Δlg 法能够较好地识别页岩气储层,明显的幅度差异反映了页岩气储层中富含有机质的情况。

利用偶极阵列声波测井的横纵波时差比能够有效识别致密碳酸盐岩、泥页岩储层的含气性(图1-50)。在其他地层条件相同或相近的情况下,当地层含气时,地层体积密度变小,体积弹性模量大幅度变小,而地层切变模量几乎不变,导致纵波速度大幅度减小,而横波速度几乎不变,使得地层纵横波速度比即横纵波时差比大幅度减小。在已知储层岩性的条件下,利用横纵波时差比变小的测井特征能够定性识别储层含气性。通常,泥页岩储层含气时,横纵波时差比往往小于2.0,典型泥页岩气层横纵波时差比会小于1.8(石文睿,张占松)。

相关研究分析表明,页岩储层含气时偶极阵列声波测井横纵波时差比会明显减

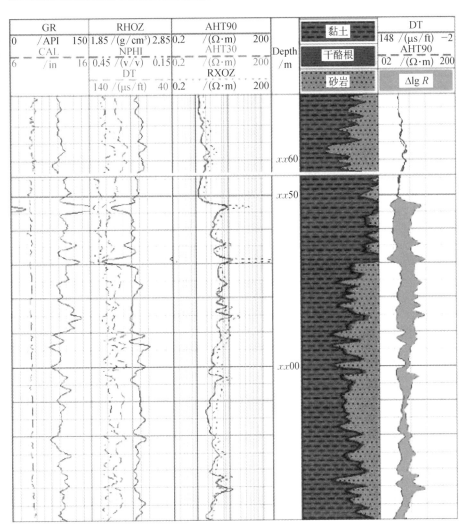

图1-49
页岩气储层
识别 ΔlgR法

小,将储层岩石力学参数、斯通利波、各向异性特征与气测烃显示资料相结合,可有效识别储层的含气性。在裂缝型页岩储层中,多极阵列声波测井偶极横波各向异性变化及斯通利波能量衰减特征明显,能够准确表征储层裂缝的有效性。

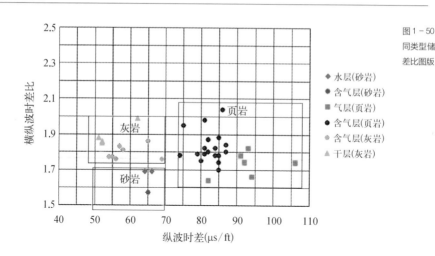

图1-50 某地区不
同类型储层横纵波时
差比图版

1.3.3　放射性测井系列

核测井是以探测地层的放射性为主的一种方法,页岩气测井中常用的核测井方法有自然伽马测井、自然伽马能谱测井、中子测井、密度测井等。自然伽马测井主要是探测记录岩石放射性核素放射出来的自然伽马射线;自然伽马能谱测井不仅可以测出总自然伽马曲线,还可以测得铀含量、钍含量、钾含量曲线,即具有比自然伽马测井更强大的功能;中子测井通过向地层中发射快中子,利用中子与地层相互作用的各种效应,得到岩性孔隙度等地层信息;密度测井则利用伽马射线与地层的康普顿效应来测定地层密度的大小。

页岩的岩石物理特征分析首先须进行一项最基本的测井即自然伽马测井。自然伽马测井可指示是否存在富含有机质页岩。有机质中普遍含有高浓度的天然放射性物质——钍、钾和铀,其含量比常规储层矿物高。由于富含有机质的页岩中有机质含量较高,其自然伽马数值往往超过 150 gAPI。一般情况下依据高自然伽马值来识别富含有机质的页岩层,但白垩纪、中生代和第三纪的一些地层可能不存在这一特征。

由于干酪根比泥质富集更多的铀、钍、钾元素,高自然伽马强度被认为是页岩中干酪根的函数,由此可以利用自然伽马总强度来区分含气页岩与普通页岩(袁晓光,张宝露)。很明显有自然伽马值:页岩储层 > 普通页岩、泥岩 > 砂岩,因此可以用自然伽马能谱测井异常高值识别出页岩储层。

在图 1 - 44 中,Travis J. Kinley 等(2008)利用放射性测井资料识别了德克萨斯特拉华盆地密西西比纪含气页岩层。区间 D 显示为自然伽马值高值,与 TOC 的增加相吻合。

页岩密度小,比砂岩和碳酸岩地层密度测井值低,但是比煤层和硬石膏地层密度值高出很多。随着有机质和烃类气体含量增加将会使地层密度值更低。如果存在裂缝,会使地层密度测井值降低。对于页岩气藏中孔隙部分被密度小的水、天然气等所代替,故其密度小于致密地层。孔隙度越大,地层密度越小,所以密度测井可以识别页岩气储层(潘仁芳)。中子测井值反映的是岩层中的含氢量。有机质中的氢含量也会对中子测井产生影响使孔隙度偏大。在页岩储集层段,中子孔隙度值显示低值,这代表高的含气量、短链碳氢化合物。

Lewis 等给出了含气页岩的典型测井曲线(图 1 - 51)。上部含气页岩为 Oklahoma 州泥盆-密西西比系 Woodford 页岩,放射性曲线表现为高伽马、高密度孔隙度(低密度值)、低 Pe 值;下部为 Sylvan 地层,不含气,测井曲线差异明显。

与一般的常规储层相比,页岩的常规测井曲线响应表现有自己的特征。从测井曲线上可以看出,页岩气地层的井径一般出现扩径现象;自然伽马值高,尤其是有机质丰富的地方(图 1 - 52)。北美含有机质丰富页岩层伽马值变化很大,与上下围岩层相比分层明显;四川盆地页岩层表现为无铀伽马与含铀伽马曲线突然分离,无铀伽马值变大。

图 1 - 53 给出了海相、陆相页岩有机质丰度测井评价成果。海相中,将测井曲线计算的 TOC 值与实测值进行对比,结果表明计算值与实测值相关系数达到 65.5%,符合程度较好;陆相中,计算值与实测值相关系数为 62.7%,符合效果也较好。由此也可以看出,自然伽马能谱法在海相页岩 TOC 计算值与实测值相关系数要大于陆相中的相关系数,这与海相有机质分布均一性较强有关。

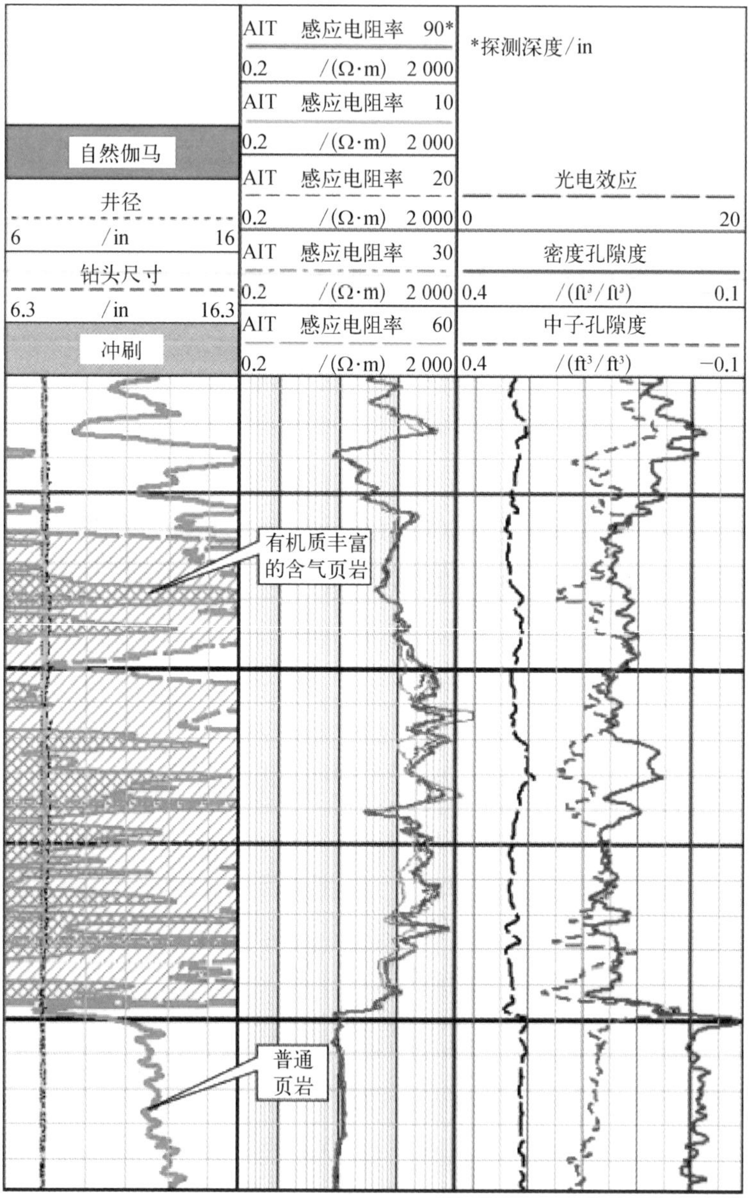

图1-51 页岩气储层自然伽马、中子、密度测井响应曲线

	AIT 感应电阻率 90*	*探测深度/in
	0.2 /(Ω·m) 2 000	
	AIT 感应电阻率 10	
自然伽马	0.2 /(Ω·m) 2 000	
井径	AIT 感应电阻率 20	光电效应
6 /in 16	0.2 /(Ω·m) 2 000	0 20
钻头尺寸	AIT 感应电阻率 30	密度孔隙度
6.3 /in 16.3	0.2 /(Ω·m) 2 000	0.4 /(ft³/ft³) 0.1
冲刷	AIT 感应电阻率 60	中子孔隙度
	0.2 /(Ω·m) 2 000	0.4 /(ft³/ft³) −0.1

有机质丰富的含气页岩

普通页岩

图1-52 不同地
区的页岩伽马测井
曲线对比

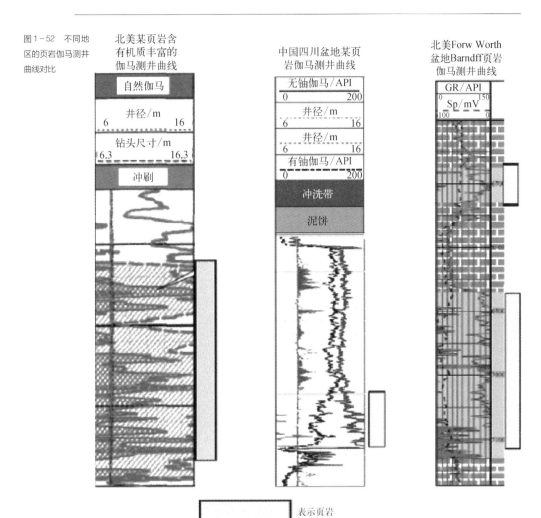

北美某页岩含
有机质丰富的
伽马测井曲线

中国四川盆地某页
岩伽马测井曲线

北美Forw Worth
盆地Barndff页岩
伽马测井曲线

表示页岩

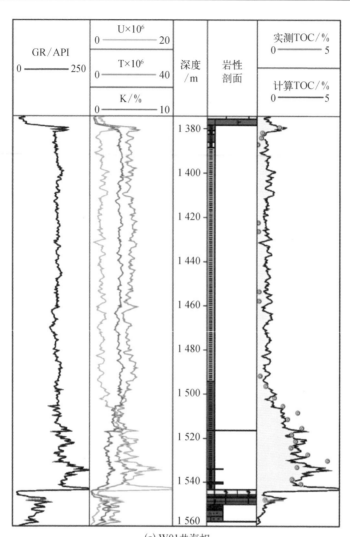

(a) W01井海相

图 1－53　W01 和 L01 井
自然伽马能谱测井计算
TOC 值成果

续图 1-53

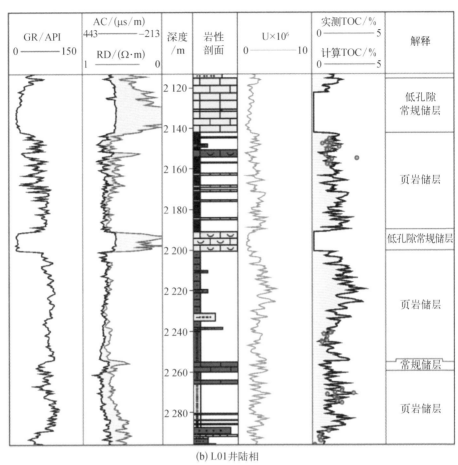

(b) L01井陆相

1.3.4　特殊测井系列

　　由于页岩气在岩性尤其是成藏机制方面的独特性,常规油气勘探采用的测井评价方法难以完全适应。ECS、成像测井等特殊测井技术,对于页岩气的勘探和开发都是极为重要的。尤其是 ECS 测井,它对岩石的矿物解释具有不可替代的作用。目前应用过的页岩气特殊测井方法包括 ECS 测井、微电阻率成像测井、阵列声波成像测井

（用于识别裂缝）、核磁共振测井（用于确定页岩孔隙度）等。

1. ECS 测井

通过 ECS 测井，可以得到储层元素的含量，从而能够计算出矿物的成分。除此之外，ECS 测井还可以提供评价地层各种性质、物性的参数，通过这些参数可以计算黏土矿物含量、识别沉积相等。

目前，斯伦贝谢公司基于 Elan－Plus 模块和 Spectrolith 模块已基本实现了利用 ECS 方法对页岩气储层矿物组分进行分析。其中 Elan－Plus 是斯仑贝谢公司 Geoframe 软件平台中用于不同岩性组合的剖面，尤其是复杂岩性剖面测井资料的处理和解释的软件模块（高楚桥）实际工作中，常使用 Spectrolith 和 Elan－Plus 对比分析得出相关结论（图 1－54）。图 1－54 中由中子孔隙度和密度孔隙度的差值变化，以及 Elan－Plus 可判断下部层位可能为潜在的页岩气储层。图 1－54 中还显示了 Elan－Plus 的输入参数（自然伽马、孔隙度、Pe 及 Spectrolith）和输出参数。油母岩质在含气页岩层位被明显标出。第三道比较了 Spectrolith、Elan－Plus 所计算的不同岩石密度。在不含气的典型页岩层段，以上两者计算的岩石密度与岩心分析的结果较一致；但在含气页岩层段 Spectrolith 计算结果误差较大。分析其原因为：Elan－Plus 考虑了低密度油母岩质的因素，而 Spectrolith 对油母岩质内的元素不敏感（聂海宽，张金川）。

元素俘获谱测井被广泛应用于页岩油气测井评价，如斯伦贝谢公司的 ECS 测量记录非弹性散射与俘获时产生的瞬发伽马射线，利用波谱分析得到硅、钙、铁、硫、钛、钆等地层元素，通过氧化物闭合模型、聚类因子分析和能谱岩性解释可定量得到地层的矿物质量分数。

图 1－55 是 L69 井泥页岩段 ECS 测井资料和处理解释剖面。处理结果显示，泥页岩段主要岩性为碳酸盐岩，其体积分数为 35%～80%，砂岩体积分数为 3%～25%，泥质体积分数为 15%～35%。通过与岩心分析数据对比，有较好的一致性。

2. 成像测井

成像测井包括核磁共振成像测井、光成像测井、阵列感应成像测井、偶极横波成像测井和井下声波电视等，它们都具有分辨率高、井眼覆盖率高和可视性的特点。在识别页岩的裂缝、构造特征等方面作用很大，尤其在评价页岩储层裂缝的类型、储

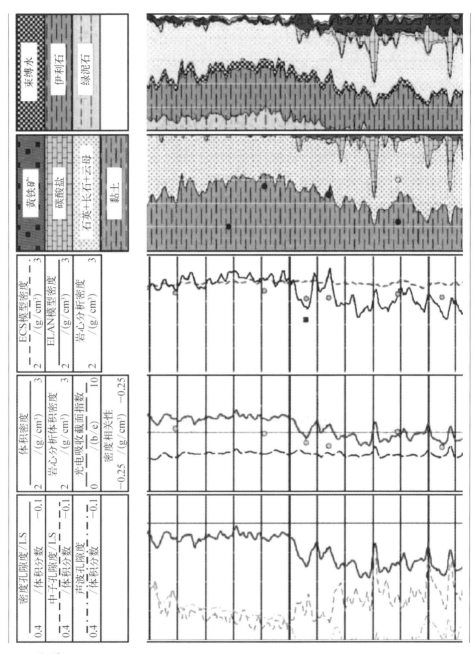

図1－54 采用ECS判断页岩气潜在储层

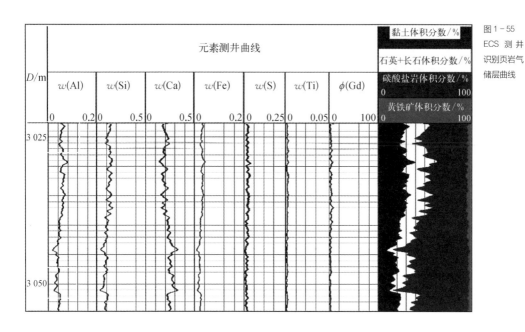

图 1-55
ECS 测 井
识别页岩气
储层曲线

层改造上作用显著。在测井地应力分析方面,声、电成像测井是最主要的方法。声、电成像测井不仅在岩性与裂缝识别、构造特征分析方面具有良好的应用效果,还对指导页岩气储层的压裂改造、评定页岩气储层的开发效果有着重要的意义(聂昕,邹长春)。

李启翠(2013)通过对 FMI 倾角矢量图中地层界面的分类和统计求取地层产状,并对井旁地层产状的纵向和平面变化进行构造分析。Y 页 1 井地层产状分析(图 1-56)表明: FMI 测量井段地层倾向为南南东向,走向为北东东-南西西向,倾角范围为 $10° \sim 30°$,主频为 $18°$。在地应力分析方面,钻井诱导缝的走向为北东东-南西西向,井壁崩落的方位为北北西向,因此推断志留系龙马溪组和奥陶系五峰组地层现今最大水平主应力方向为北东东-南西西向($50° \sim 80°$)。由于地层最大水平主应力方向与发育的天然裂缝走向一致,故正确地识别地层地应力方向为页岩气水平井钻井和压裂改造提供了重要支撑。

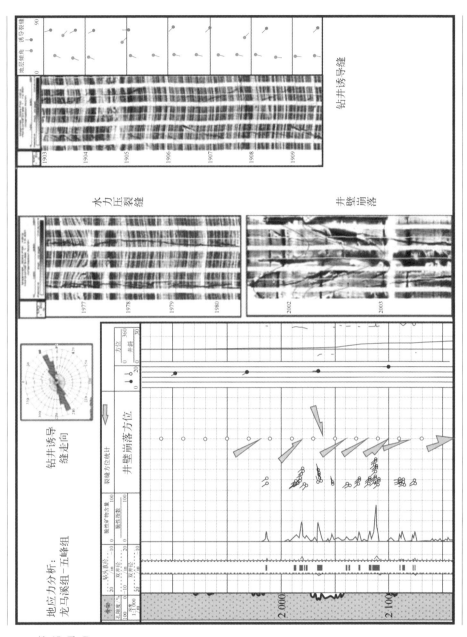

图 1－56
Ｙ页１井志
留系龙马溪
组－五峰组
井旁地应力
解释

井筒质量测井
解释与评价

井筒质量的好坏对于页岩气开发至关重要。为了了解井下管柱深度、检查井下技术状况等而进行的测井统称为工程测井。其主要内容包括管柱深度、套管损坏(变形、破裂、错断和漏失)、井径变化、套管腐蚀及补贴效果、射孔质量、固井质量、管外窜槽位置、压裂酸化及封堵效果、出砂层位等检查。页岩气井常用的工程测井方法包括井径、井斜、井温和固井质量测井。

2.1   井径测井

井径测井是测量井眼直径大小的一种测井方法。在裸眼井中,井壁地层受钻井液冲洗、浸泡和钻头的碰撞,使得井眼直径与钻头直径往往不尽相同,且地层岩性、物性、机械强度的不同导致井眼直径也不同;在套管井中,套管长期与地层水接触,具有腐蚀性的地层水将对套管管壁造成损害,套管壁发生变化;不同方位的地应力差异也会使套管发生形变,从而引起套管内径变化。

2.1.1   应用范围

井径测量是用井径仪来完成的。井径仪种类较多(表 2−1),裸眼井中常使用单臂、双臂、4 臂仪器,油田套管井常用微井径仪、X−Y 井径仪、过油管 2 臂井径仪、8 臂

性能仪器	测量范围 /mm	分辨力 /mm	测量误差 /mm	测量结果	诊断能力	说明
微井径仪	100～180	1	±1	利用 4 只臂测量垂直方向两条直径的均值,给出平均直径	(1) 确定变形位置 (2) 确定接箍深度 (3) 检查射孔质量	无扶正器
X−Y 井径仪	90～180	<2	±2	利用 4 只臂测量互相垂直的两条内径值	(1) 同微井径仪 (2) 初步估计变形、截面形变	无扶正器

表 2−1 井径仪分类

（续表）

性能仪器	测量范围 /mm	分辨力 /mm	测量误差 /mm	测量结果	诊断能力	说明
8臂井径仪	100～180	<2	±2	利用8只臂测量夹角互成45°的4条内径值	（1）同微井径仪 （2）判断变形截面形状，勾画出近似图形	无扶正器
过油管 2臂井径仪	80～180	<1	±1	利用2只臂测量任意方向一条内径值	同微井径仪	上下扶正，在生产条件下过油管测量
磁井径仪	50～180	1.2	—	利用套管在高频磁场中的涡流效应，测量平均内径	同微井径仪	与重量测量组合为磁测井仪

井径仪等。

井眼直径作为衡量井眼情况的最基本参数，由井径测井来测量。

通常使用的井径仪，就其结构来讲，主要有两种形式：一种是进行单独井径测量的张臂式井径仪；另一种是利用某些测井仪器（如密度仪、微侧向仪等）的推靠臂，在这些仪器测井的同时进行井径测量。

以张臂式井径测井仪为例。仪器一般有1～4或多个井径探测臂，探测臂由弹簧支撑，在测量过程中，探测臂的一端紧贴井壁，另一端通过传动装置与井径仪的测量电位器的滑动端连接在一起，可以将探测臂的径向位移转换成电压变化，该电压经电子线路中的压频转换电路转换成频率信号，利用仪器刻度值把频率值转换成井径的工程值，再直接显示在井径测井曲线上。

井径测井应用广泛，是9条常规曲线之一，可以用于划分地质剖面和识别岩性、校正其他测井曲线的井眼影响、计算固井所需水泥量等，具体如下。

（1）划分地层剖面和识别岩性　泥页岩层和某些松散岩层常常由于钻井时泥浆的浸泡和冲刷造成井壁坍塌，使得实际井径大于钻头直径，出现井径扩大现象；渗透性岩层常常由于泥浆滤液向岩层中渗透，在井壁上形成泥饼，使得实际井径小于钻头直径，出现井径缩小现象。因此，通常将井径曲线作为辅助资料，与自然伽马曲线一起用于划分岩性。

（2）用于其他曲线的井眼影响校正　在油气层井段的组合测井中，井径测量不可缺少，其主要用于定量解释中配合某些资料进行井眼环境校正。

（3）工程中的应用　井径测量资料对于计算固井所需水泥量也是必不可少的。套管外径与井径之间环形空间的体积就是固井水泥用量,工程上一般采用体积法来计算。井径曲线在固井工程上提供的固井段平均井径通常采用算数平均法求取。

（4）在套管井中用于套损检测　在套管井中进行的井径测量,一般输出最大和最小两条套管内径曲线,若两条套管内径曲线近似相等,则表明套管没有腐蚀变形;若曲线差异明显,则表明套管发生了腐蚀。多臂井径仪输出多条井径曲线,检测效果更好。

1. MIT 多臂井径成像测井

MIT 多臂井径成像测井仪可以完成套管检测中的多种测试,如油田套管变形、孔眼孔洞、裂缝、腐蚀结垢、射孔层段等,在油田应用以来取得了很好的效果。MIT 仪器有 24 或 40 或 60 个独立测量臂。仪器通过高效传感器测量 MIT 中心到触角接触点的半径数据,每个臂可同时提供独立的井径数据。各井径数据及最大、最小井径值由遥测电路将数据传送到地面。仪器配有水银探针式连斜仪可了解井斜方位和相对旋角,此外还包括温度补偿、方位和校正信息。

在计算出单根套管的实际无损伤内径后,以实际无损伤内径为标准判断套管损伤,利用 WATCH 软件平台开发多臂井径测井解释软件对 MIT 多臂井径成像测井曲线进行处理,可得到原始的井径曲线,通过最大最小半径曲线与标准半径叠加显示扩径缩径,可以直观地显示出套管井径的变化。对 MIT 资料的处理得到 MIT 软件的解释参数重量损失、面积损失和反应套管变形的错断参数(错断量、错变率)、扩径参数(折算内径、变径率)、椭变参数(轴比、椭变率),根据套管损坏评价标准对套管损伤等级做出评价,提出具体的修复方案,并生成最终解释成果图。其中,在 MIT 软件中给出的解释参数区别于传统多臂井径测井的是重量损失和面积损失,通过这两个参数能有效地判断套管的损伤情况,据此提出合适的套管修复方案。

图 2-1 表明井 3 在 299 m 处套管发生严重椭圆变形,最大、最小井径曲线均有异常显示,多条原始井径曲线变化异常明显,并无错断显示。根据套管损坏评价标准判断,套管为严重损伤(在套损程度道中,粉红色代表轻度损伤,不影响采油生产;棕色代表中等损伤,是套管破坏的警告信号;红色代表严重损伤,应对套管进行修复)。

图 2-2 为井 4 最终解释成果图,图中所示在深度 111～122 m、122～133 m 处套管

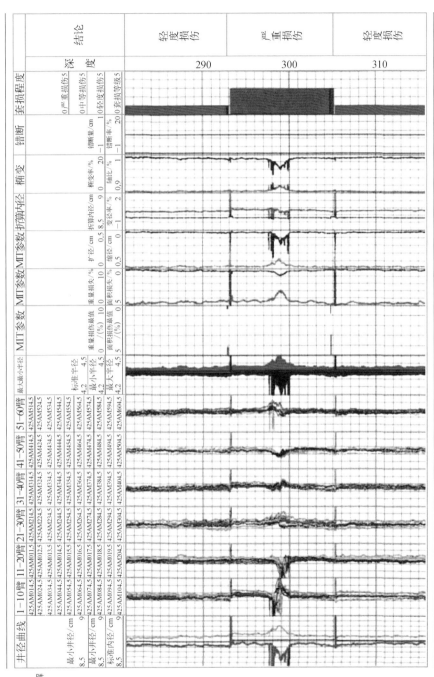

图 2 – 1
井 3 最终解
释成果

图 2－2 井4最终解释成果

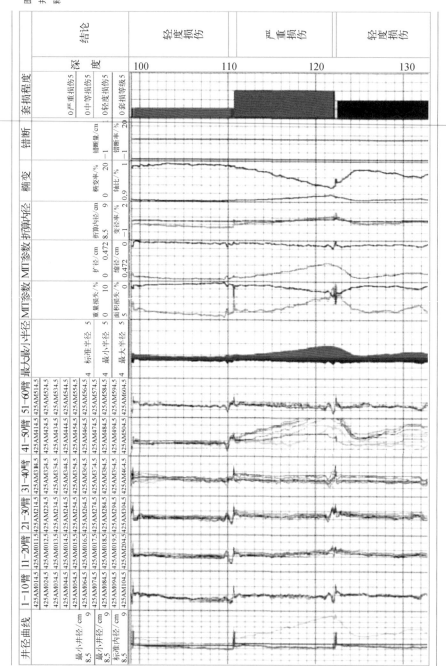

显示为扩径,最大井径曲线异常较大。根据套管损坏评价标准判断,这两处套管分别为中等损伤和严重损伤。

2. 新型组合井径测井

常规井径仪器只能测量 1 条井径曲线。井径仪器输出的电压信号通过井下仪器电源变压器的中心抽头传输到地面系统,信号的地线是电缆外皮。如果测量 2 个以上的井径曲线,就需要 PCM 传输方式。随着油田勘探技术的发展,大斜度井、开窗侧钻井和水平井的钻探技术日益成熟,联动的单一井径组合测井仪器已不能完成这类井的测井任务。在 3 臂井径测井仪的基础上,设计了 4 臂分动式井径推靠器,4 个测量臂相互独立,测量 4 条井径曲线,真实地反映井径的大小;井径的输出电压采用 PCM 传输方式;仪器可以得到 4 条井径曲线或 X2Y 井径曲线。

图 2-3 为组合井径仪与 3 臂井径仪对比图,图中第 1 道为 SP、GR 曲线;第 2 道为深度;第 3 道为 3 臂井径测井曲线;第 4 道为组合井径仪测井曲线。由此可以看出,深度 2 956 ~ 2 966 m 通过线性校正,井径曲线数值大于未校正的曲线数值,更接近井眼实际数值。

图 2-3 组合井径仪与 3 臂井径仪对比

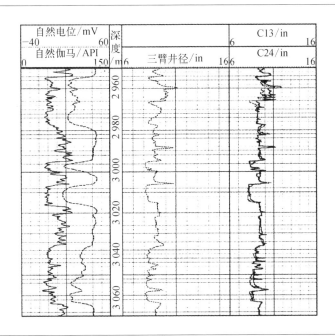

图 2-4 为组合井径仪判断椭圆井径应用实例。图中第 1 道为组合井径仪测井曲线;第 2 道为深度;第 3 道为 3 臂井径测井曲线。从单井径曲线可以看出 3 072 ~ 3 101 m 明显扩径;从组合仪的双井径曲线 C13、C24 不仅可以判断出该井段扩径,而且能判断出该井段为椭圆井眼。

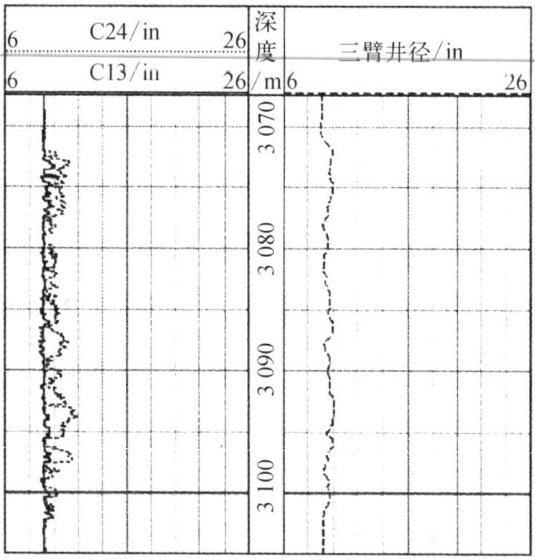

图 2-4 组合井径仪判断椭圆半径应用实例

2.1.2 适用条件

在页岩气勘探中,井径测井在泥岩页岩的岩性识别、含气页岩储层划分以及井筒质量评价方面发挥着不可替代的作用。井径测井常见于常规测井资料中,结合自然伽马测井(GR)、自然电位测井(SP)使用。

朱定伟等利用常规测井资料研究页岩气储层,探讨了鄂尔多斯盆地东南部长 7 段黑色页岩的优质储层识别问题。研究区长 7 段黑色油页岩(图 2-5)普遍显示高自然伽马(66 ~ 208 API)、高自然电位(-35 ~ -8 mV),油页岩段扩径现象明显。而不含有机质的深灰色泥岩层段(图 2-6)与之相比,虽然也具有高自然伽马、高自然电位和高

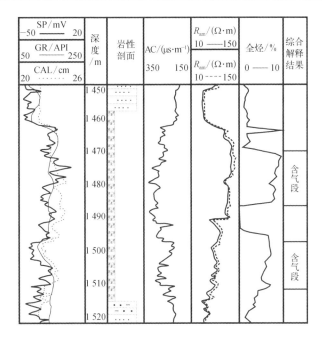

图2-5 X7井富
有机质泥页岩测井
解释

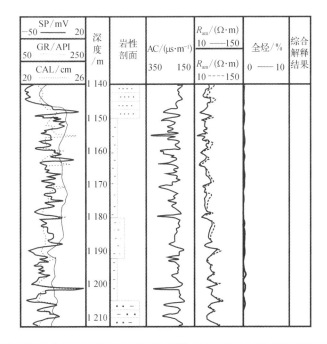

图2-6 X7井无
烃深灰色泥岩层段
测井解释

声波时差的电性特征,但波动明显,井径测井曲线变化不大,没有明显的扩径现象。

不同地区页岩的岩石矿物组成比例不同,可分为钙质页岩、硅质页岩和黏土质页岩等几大类,但其测井响应特征都具有"三高两低"的典型特征,即高自然伽马(GR)、高电阻率(RT)、高中子孔隙度(TNPH)、低体积密度(RHOZ)、低光电截面(PEFZ)。图 2-7 所示的北美某井典型页岩油气储层段测井响应特征最为明显(高自然伽马、低去铀伽马),指示储层发育于还原环境,有机质含量丰富,是识别页岩油气储层的重要标志;电阻率值较高(> 20 Ω·m),中子孔隙度值较高(约为 16%),体积密度值较低(约为 2.50 g/cm³),反映了页岩储层物性较好及总有机碳含量较高;光电俘获截面呈低值(为 4.0 ~ 6.0 b/e)。井径曲线在泥岩层位增大,扩径明显,结合自然伽马和自然电位曲线可以很容易划分出泥岩层段。

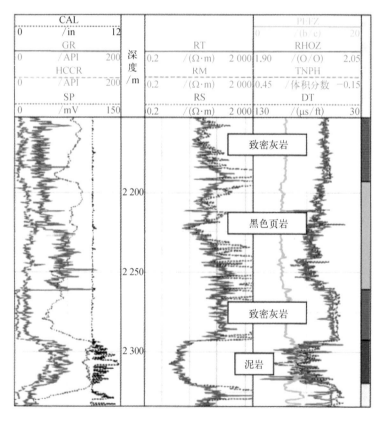

图 2-7 北美某井页岩储层测井响应特征

2.2 井斜测井

井斜测井能够测量井斜角及倾斜方位角,依次了解井深是否偏斜并及时纠斜。井斜角又称顶角,是井轴与铅垂线之间的夹角;倾斜方位角是井轴水平投影线与磁北方向顺时针的夹角。井眼在底下空间的位置与形态是预先设计好的,其轨迹一般为垂直井、倾斜直井或弯曲型定向井,在油气勘探与开发领域则大量应用复杂结构井(包括水平井、多分支和大位移井)等新技术。因此为了指导打好直井或定向斜井都必须进行井斜测量。在钻井工程上,对于垂直井要求其偏斜度不超过3°,对于定向斜井要求偏斜度始终保持一致。

2.2.1 原理

井斜测井使用的是井斜仪,国内常用的测井系列为 ECLIPS－5700、EXCELL－2000 和 HH－2530 三大系列。这三个系列各自的井斜方位仪分别为 4401XA、SDDT 和 BDS－IB。这三种井斜方位仪都是基于石英挠性加速度计和磁通门设计的测量井眼走向的仪器,能连续完成仪器(井眼)与垂直方向和仪器(井眼)与磁北方向的位置(夹角)的测量(图2－8)。

图2-8 井斜测井示意

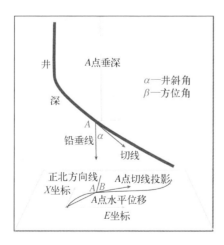
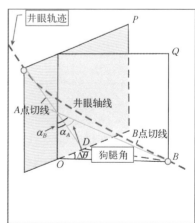

　　三种连斜仪的主要部分都由井下仪器和地面监测两部分组成。地面和井下信号的传输方式为电缆传输,井下仪器完成井斜方位的测量,并把测量计算后的结果实时传输到地面,地面监控系统再对井下传上来的信息进行接收、处理、显示等(图2-9)。

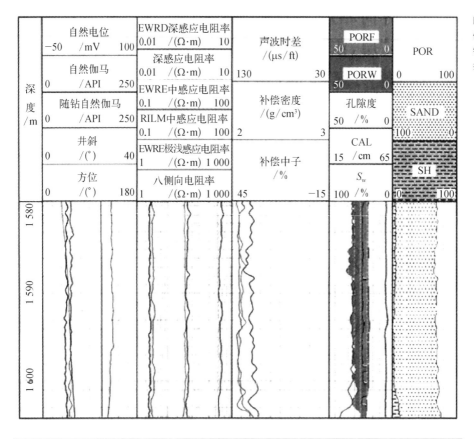

图 2 - 9
储层内部随
钻和电缆测
井比较

　　连斜仪主要由供电模块、井斜和方位传感器、数据采集与控制模块、命令接收和数据传输模块四个部分组成,其中数据采集与控制模块是整个电路的核心。由重力加速度计和磁力计输出的六个模拟信号 AX、AY、AZ、MX、MY、MZ 分别经六道滤波电路得到 ax、ay、az、mx、my、mz 然后进入多路采样开关电路。多路采样开关根据由 CPU 产生的地址码对六个信号进行选通,输出串行信号至 A/D 转换电路。CPU

提供时钟和转换的开始地址给 A/D 转换器,转换完成后的数据由 CPU 控制读出,通过遥测模块传至地面系统,地面系统根据公式计算出描述井眼姿态的角度。此外,方位组件中还装有温度传感器,可随时测量保温瓶内的环境温度,并以电压的形式输出。测得的环境温度用于传感器的温度补偿,在姿态计算时进行必要的修正。同时还可监视瓶内温度,在保温瓶失效或仪器在井下工作时间过长而引起的保温瓶内温升过高,超过传感器允许的工作温度时,应及时将仪器提出井外,以免损坏传感器。

2.2.2　　　应用范围

井斜测井是几乎所有钻井过程中和完钻后要做的工作,其应用广泛,具体如下。

(1)监测钻井质量,控制钻井的方位和斜度。井斜测井测量对钻井弯曲形态进行实时监控,既保证钻井达到地质设计要求,又保证了钻井的工程质量。

(2)可以为储层真厚度的计算提供基本数据,为校正各种地质数据和修井、井下作业以及测井资料的解释提供依据。

(3)在水文钻井中,为保证钻井施工顺利和水泵的正常运行,不但需要井斜测量资料,而且要经常侧斜以指导钻井。

此外,井斜测井还有其他方面的应用,如井斜测井监测的数据可以确定岩土体内滑裂面的位置、大小和滑动方向,对分析边坡稳定性、确定滑坡机制和滑动形式起着重要的作用。

井斜测井虽然有很广泛的应用,但其也有很多应用时的注意事项,具体介绍如下。

(1)井眼影响

连续测斜仪是在裸眼井中工作的,精确反映井身轨迹的前提是仪器轴心与井身轴心重合。实际上,井眼的直径往往大于仪器抗压管的外径,测井时由于下井仪器尾部摆动造成曲线跳动,在扩径井段或井况复杂的情况下其影响还要大。因此测井时,要减小井眼的影响,可加装合适的扶正器或加长仪器。

（2）运输及维修过程中的注意事项

井斜方位测井仪中所用的传感器为高精密器件,在运输、安装与拆卸井斜方位仪时,严禁剧烈震动或碰撞,应轻拿轻放。

（3）定期对仪器进行校验

井斜方位仪使用中,随着时间推移和下井次数的增多,仪器中的仪表与电子线路的性能可能发生变化,这就要求定期用已知的校验台的倾角和方位对仪器进行刻度。校验台北向和水平的调节精度会直接影响仪器的精度。刻度时,井斜角误差不超过±0.5°。在井斜角大于±3°时,方位角误差不超过±5°。

（4）避免磁物质对仪器的影响

铁磁物质对井斜方位仪的影响是不能忽略的。仪器中三个正交的磁力计响应敏感状态下的地磁场矢量的三个分量,而铁磁物质影响到地磁场矢量,其对方位影响的大小与其距探头的远近有关。要消除铁磁物对方位的影响,首先在连续测斜仪校验的现场,要求距校验台半径 10 m 内没有铁器,20 m 内没有强磁场。其次,把下井仪上、下接头及加长部分改制成无磁材料,或者加防磁隔离短节,短节长度应大于 1.5 m。这样,可避免铁磁物对测井数据（方位角）的影响。在使用过程中,仪器外壳有可能被磁化,应及时对仪器外壳进行消磁。磁通门传感器易受外界异常磁场的干扰,微小陀螺作为其替代品是发展的趋势。

2.3　　井温测井

井温测井（温度测井、热测井）是测量井筒中地层温度随深度变化的一种热学测井方法,主要通过温度传感器测量井内温度及其沿井轴或井周的空间分布。井温测井一般包括梯度井温测井、梯度微差井温测井和经向微差井温测井。通常,地温与深度的关系基本为一条直线,其斜率即为地温梯度,就是深度相差 100 m 的两点之间的温度差。但当地层在外部流体进入地层或内部流体产出时,地温场的恒定均要受到破坏,沿井身各深度点的温度均会偏离正常地温,从而形成井温异常。井温测井对产油气层位置的反映主要是基于流体从产层流出时,从高压到低压,流体产生膨胀而吸热,在流体产出位置形成低温异常,其低温异常的幅度与产出位置的压力、温度、流量等参数有关。这样就可以通过井温异常的宽度、幅度、形状来判断流体产出的位置。

2.3.1　应用范围

井温测井方法原理仪器比较简单从而使得其应用非常广泛,主要包括以下这些方面。

(1) 注入量低、井段长的注水井　由于注入量较低,地层的地温梯度受注入水的影响较小,只需短时间关井,地温就能很快恢复,在吸水层部位则会有异常显示。参照同位素跟踪曲线的时间推移记录,以及各个水嘴的流量显示,经过综合分析,从而确定吸水层位及吸水量。

(2) 工具正对射孔层的井　工具正对射孔层时,在同位素示踪测井曲线上,受工具沾污的影响较大,很难分清是吸水还是沾污;在氧活化测井过程中,无法正确判断水流方向,影响资料的解释精度。而井温曲线尤其是静态井温曲线就可以弥补这些不足。

(3) 沾污严重的井　井温测井的一大优点就是不受流体黏度的影响,对于井筒较脏、同位素示踪测井无法达到测井目的时,综合井温资料可定性分析吸水层位,确定主力吸水层。

(4) 存在高渗透层的井　由于受测速的影响,仪器有时追踪不到同位素,造成该层不吸水或吸水量低的假象,从而影响全井的解释,而这样的高渗透层在井温曲线上却会有明显的异常显示。

(5) 存在审槽或漏失的疑难井　审槽或漏失会引起井温的异常变化,因而可综合井温资料来判断审槽或漏失的部位。

(6) 定性判断水淹层位置　受注入水的影响,渗透性较高的层其地层温度往往也会发生很大的变化,因而可通过井温曲线的变化定性判断水淹层的位置。

（7）评价压裂效果　压裂前后各测一条井温曲线，通过两条曲线对比，就可检查压裂效果，确定压裂层的顶底。通常，当注入的压裂液温度低于地层温度时，井温曲线在压裂的层段会表现出较大幅度的低温异常；当注入的压裂液温度高于地层温度时，井温曲线在压裂层段就会出现高温异常。

（8）检查酸化的效果　对地层进行酸化时，挤入地层的酸液与堵塞地层孔道的化学物质发生反应，放出热量，地层温度升高，井温曲线在酸化层段表现出正异常。

（9）检查出液口位置　当非射孔井段出液时，井温曲线会有异常的变化。

（10）检查泵深及动液面位置　抽油泵的往复运动使管内的温度升高，泵的下部温度降为井筒内液体的温度。

2.3.2　　　应用情况

温度测井仪的关键部件是温度测量探头，它主要有热敏电阻、PN 结和热电偶 3 种类型。井温测井主要用于研究地热分布，在油田生产中确定产层、研究地层的热学性质以及水泥胶结和返高等情况。

1. 井温测井监测压裂裂缝高度

井温测井确定压裂裂缝高度的基本原理非常简单，它是利用压裂注入的液体所造成的低温异常，根据井温测井确定压裂裂缝高度。注入液体前，井内液体与地层有充分的热交换，因此注入液体前所测得的井温曲线一般与当地的地温梯度和地层的岩石热性质有关。而注入液体后，由于注入的液体温度往往低于地层温度，因此注入后的井温曲线在吸液层段出现低温异常，这一异常反映了压裂裂缝的存在和分布高度。对压裂井而言，一般情况下，在钻井竣工之后到射孔、压裂往往有一段时间分析研究，这一时间间隙使得井内的液体与地层进行充分的热交换，使其井内液体温度达到稳态。根据上述诊断压裂裂缝原理，我们可以在压裂前进行井温测井，测得一条井温基线，然后在压裂施工结束后条件许可的情况下进行压后井温测井。根据压裂后的井温测井曲线相对井温基线的变化情况，可将井温突变段确定为压裂裂缝高度。

应用压裂前后井温判断缝高、压裂效果结合江苏油田压裂井压后地层传热规律、地层内温度分布规律、地层温度分布特征实例,研究分析认为,在一定条件下测得的压后井温曲线的拐点或曲线斜率突变点,以代表垂直裂缝的边界,使确定垂直裂缝高度转化为确定压后井温曲线的拐点问题。压裂施工效果可以根据井温曲线负异常延伸范围和温度下降幅度来判断,若负异常主要分布在目的层内且异常幅度大,则说明裂缝纵向延伸集中在目的层内,目的层吸液充分、铺砂浓度高、改造彻底、压裂施工效果好;若负异常在目的层上下分布范围大,说明裂缝纵向延伸距离大,目的层吸液不充分、铺砂浓度低、改造不彻底、压裂施工效果不理想。

根据江苏油田地层特点,可以根据井温曲线的衰减梯度改变点、斜率变化点来判断裂缝大致边界,实际井温分析缝高与压前模拟缝高误差在 10 m 以内。压裂层压裂施工停泵时井温最低,约为压前井温的 76.5%,停泵后井温迅速回升,建议后续监测井温压裂井尽可能在施工结束后短时间内进行。用压裂前后井温测井确定压裂裂缝高度是最为经济有效的方法之一,值得大力推荐。

2. 井温测井在生产测井中的应用

井温曲线作为资料解释分析辅助手段,在注水井中有助于判断配水器是否进水,消除同位素沾污影响进而确定吸水层位,识别大孔道和高渗层而不漏解释吸水层,还可以找漏找审以及判断遇阻层位是否吸水;在产出井中,根据非流体影响温度梯度变化,可以识别动液面位置、抽油泵深位置以及工作状况,还有助于判断产出层位以及产出流体性质;在其他井中,还可以评价压裂效果,在剩余饱和度测井中指示水淹层或出水层,根据井温曲线找漏以及辅助用于校深。应用井温曲线可以提高测井资料精度以及符合率,为油田开发及资料综合分析提供重要依据。

1)注入井识别套管漏失

乌北 A 井为乌南油田一口注水井(图 2 – 10),同位素测井了解吸水层以及吸水量。在非射孔层 1 999.7 ~ 2 001.7 m 段,同位素曲线与伽马基线叠合面积明显,为吸水显示(排除沾污情况下)。从温度曲线看,流温和静温曲线在 2 003 m 以下重合,说明无水流已进入死水区,即为水流截止地方,关井温度负异常明显,为吸水显示。结合温度曲线定性判断吸水层,更有力说明 1 999.7 ~ 2 001.7 m 段为吸水显示,排除沾污影响,说明非射孔层 1 999.7 ~ 2 001.7 m 段无套管漏失。

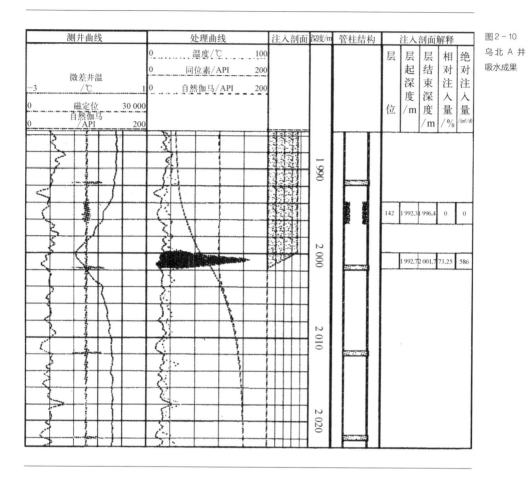

图2-10
乌北 A 井
吸水成果

2）产出井找漏

跃 B 井进行了产液剖面测井,结果是射孔层产量为零,而井口产水 40 m³/d,在测试过程中,发现在 498 m 处温度有很大异常(图 2-11),初步判断该处存在套管漏失。在环空中采用示踪流量法测井,在 498 m 温度异常处示踪显示有流量,且流体流至 1 300 m 左右被抽油泵抽吸产出。

3）评价压裂效果

切 C 井为切四号构造的一口预探井,测井目的是评价压裂效果。从图 2-12 可以看出,在压裂段温度有一大段负异常,因为压裂液温度低,且进入地层较深,温度降低很多,而在其余井段,由于套管和水泥环的阻挡,影响较小,温度恢复较快。从图 2-12

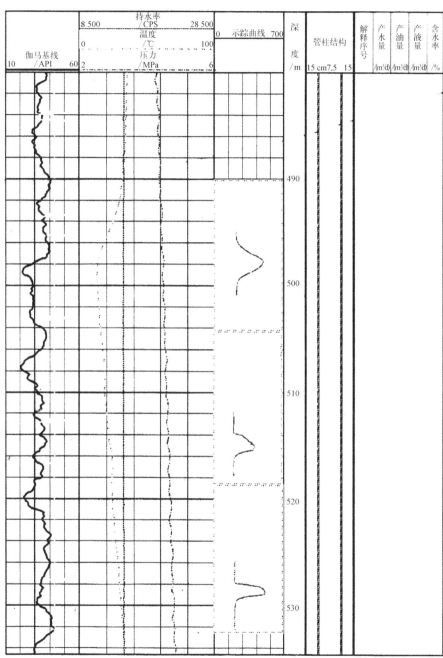

图2－11 跃B井产液剖面成果

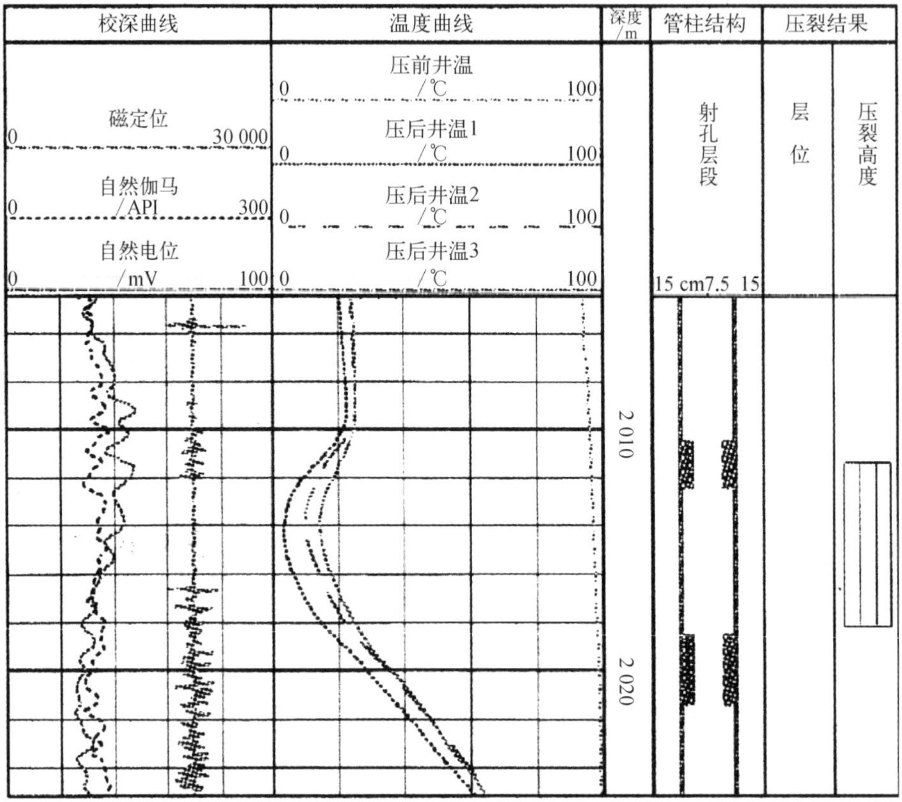

图 2 - 12
切 C 井压裂
效果评价

校深曲线	温度曲线	深度/m	管柱结构	压裂结果	

中还可以看到压裂裂缝高度约为 7.0 m,即 2 011.0 ~ 2 018.0 m。

4)剩余油饱和度测井中指示出水层

跃 D 井为孕斯库勒油田的一口采油井,测井目的为剩余饱和度评价和寻找出水层。该井采用 PNN 测井仪测井,从地层俘获截面值(图 2 - 13)看,V - 20 和 V - 22 小层均为高值,为强水淹显示。从温度曲线看,V - 20 小层温度曲线负异常明显,为出水显示;V - 22 小层温度曲线没有异常,无出水显示。措施将 V - 20 小层封堵,产液从 20.5 m³/d 降为 10 m³/d,含水从 95% 降为 80%,达到了增油降水的目的。

3. 井温测井在油气田开发中的应用

1)产出层位划分

井温测井曲线在产出剖面曲线上所呈现出的形状主要有梯形、V 字形、椭圆形等

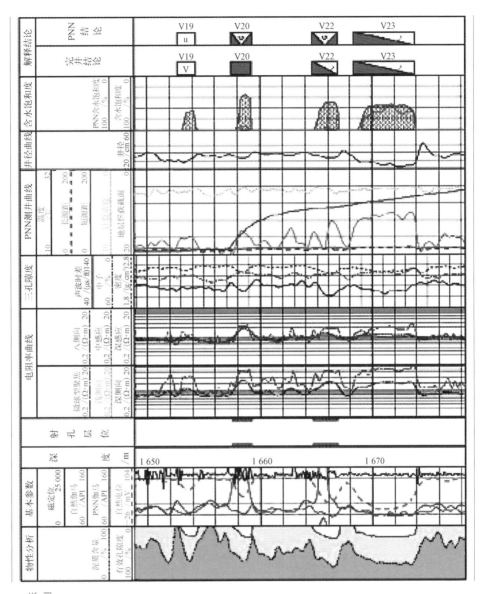

图2-13
D 井 PNN 测
井解释成果

曲线特征,井温曲线的形状与产层的厚度有关。以川孝 154 井的井温测井为例:
该井射孔井段为 1 099.5～1 108.0 m,而压后井温测井曲线在 1 104.5 m 处出现
井温最低负异常,曲线形状呈 V 字形,由此判断流体产出的位置主要集中在该小段
(图 2 - 14)。

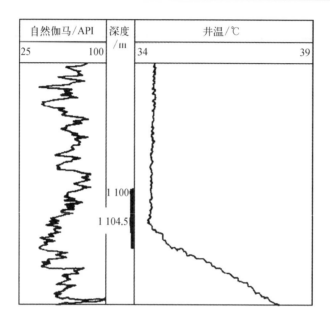

图 2 - 14　川孝 154
井井温测井曲线

2) 判断套管窜槽漏失

套管窜槽、窜层主要是油气井因固井质量差而引起的层间流体流动或环空窜气
导致井温异常,通过对窜气井段井温负异常的分析,可判断引起窜槽的原因和井段,
从而制定出解决窜槽的方法。一般窜槽、窜层所引起的井温负异常呈现椭圆形的曲线
形态,幅度与窜槽、窜层的程度有关。以川孝 370 - 3 井验窜为例。该井在环空产气的
情况下进行验窜测井,结果在 1 462.5～1 467.5 m 和 1 714.5～1 753.0 m 两段均呈现
椭圆形曲线特征(图 2 - 15、图 2 - 16),并出现井温负异常,引起这两段井温负异常的
原因是这两段有天然气从环空产出,同时意味着 1 462.5～1 467.5 m 和 1 714.5～
1 753.0 m 两段具有一定的勘探价值。

图2-15 川孝370-3
井井温测井(1 462.5~
1 467.5 m)验窜曲线

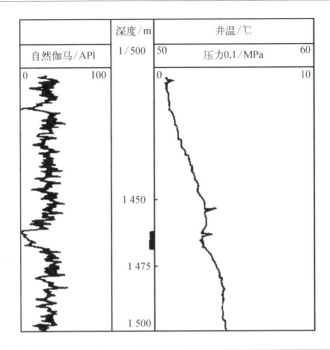

图2-16 川孝370-3
井井温测井(1 714.5~
1 753.0 m)验窜曲线

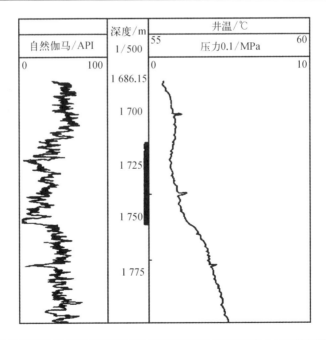

油层套管接箍密封不好或套管本体有孔眼并同时存在固井质量差时,常导致套管漏失,产层流体通过环空窜至套管漏失点,并进入井眼,从而引起井温负异常。套管漏失所引起的井温负异常曲线特征为尖峰状形态,尖峰出现的位置即为套管漏失点。通过对套管漏失点的确定,为完井工程工艺和改造措施工艺的选择提供了准确的方案决策依据。以川孝370-3井井温查漏为例,在关闭环空、掏空套管内的液面1 500 m、套管内产气的情况下测井,结果在2 380.0 m、2 582.0 m处出现尖峰状的井温负异常,从而确定在2 380.0 m、2 582.0 m处套管漏失,与CCL(磁定位)曲线对比,尖峰点均在套管接箍位置,说明套管丝扣连接不良或套管丝扣本身存在质量问题。根据验漏结果,制定了封上压下的压裂工艺,将漏失位置屏蔽(图2-17、图2-18)。

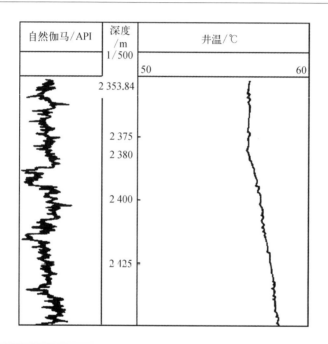

图2-17 川孝370-3井井温测井查漏曲线

3）加砂压裂压后评估

在压裂井进行井温测井,主要用于判断加砂压裂裂缝的高度。目前压裂井使用压裂液的温度一般比地层温度低,进行压裂的层段在压裂后,由于被压层段以及与周围地层的热交换速度不同,岩的温度恢复得快,压裂层恢复得慢。因此,在压裂后较短的

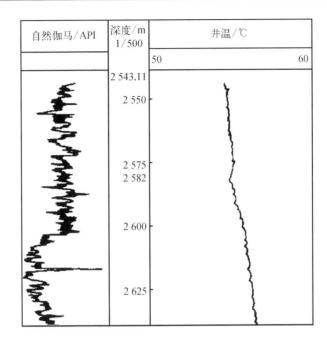

图 2 – 18 川孝 370 –
3 井井温测井曲线

时间内井温测井曲线将呈现低温异常。井温曲线的形状取决于裂缝高度的大小，一般
为椭圆形和 V 字形。呈椭圆形时裂缝高度大，呈 V 字形时裂缝高度小。图 2 – 19 是新
浅 43 井利用井温测井直接确定压裂层段的一个例子。该井采用的是投球式双层压裂
工艺。第一层是 900 ~ 911.5 m，厚度为 11.5 m，第二层是 1 103.5 ~ 1 117.5 m，厚度为
14 m，从井温负异常形态可以看出：压裂前井温负异常均呈现出 V 字形形态；从压裂
后的井温曲线来看，第一层呈现出椭圆形态的井温负异常，裂缝高度为 49 m，为产层厚
度 415 倍，裂缝高度大，则压裂缝延伸距离就短，压裂增产效果相对较差；第二层呈现
出 V 字形形态的井温负异常，裂缝高度为 11 m，基本与产层厚度一致，裂缝高度小，压
裂缝延伸远，压裂增产效果好。

　　井温测井在油气田的勘探开发中应用十分广泛，其所起的作用是其他任何方法都
不可代替的。无论是产出层位的划分还是验审查漏或加砂压裂的评估都离不开井温
测井。井温测井措施应用得当，对油气井的修井、转层开采、增产措施的选择和评价、
处理油气井的工程问题都具有十分重要的作用。

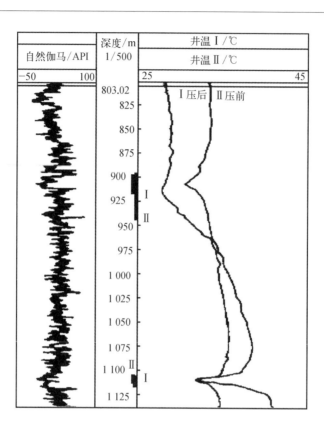

2.4   页岩气固井质量评价

近年来,我国页岩气勘探开发进程逐步展开。固井质量对页岩气水平井的产能和生产寿命有着重要影响,固井质量的好坏,直接影响到该井能否继续钻进、能否顺利生产以及油气井寿命和油气藏的采收率。我国页岩气勘探开发刚刚起步,缺乏相关技术经验,为更好地促进我国页岩气固井技术的发展,通过国内外资料调研,对页岩气水平井固井技术的难点、国内外研究现状进行调研分析。

2.4.1　解释方法

固井质量评价主要是对水泥环胶结质量的检查,即检查套管与水泥环第一界面、水泥环与地层第二界面的胶结情况。油气井固井质量是保证油气井寿命、提高采收率以及合理开发油气资源的关键技术之一。常用固井质量测井评价方法主要包括以下几种。

1）水泥胶结测井

水泥胶结测井(Cement Bond Log, CBL)是声幅测井的一种,声幅测井仪采用一发三收声系,换能器频率按相似比原则升高,通过测量套管的滑行波(又叫套管波)的幅度衰减,来探测管外水泥的固结情况。发射换能器发出声波,其中以临界角入射的声波在泥浆和套管的界面上产生折射,沿这个界面在套管中传播的滑行波(套管波)又以临界角的角度折射进入井内泥浆到达接收换能器被接收。仪器测量记录套管波的第一正峰的幅度值,即得到曲线值。这个幅度值的大小除了取决于套管与水泥胶结程度外,还受套管尺寸、水泥环强度和厚度以及仪器居中情况的影响。若套管与水泥胶结良好,这时套管与水泥环的声阻抗差较小,声耦合较好,套管波的能量容易通过水泥环向外传播,因此,套管波能量有较大的衰减,测量记录到的水泥胶结测井值就很小;若套管与水泥胶结不好,套管外有泥浆存在,套管与管外泥浆的声阻抗差很大,声耦合较差,套管波的能量不易通过套管外泥浆传播到地层中去,因此套管波能量衰减较小,所以 CBL 值很大,其中在管外没有水泥的自由套管段达到最大。从而利用 CBL 曲线值可以判断固井质量。

2）声波变密度测井

由于套管波声幅只能反映水泥环与套管第一界面的胶结情况,不能反映水泥环与地层第二界面的胶结情况,而套管整个波列的显示则可以同时说明这两个界面的胶结情况,因而出现了声波变密度测井(Variable Density Log, VDL)。

声波变密度测井也是一种测量套管外水泥胶结情况,从而检查固井质量的声波测井方法,它可以提供更多的水泥胶结的信息,能反映水泥环的第一界面和第二界面的胶结情况。变密度测井的声系由一个发射换能器和一个接收换能器组成,源距一般为米,声系通常附加另一个源距为米的接收换能器,以便同时记录一条水泥胶结测井曲线。在套管井中,从发射换能器到接收换能器的声波信号有四个传播途径,沿套管、水泥环、地层以及直接通过泥浆传播。通过泥浆直接传播的直达波最晚到达接收换能器，最早到达接收换能器的一般是沿套管传播的套管波，水泥对声能衰减大、声波不易沿水泥环传播，所以水泥环波很弱可以忽略。当水泥环的第一、第二界面胶结良好时，通过地层返回接收换能器的地层波较强。若地层速度小于套管速度，地层波在套管波之后到达接收换能器，这就是说，到达接收换能器的声波信号次序首先是套管波，其次是地层波，最后是泥浆波。声波变密度测井就是依照时间的先后次序，将这三种波全部记录的一种测井方法，记录的是全波列。该方法与水泥胶结测井组合在一起，可以较为准确地判断水泥胶结的情况。在实际的测井作业中，套管波与地层波的幅度变化有一定的规律性。

（1）自由套管外无水泥和第一、第二界面均未胶结的情况下，大部分声能将通过套管传到接收换能器而很少耦合到地层中去，所以套管波很强，地层波很弱或完全没有。

（2）有良好的水泥环，且第一、第二界面均胶结良好的情况下，声波能量很容易传到地层中去。这样套管波很弱，地层波很强。

（3）水泥与套管胶结好与地层胶结不好即第一界面胶结好、第二界面胶结不好的情况下，声波能量大部分传至水泥环，套管中剩余能量很小，传到水泥环的声波能量由于与地层耦合不好，传入地层的声波能量是很微小的，大部分在水泥环中衰减，因此造成套管波、地层波均很弱。

当套管与水泥胶结第一界面良好、水泥与地层第二界面胶结良好时，声波能量大部分传到水泥和地层中去，因此套管信号弱而地层信号强。如果地层信号在到达时间范围内显示不清楚，可能是因为第二界面胶结差或者地层本身对声波能量衰减比较大所致。不同固井情况下的声波变密度测井特点见表 2－2。

表2-2 不同井筒质量的声波变密度测井显示

固 井 情 况	波列特征	VDL 图形特点
套管与水泥环（第一界面）、水泥环与地层（第二界面）均胶结良好	套管波弱，地层波强	左浅、右深
第一界面胶结良好，第二界面未胶结	套管波弱，地层波弱	左浅、右浅
第一界面未胶结或套管外为泥浆	套管波强，地层波弱	左深、右浅

3）扇区水泥胶结测井

扇区水泥胶结测井（Segmented Bond Tool, SBT）是目前检查固井质量及管外窜槽的最新最有效的测井仪器之一。该仪器从纵向和横向沿套管圆周多个方向测量水泥的胶结质量。其测量系统分区扇形覆盖整个井眼，以一种缠绕方式对水泥胶结整体进行定量测量。该仪器设计的短源距使补偿衰减测量结果基本不受地层的影响，并能用于各种流体的井内。只要保持滑板与套管内壁接触，一般的偏心不影响测量结果。分扇区水泥胶结测井仪采用两组一发三收声系，分别固定在不同方向上，评价两个不同方向上的水泥固井质量，仪器用推靠臂把六个测量极板推靠到套管内壁上去。相邻四个极板构成螺旋状双发双收声衰减率测量系统，把管外环形空间六等分，分别考察水泥胶结质量，实现测量的高分辨率全方位覆盖。在每个测量极板上具有一个发射探头和一个接收探头，通过 6 个极板上的收发探头的组合，可以形成每隔 60 度扇区的 6个双发双收声波测井系列。

采用扇区水泥胶结测井技术可以使得声波变密度测井得以增强，从地层得到的声场信息得到加强而套管的声场信息减少，在采用扇区水泥胶结测井的情况下，不需进行环境校正；扇区水泥胶结测井采用了补偿测量方式，因此消除了传感器的敏感性及井眼问题传感器安置在极板上，尽可能地消除了泥浆性能的影响采用了数字遥传方式，尽可能地消除了电缆对数据的影响，这都是扇区水泥胶结测井的优势所在。

2.4.2　　　　应用范围

侯振永（2012）探讨了径向水泥胶结测井仪（Radial Bond Tool, RBT）在阿联酋地区 BAB 油田的应用。该仪器主要用于评价生产层位和非生产层位的封隔性，可应用于水泥胶结质量评价、微裂缝识别、窜槽识别、快速地层识别等问题。X1 井是阿联酋BAB 油田的一口油井，图 2－20 为 X1 井固井质量图。从图 2－20 可以看出，7 210 ft以上传播时间较短，U_a（3ft）测井值较高，且 VDL 波形图上套管波明显，水泥胶结图显示胶结差，综合分析认为 7 210 ft 以上地层胶结质量差。7 210 ft 以下，传播时间值大，U_a（3ft）测井值低，VDL 波形图上套管波不明显，地层波清晰，水泥胶结图上为深颜色，

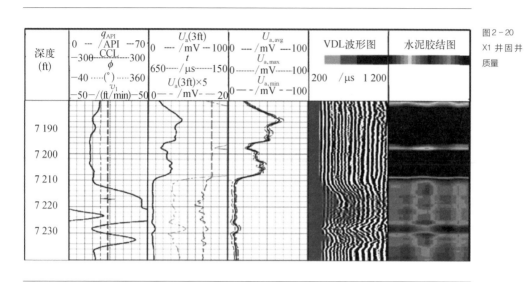

图 2 - 20
X1 井固井
质量

说明 7 210 ft 以下胶结质量好。

陈玲(2011)介绍了扇区声波水泥胶结测井(SBT)在老油田固井质量评价及措施作业中的应用状况。如图 2 - 21 所示,跃 371 井卡封井段位置 1 493.2 ~ 1 504.8 m、1 733.8 ~ 1 739.2 m、1 747.8 ~ 1 754.0 m 大部分声幅值较低,变密度显示较强的套管波、弱的地层波,八扇区以深灰色为主,故第一界面水泥胶结均在中等以上;第二界面水泥胶结以中等为主,均能提供良好的水力封隔。2011 年 1 月跃 371 井实施转注作业,一线油井跃 3622 井产量由原来的 28.17 t 上升至 36.12 t,产量上升明显,达到了预期的地质目的。

在 MZX1 井固井质量测井中,第一次固井施工后测井显示,没有达到固井设计要求,水泥未返出地面水泥胶结测井范围在 15% ~ 30%(图 2 - 22),且地层波不清晰。因此可以判断第一界面胶结程度中等、第二界面胶结差。

随着钻井向高温高压的深部钻探增多,水平井大幅度增加,出现了一些复杂情形的固井质量评价问题。图 2 - 23 反映了双层套管声波变密度测井资料信息及地层的地球物理特征(汪成芳,2012)。如图中 2 790 ~ 2 820 m 井段所示,声波变密度图上出现了套管波"提前"到达的现象,声幅曲线数值接近空套管数值。实际上套管波是不可能提前到达的,由于内层套管与外层套管之间没有或很少有水泥,声能传不到外层套

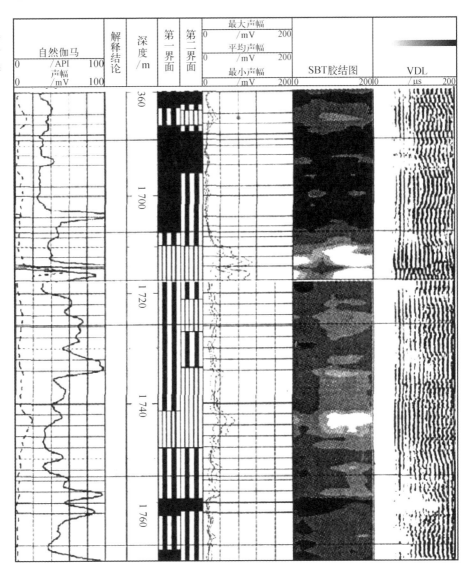

图2-21
跃371井卡封层 SBT 测井解释成果

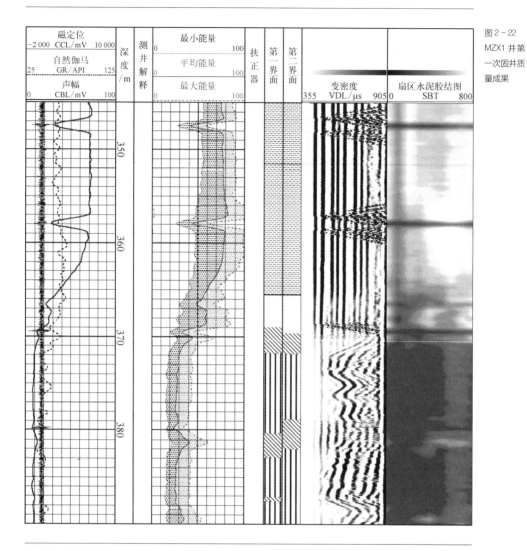

图 2－22
MZX1 井第
一次固井质
量成果

图 2 - 23
双层套管固
井质量测井
实例

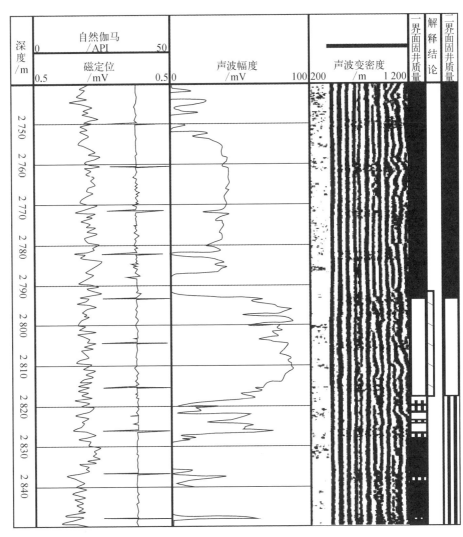

管,反映的是内层套管的首波到达时,而其他地方反映的是内层套管与外层套管首波的综合到达时(之间具有胶结良好的薄层水泥环),套管波因而出现"滞后"现象。表明内层套管与外层套管胶结差。此时解释方法与单层套管的解释方法基本相同,可用声波幅度评价内层套管与外层套管胶结情况。

当内层套管与外层套管胶结较好时,可分为两种情况。一种是内层套管与外层套管胶结好且外层套管I界面胶结良好时,声幅测井表现为低幅度特征,可以用声幅测井进行评价。另一种情况下会出现声幅为空套管一半幅度左右的平直曲线,如图中2 752～2 785 m井段所示。磁定位接箍信号大多会出现减弱现象,内层套管接箍信号较为清晰,而外层套管接箍信号较弱,表现为两种接箍信号,对应的变密度图也具有同样的特征。表明,这种半幅度特征是大套管声幅信号减弱的反映,且可以肯定内层套管与外层套管胶结较好,而外层套管的I界面胶结较差。此时不能用声幅曲线评价内层套管与外层套管之间的胶结情况。

水泥与地层之间的胶结状况,只有当地层波清晰时才可以判定所有界面均胶结良好,否则以下内层套管之前的II界面胶结状况评价为主。

2.4.3   适用条件

由于非常规储层的特殊性,即低孔、低渗、易膨胀和易破碎等,页岩气储层在开发过程中极易受到不可逆的伤害。研究发现,目前页岩钻井储层伤害研究主要体现在钻井技术和钻井液两方面。结合页岩钻井储层伤害研究现状,应全面开展非常规储层井壁稳定性、钻井对储层伤害机理和非常规储层钻井液优选的研究。

页岩气水平井固井技术及提高页岩气井固井质量主要措施有以下几种。

(1)高效井筒清洗技术　该技术主要包含高效前置液技术和提高顶替效率技术两个方面。高效前置液技术以高效表面活性剂为基础,具有渗透清洗能力强、润湿反转效果好、相容性好、对页岩储层伤害小等特点。提高顶替效率技术主要包括:提高套管居中度;在注水泥前调整钻井液性能并充分循环;合理设计井内流体的密度、流变性等参数;利用固井设计软件进行辅助计算,保证井内压力平衡和优选施工参数。

(2)提高套管居中度技术　根据井眼的弯曲程度、井径变化率情况合理设计扶正使用数量、类型和安放位置;同时应用设计软件对扶正器安放位置进行模拟,提供理论及参考依据;水平井段可采用轻浆或清水顶替,使套管在浮力作用下漂浮,从而提高居中度。

（3）套管安全下入技术　下套管前认真通井,整好钻井液润滑性及各项性能。钻具下至井底后充分循环,有效清除岩屑床并保证井壁稳定,井下不漏。通过相关技术措施减小下套管摩擦阻力,如水平段加放滚轮套管扶正器或套管漂浮技术、套管抬头下入技术。

（4）水泥浆和水泥石性能设计　除对水泥浆常规工程性能设计以满足施工要求外,水泥浆防气窜性能、防漏堵漏性能和储层保护性能设计也是重要的一方面,其主要技术途径包括:采用泡沫水泥、酸溶水泥、纤维水泥等功能水泥浆体系;减少水泥浆的自由水和失水量;增加浆体可压缩性和水化胶凝速度;稠化时间控制得当,减少过渡时间,提高水泥石早期强度。为满足水力压裂和长期开采的要求,水泥环应具有较好的抗冲击性能、较低的弹性模量、较高的抗压强度和抗拉强度。因此应从保证水泥环力学完整性角度出发设计水泥浆体系,对水泥石进行韧性化改造,增加抗拉强度设计。

（5）固井防漏技术　在固井前采用桥堵材料和静置的方法先封堵漏层,提高承压能力后再注水泥。采用具有防漏堵漏功能的水泥浆和固井工艺,优化浆柱结构设计,合理设计水泥浆密度、流变性等关键参数,降低井底浆柱压力,降低漏失风险。

（6）固井与压裂一体化设计技术　利用管外封隔器、压裂滑套等工具与配套技术,对固井与压裂进行一体化设计不仅可以有效节约作业时间和作业费用,而且能够解决由于固井质量不足而降低压裂有效性的问题,实现多级分层分段压裂,最终实现选择性完井。

（7）固井之前需采用 SCW 新型高效驱油冲洗液冲刷清洗井壁和套管壁因油基钻井液所形成的井壁、套管壁上油膜及滤饼,以提高水泥与套管壁和井壁的界面胶结质量。

（8）在固井之前先对钻井液性能进行调整,做到“三低一薄”,即低切、低黏、低失水与薄滤饼,从而提高替浆顶替效率。

（9）因页岩气开采条件与常规天然气开采不同,所以对固井水泥的要求也不同。普通固井水泥是脆性材料,其抗拉强度远低于抗压强度。水泥抗拉强度与韧性在冲击荷载下会降低,在固井后压裂（多级）时井壁水泥环易破碎,影响固井质量。因此,要求页岩气井固井水泥应满足弹性模量较低、泊松比较高与抗压强度适中等条件。目前,页岩气固井所使用的水泥类型主要有酸溶性水泥、泡沫水泥、泡沫酸溶性水泥等。泡沫水泥浆体稳定、渗透率低、失水量小、抗拉强度高,具有良好的防窜效果,能解决复杂井段的固井难题,且侵入地层距离较短,可减轻储层损害,在确保层位封隔的同时又抵制了高的压裂力。当前也采用固井水泥新型产品,该水泥具有低弹性模量和高韧性系数的 SFP 弹韧性,目前也获得了良好的固井效果,可满足页岩气井固井要求。

针对页岩气水平井固井技术难点,国内外学者做了大量的相关研究。

谭春勤等(2012)开发的润湿反转 SCW 前置液体系已在多口页岩气井中取得应用。该体系主要由非离子表面活性剂、阴离子表面活性剂等组成,一般利用化学冲洗和物理冲刷作用来冲洗泥饼。

Scott 等指出目前美国页岩气固井水泥浆主要有泡沫水泥、酸溶性水泥、泡沫酸溶性水泥以及火山灰 + H 级水泥等 4 种类型。G. P. Colavechio 等针对弗吉尼亚西部泥盆系页岩低破裂压力引起的漏失问题,研制了一种含 35%～45% 氮气的泡沫水泥浆体系。该水泥浆体系保证了环空充满水泥浆,进而为后续的压裂作业提供了保障。

C. Harder(1992)针对美国阿托卡地区页岩气井中打水泥塞时由于油基钻井液的掺混使得水泥塞强度很低的情况,研制了一种表面活性剂水泥浆体系。在水泥浆中加入 1%(体积分数)的表面活性剂后,可减少油基钻井液的掺入量,同时降低油基钻井液对稠化时间、流变性和强度的不良影响。

闫联国(2012),针对彭页 HF－1 井固井技术难点,采用"应力笼"理论开展承压堵漏作业,在井深 2 800 m 以浅地层,裂缝以小裂缝、中裂缝为主,数量分布不均匀,采用高质量分数的堵漏材料(一般为 20%)、并以大颗粒材料为主的堵漏浆具有较好的效果,能显著提高地层承压能力;并优选合适的高效驱油冲洗液和隔离液及水泥浆,满足界面润湿反转和驱油要求。CBL 测井结果表明,彭页 HF－1 井水平段固井优良率为 78.4%,质量合格,压裂过程未发现层间窜现象。在扶正器的安置方面,针对 215.9 mm 井眼下入 139.7 mm 扶正器开展了优选,选择恢复力大于 4 000 N 的双弓弹性扶正器。全井居中度设计见图 2－24,套管中部居中度达到 67% 以上,套管底端居中超过 80%,满足了套管居中要求。

图 2 - 24　HF - 1
井套管居中度设计

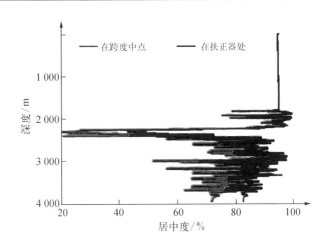

赵常青针对四川盆地的页岩气水平井井段的固井,在威远—长宁地区进行了 3 口
页岩气水平井先导试验(表 2 - 3)。采用大型分段加砂压裂来提高单井天然气产能,
对水泥环层间密封性能提出了更高的要求。在 3 口井固井实际过程中,采用增韧纤维
水泥浆,增加水泥石抗破碎能力,减少因局部能量蓄积导致的裂纹迅速扩展;采用高效
界面清洗性隔离液、冲洗液使井壁及套管壁从"油湿"变成"水湿"状态,改变润湿性;
配套应用成熟技术来提高固井大斜度水平井顶替效率,以期实现高效优质固井,满足
后期增产作业对固井质量的要求。

表 2 - 3　页岩
气藏 3 口先导
试 验 井 基 本
情况

井　号	层　位	钻井液体系	实际密度/(g·cm⁻³)	完钻井深/m	造斜点/m	水平段长/m
威 201 - H1	龙马溪组	油基	1.44 ~ 2.35	2 823.48	1 135.00	1 079.28
威 201 - H3	筇竹寺组	油基	1.83 ~ 1.85	3 647.59	2 320.00	737.59
宁 201 - H1	龙马溪组	合成基	1.60 ~ 2.10	3 790.00	2 150.00	1 045.00

3 口先导性水平井水平段长度介于 800 ~ 1 200 m,钻进过程均遇垮塌、阻卡等复杂
情况,经多次高黏滴流钻井液举砂,导致井径不规则;斜井段、水平井段套管在自重下
易贴边、偏心,套管居中度难以保证;岩屑床在大斜度井段、水平井段滞留制约顶替效

率提高。大型分段压裂要求水泥环不仅要有一定的强度,而且还要具备较好的抗冲击能力,因而对水泥浆配方要求较高,为页岩气水平井固井带来诸多挑战。

为维持井壁稳定,在产层段钻井中采用了油基(合成基)钻井液和提高井浆密度方式(如威201 - H1 井完钻钻井液密度达 2.35 g/cm³)。而高密度油基(合成基)钻井液的使用,使得套管壁及井壁长期处在油基(合成基)钻井液环境中,两界面亲油憎水,影响界面胶结质量。水泥浆与油基钻井液接触变稠,混浆流动性差,如威201 - H1 井139.7 mm 套管固井严重影响顶替效率、威胁施工安全。

为提高3 口井水平井段顶替效率,主要从旋流刚性扶正器安放、漂浮顶替及入井浆柱结构及增加冲洗液、隔离液用量等方面进行优化,以实现水泥浆与油基钻井液有效隔离,确保较高的顶替效率。在油气井固井注水泥顶替技术中,多用一维轴向流顶替方式进行顶替。该顶替方式理论与实践证明不能有效替净环空被顶替液,而通过使用旋流扶正器提高套管居中度,改变液体流速剖面,产生螺旋流,从而增加一个周向剪切驱动力(图 2 - 25、图 2 - 26),这有利于将环空窄间隙滞留钻井液和井壁附着虚滤饼驱替干净,从而提高界面水泥与地层的胶结质量,提高固井质量。根据井眼状况,采用数字模拟,在页岩气井水平井段固井中,采取 200 ~ 205 mm 螺旋大倒角刚性扶正器,水平段及大斜度井段 2 ~ 3 根套管加一只扶正器。

大斜度、水平井段固井替浆时采用清水作为顶替液,加大套管内外的密度差,使下部套管在浮力的作用下有一个向上的漂浮趋势,以减少套管的偏心程度(理论计算,在水平段的情况下,套管外环空为 1.90 g/cm³ 的水泥浆,当套管内充满 1.00 g/cm³ 的清水比套管内充满 1.90 g/m³ 钻井液,其有效质量会减少约 50%,而产生一个使套管串向上的漂浮趋势),但实际上这个漂浮力还取决于套管串的刚度和井眼轨迹情况。同时,采用预应力固井技术,设计顶替液全部采用清水增大管内外压差,从而有利于提高水泥石早期强度、降低孔隙度,降低或减弱套管的径向伸缩扩张带来的微间隙,提高一、二界面固井胶结质量。

隔离液采用具有润湿反转功能的冲洗液(20 m³) + 水基钻井液(60 m³),有效隔离水泥浆与油基钻井液,避免油基钻井液与水泥浆接触污染,彻底改变井壁和套管壁润湿性使从亲油变为亲水。采用双密度水泥浆体系,直井段采用密度比井浆大的加重水泥浆,目的层水平段常规密度增韧水泥浆,优化后入井浆柱结构为: 冲洗液 + 水基钻

图2-25　扶正器处
速度流场

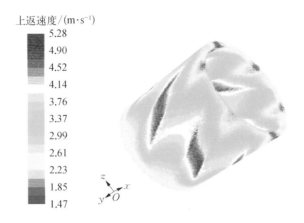

上返速度/(m·s⁻¹)

图2-26　扶正器流
出端环空速度流场

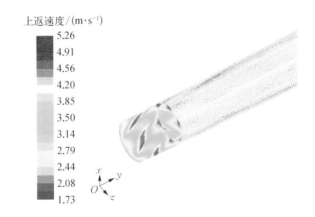

上返速度/(m·s⁻¹)

井液+冲洗液+领浆+缓凝水泥浆+快干水泥浆。

　　下完套管后,先小排量顶通,然后逐渐提排量至施工排量循环洗井;调整钻井液密度、性能,加入处理剂逐步降低钻井液黏度、切力;设计返出地面水泥浆20 m³,增加水泥浆井下接触时间,提高顶替效率;优化地面配、注、替方案,采用两组水泥车自配自抽,利用700型、2000型压裂车进行替浆作业,确保高泵压下按设计参数施工。

　　XYHF-1井是中国石化在川西地区部署的第一口页岩气勘探水平井,该井所在区块地质条件复杂,地层可钻性差,地层漏失严重,且因含盐膏层,导致井壁垮塌严重。该井自上而下分别钻遇第四系剑门关组、蓬莱镇组、遂宁组、沙溪庙组、白田坝组、须家河组,完钻层位为上三叠统须家河组五段中亚段中部,完钻井深为4 077 m,采用套管完井(图2-27)。

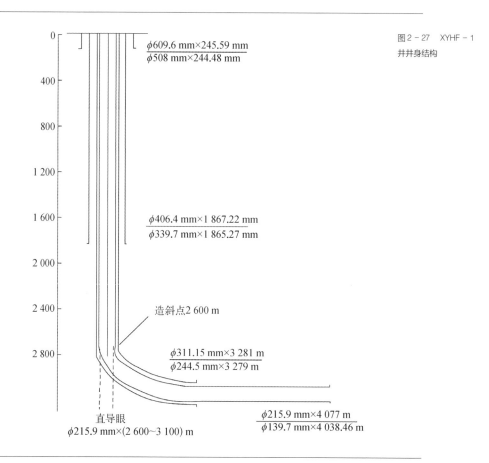

图2-27 XYHF-1
井井身结构

XYHF-1井的固井施工难点(全家正)具体表现在以下几方面。

(1)页岩遇水易膨胀,井眼不规则。在钻进过程中,钻井液与页岩储层接触时间较长,因页岩遇水易膨胀,造成井眼极不规则,形成糖葫芦井眼,可严重影响固井质量。

(2)油基钻井液的使用影响固井质量。页岩气井井壁失稳一直是钻井工程的难题,因此本井在四开时采用了油基钻井液。为了在施工中做到有效携岩,将油基钻井液密度、黏度分别调到2.10 g/cm³和72 s,流动性很差,严重影响了固井时的顶替效率。而且油基钻井液还会降低水泥石强度及第二界面胶结程度。

（3）射孔、压裂技术对水泥环质量要求高。由于压裂投产,要求在满足生产井段水泥浆胶结质量良好的前提下,水泥石还要具有高强的弹性、韧性以及耐久性。射孔过程中,瞬间产生的高温高速聚能射流在水泥环上容易产生裂纹,影响固井质量。

（4）封固井段长导致套管下入困难。本井生产套管固井一次封固段长达5 000 m,上下温差大,水泥浆设计困难;地层压力高,既防漏又防窜,固井施工安全窗口很小;大斜度井段和水平井段套管对井壁侧向力大,增加了下套管时的摩阻。

针对XYHF–1井固井难点,为满足页岩气水平井对固井质量的要求,采取了以下关键技术措施。

（1）滑套固井技术 首次运用威德福滑套固井技术,该技术最大优点在于滑套随套管一趟下入,无须射孔和额外封井器卡层,压裂作业一趟连续完成,节省了固井时间。

（2）三级冲洗工艺 本井在四开时为防止页岩坍塌采用了油基钻井液钻进,因井壁和套管壁上的油膜很难被冲洗干净,严重影响了水泥石的胶结质量。为此,应用了具有润湿反转作用的洗油冲洗液SCW,采用基油高密度冲洗液冲洗水泥浆三级冲洗工艺,保证了井眼的清洗效果,提高了固井顶替效率。

（3）SFP弹韧性水泥浆体系 页岩气多级压裂对水泥石的弹性和韧性要求很高,采用SFP弹韧性水泥浆体系,可提高水泥石胶结能力和抗冲击能力。另外鉴于封固井段较长,使用了两凝水泥浆柱结构,提高裸眼段封固质量,防止油气水窜,两凝分界点在井深3 084 m左右。

（4）有效通井 下套管前制定合理的通井措施,采用不低于套管刚度的满眼钻具组合通井至井底,通井到底后充分循环,同时调整好钻井液的润滑性及各项性能;在井斜角大（井深3 200～4 000 m）的遇卡井段（井深3 200 m左右）反复划眼通井,在造斜段（井深2 600～3 281 m）反复活动钻具清除岩屑床,保证套管顺利下入。

（5）合理安装扶正器 套管居中度不仅影响顶替效率,还会影响套管的顺利下入。保证套管居中的直接方法就是安装扶正器。本井在固139.7 mm油层套管时,在斜井段安装刚性旋流扶正器,水平段采用非铰链双弓扶正器,直井段采用刚性扶正器。

第 3 章

岩石测井
解释与评价

如何利用测井资料正确识别页岩岩性,是页岩气测井评价的第一步,也是重要的一步。只有正确认识岩石的基本性质及其测井特征,进而才能评价页岩气。岩石测井解释包括岩性的测井识别、页岩元素矿物成分的计算、岩相尤其是测井相的识别与划分、岩石物性(包括孔隙度、渗透率、饱和度以及脆性等)的测井解释等。

3.1   元素矿物

页岩的矿物成分较复杂,除高岭石、蒙脱石、伊利石、绿泥石、海绿石等黏土矿物以外,还混杂石英、长石、云母等许多碎屑矿物和自生矿物。其中石英含量通常大于50%,甚至可高达75%,且多呈黏土粒级,常以纹层形式出现。实际中,通常根据无机元素含量推测页岩矿物成分。

页岩的矿物成分分析包括黏土矿物含量和类型、石英含量和灰质含量的计算。这些矿物含量与储层孔隙度大小、储层质量有关。目前页岩气的综合评价往往采用元素俘获谱测井(ECS)和自然伽马能谱测井(NGS)的方法计算页岩的矿物含量。此外,光电吸收截面指数(Pe)也是分析页岩矿物成分、划分页岩类型的重要参考指标。

3.1.1   元素俘获谱测井法

斯伦贝谢公司元素俘获谱测井(Elemental Capture Spectroscopy,ECS)是一种将测井技术与岩石学直接联系起来的先进测井技术。该技术通过化学源向地层中发射4 MeV的快中子,快中子与地层中的原子核发生非弹性碰撞和弹性碰撞变成热中子而被原子核俘获,并在此过程中放出伽马射线。而后根据不同元素各自的峰值进行解谱,通过氧化物闭合模型得到地层中最重要的6种元素(Si、Ca、Fe、S、Ti、Gd)的相对百分含量,其中氧化物闭合模型的表达式为

$$F \sum \{X_i \cdot Y_i / S_i\} = 1 \qquad (3-1)$$

式中　F——未知的标准化因子;

　　　Y——测定的相关含量;

　　　X——已知的氧化物相关因子;

　　　S——已知的相关敏感度;

$\sum$ 是对测定的六种岩石模型元素求和。

若 F 在某一水平被计算出来,则各元素的相对百分含量将由下式得出

$$W_i = F \cdot Y_i / S_i \qquad (3-2)$$

之后再应用聚类分析、因子分析等方法定量求解地层的矿物含量。

图 3-1 为 ECS 处理结果与录井剖面的对比图。

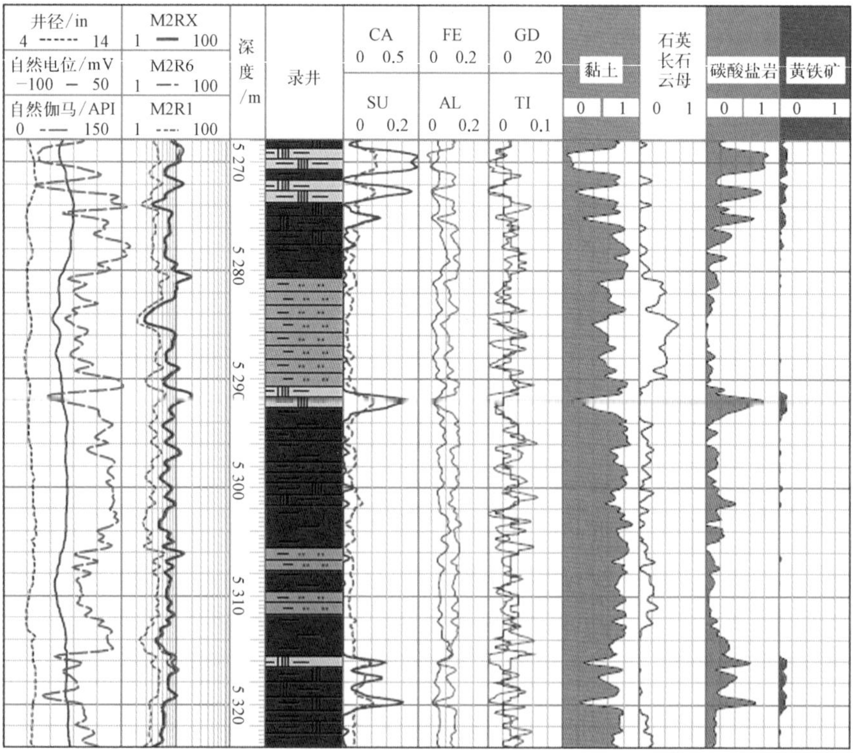

图3-1 ECS 测井资料与录井剖面对比

斯伦贝谢公司在四川盆地志留系和寒武系页岩气储层进行了专项测井。从图3-2可以看出,四川盆地北部志留系龙马溪组页岩气特征非常明显,从测井处理成果看,第1道的GR(自然伽马)值为100～300 API,说明放射性元素含量高,是典型的页岩特征;第3道是电阻率曲线,电阻率在页岩气层明显升高;第4道是TNPH(热中子孔隙度)和PEX曲线(指中子、密度、电阻率);第5道是FMI(成像测井)曲线;第7道是铀、钍、钾含量,铀含量增高是海相地层发育的标志;第8道是ECS(元素俘获谱测井)岩性,包含黄铁矿含量、碳酸盐含量、硅质含量、泥质含量等。从FMI成像测井成果可看

图3-2
四川盆地页岩气评价井测井曲线

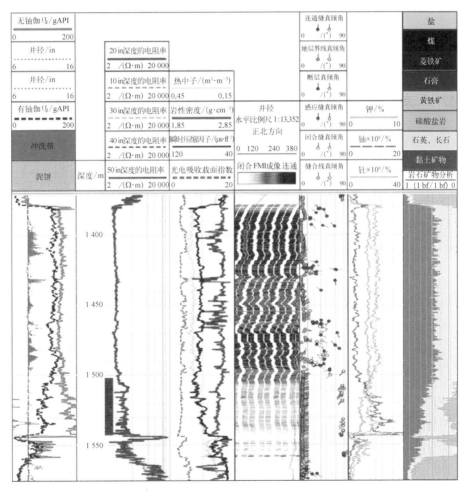

出,该层段部分裂缝发育,且发育一套页岩气层,气层段为 1 503.6 ~ 1 543.3 m,页岩气层内裂缝不发育,主要以基质孔隙为主。

3.1.2　神经网络法

Yang Yunlai 等(2004)利用地球物理测井和人工神经网络对北海和墨西哥海湾的泥岩岩性进行定量评价,研究了单一的测井方法与泥岩黏土含量的关系。图 3-3 为所有样品的测井系列和泥岩黏土矿物的关系,图 3-4 为孔隙度为 25% ~ 30% 的样品的测井值和泥岩黏土矿物的关系,由此可以看出,自然伽马、声波时差、电阻率和密度与泥岩黏土含量不存在明显的相关性,这说明利用单一的测井资料不能有效评价泥岩的岩石物理特性。

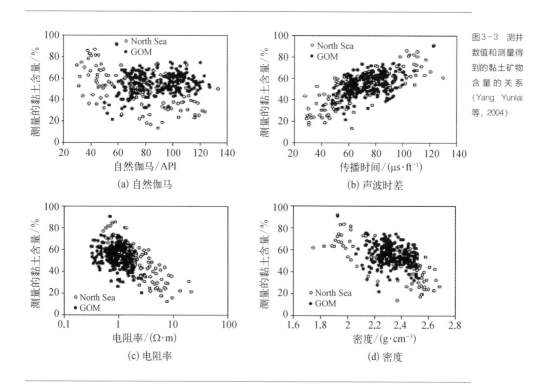

图3-3　测井数值和测量得到的黏土矿物含量的关系(Yang Yunlai 等,2004)

图 3－4
样品孔隙度
为 25% ～
30% 条件
下测井数值
和测量得到
的黏土矿物
含量关系
（YangYunlai
等，2004）

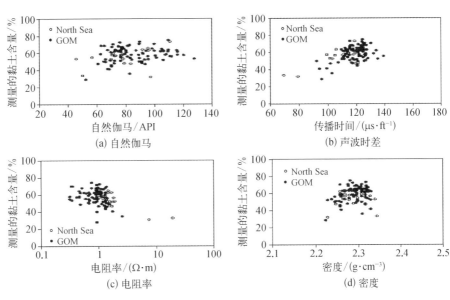

(a) 自然伽马　　(b) 声波时差

(c) 电阻率　　(d) 密度

人工神经网络（Artificial Neural Networks，ANNs）算法能够综合利用测井资料快速且批量地计算出泥岩中的黏土矿物含量。对北海和墨西哥海湾的测量得到的数据和利用 ANNs 算法得到的结果进行了对比（图3－5），发现 ANNs 算法得到的结果和测

图3－5 北海和墨西哥海
湾地区测量的泥岩黏土含
量和 ANNs 模型计算得到
的黏土含量的对比关系
（Yang Yunlai 等，2004）

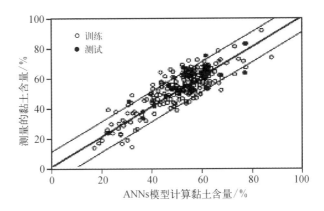

量数据具有很强的相关性。

3.1.3　光电吸收截面指数法

由测井方法的原理可知,光电吸收截面指数与自然伽马、地层体积密度、中子孔隙度等测井值可以看作测井仪器探测范围内岩石单位体积内各组成部分响应物理量的平均值。将此原理用于含气页岩地层模型,得到如下的测井响应方程组:

$$\gamma_{qtz} \cdot C_{qtz} + \gamma_{carb} \cdot C_{carb} + \gamma_{clay} \cdot C_{clay} + \gamma_{pore} \cdot C_{pore} = \gamma_{mes} \qquad (3-3)$$

$$\rho_{qtz} \cdot C_{qtz} + \rho_{carb} \cdot C_{carb} + \rho_{clay} \cdot C_{clay} + \rho_{pore} \cdot C_{pore} = \rho_{mes} \qquad (3-4)$$

$$I_{qtz} \cdot C_{qtz} + I_{carb} \cdot C_{carb} + I_{clay} \cdot C_{clay} + I_{pore} \cdot C_{pore} = I_{mes} \qquad (3-5)$$

$$\phi_{qtz} \cdot C_{qtz} + \phi_{carb} \cdot C_{carb} + \phi_{clay} \cdot C_{clay} + \phi_{pore} \cdot C_{pore} = \phi_{mes} \qquad (3-6)$$

根据 SpectroLith 矿物成分分析结果,将含气页岩组分模型简化为四类,依次为陆源碎屑(包括石英、长石和云母)、碳酸盐、黏土矿物等三种固相组分,以及岩石孔隙。式中,γ,ρ,I 和 ϕ 分别代表无铀自然伽马、地层体积密度、光电吸收截面指数和中子孔隙度测井值;C 代表各地层组分的体积分数,为待求的未知量;下标 qtz、carb、clay 和 pore 分别代表陆源碎屑、碳酸盐、黏土矿物和孔隙四种地层组分;下标 mes 表示实测值。方程组有四个方程,但待求未知数有五个,是一个超定方程组,因此无解析解。但在给定约束条件下,根据最优化算法可求其近似解,从而可以计算矿物成分。

3.1.4　正反演法

根据页岩气各组分的变化范围,以测井响应方程正演测井响应曲线,然后利用这些响应曲线进行反演计算获得地层的组分,从而验证反演算法的准确性。图3-6为正演页岩气层地层组分与反演地层组分对比图,从中可以清晰地看出两者具有良好的对应性,从而证明该反演方法具有较高的准确性。

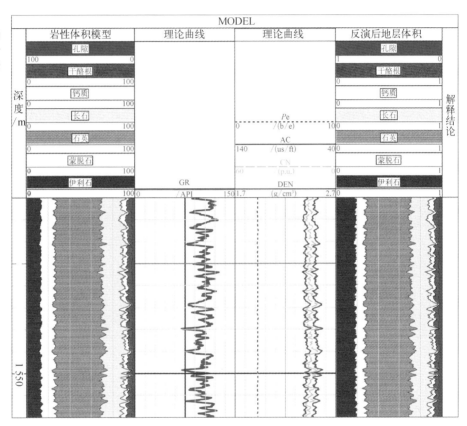

图3-6
建立理论响应与反演计算岩石组分对比

图3-7为利用这种方法对实际井资料处理的地层的组分剖面,从中可以看出电阻率高、自然伽马值低的页岩计算获得的结果是砂质含量高;自然伽马值中等、电阻率低、密度-中子差异大为典型的砂质含量低的页岩;而自然伽马值高、电阻率高、密度-中子差异小的层段为典型的富含干酪根的页岩,与预期的分析结果一致,说明其能满足页岩层组分的评价。

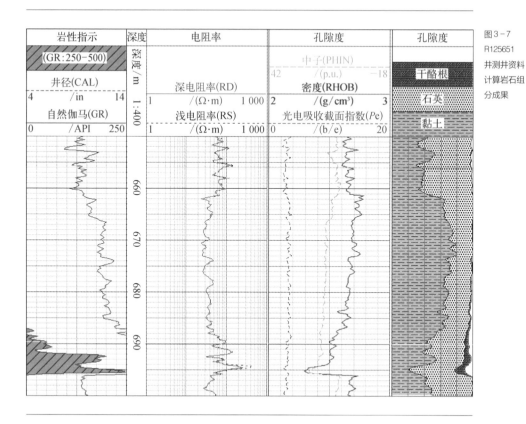

图 3-7
R125651
井测井资料
计算岩石组
分成果

3.2   岩性

3.2.1   岩性测井响应特征

不同岩性由于组成矿物的不同,因此在测井曲线上具有不同的响应特征。不同岩性的测井响应特征见表 3-1 和图 3-8,岩性分别为泥灰岩、白云质灰岩、页岩、富含有机质页岩、泥岩、砂岩。从图 3-8 中可以明显看出碳酸盐岩类为低自然伽马值、低中

129

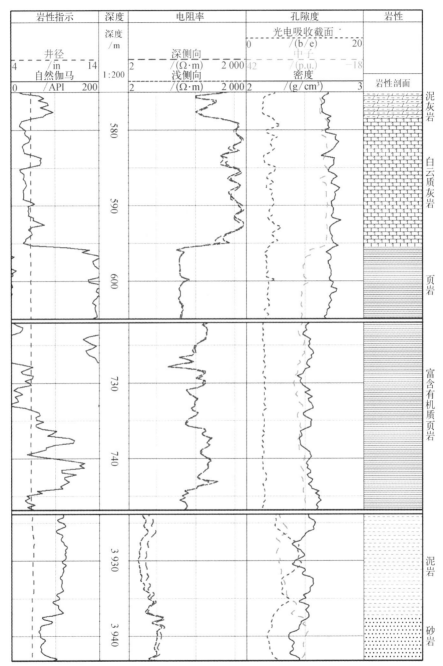

图3-8 典型
岩性常规测井
曲线

岩石测井解释与评价

岩 性	自然伽马值	电阻率	密度	中子	光电吸收截面指数
碳酸盐岩	低	高	高	低	高
普通页岩	高	中	高	高	高
富含有机质页岩	极高	低-中	低	中	低
泥 岩	高	低		高	高
砂 岩	介于碳酸盐岩和泥岩之间	中			低

表3-1 不同岩性
测井曲线特征

子、高密度、高光电吸收截面指数、高电阻率;普通页岩为高自然伽马值、中等电阻率、高光电吸收截面指数、高密度、高中子,两者在图上表现出密度-中子的较大差异,且密度在中子曲线之上;富含有机质页岩为极高的自然伽马值、高电阻率、低密度、低光电吸收截面指数、中等中子孔隙度,密度-中子在图上无差异或密度在上的差异,但差异明显小于有机质含量低的页岩;泥岩为低电阻率、高自然伽马值、高光电吸收截面指数、高中子,密度-中子关系在图上表现为明显的密度差异,但整体的孔隙度明显大于页岩;砂岩为比碳酸盐高、比泥岩页岩低的自然伽马值和低光电吸收截面指数、中等电阻率,密度-中子关系为绞合状或小的密度在上、在下的曲线关系。

通过这些曲线的特征,可以根据常规的测井曲线对岩性进行识别,从而划分出页岩、寻找到富含页岩气层段。

3.2.2   直观法识别岩性

由页岩气测井响应特征可知,利用常规测井曲线明显的响应特征可以快速而直观地识别页岩气层。岩性识别常用的常规测井曲线有自然伽马和密度、声波、中子及电阻率测井等。

R. J. Hite 等(1982)利用自然伽马和声波时差测井识别了宾夕法尼亚 Paradox 地层的岩性(图3-9)。从图3-9中可以看出,富含有机质的页岩层(Chimney、Gothic 和 Hovenweep 地层)测井响应表现为自然伽马值和声波时差值都为高值,从而可以很

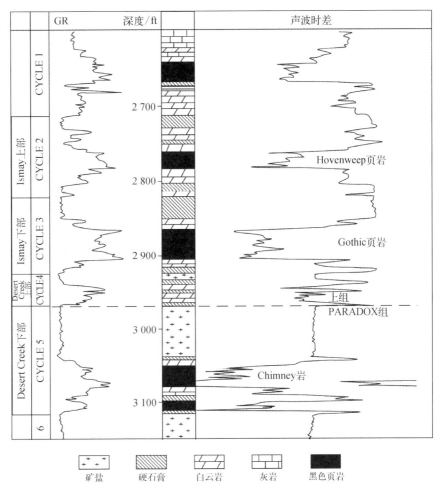

图3-9 常规测井
识别 Paradox 地层
的岩性

好地识别出地层的岩性。

在 Newark East 气田对 Barnett 组页岩层利用自然伽马、体积密度和电阻率测井组合识别了页岩气储层的岩性(图3-10)。从图3-10中可以看出,自然伽马测井响应为高值,体积密度为低值,电阻率为高值。这些特征与高丰度有机质的细粒碎屑岩放射性元素含量增加、岩石密度降低、声波速度降低、电阻率增大以及氢和碳含量增加的一般规律相符,因此利用常规测井组合的响应特征,可以系统测量成熟泥页岩参数,从而识别不同岩性特征。

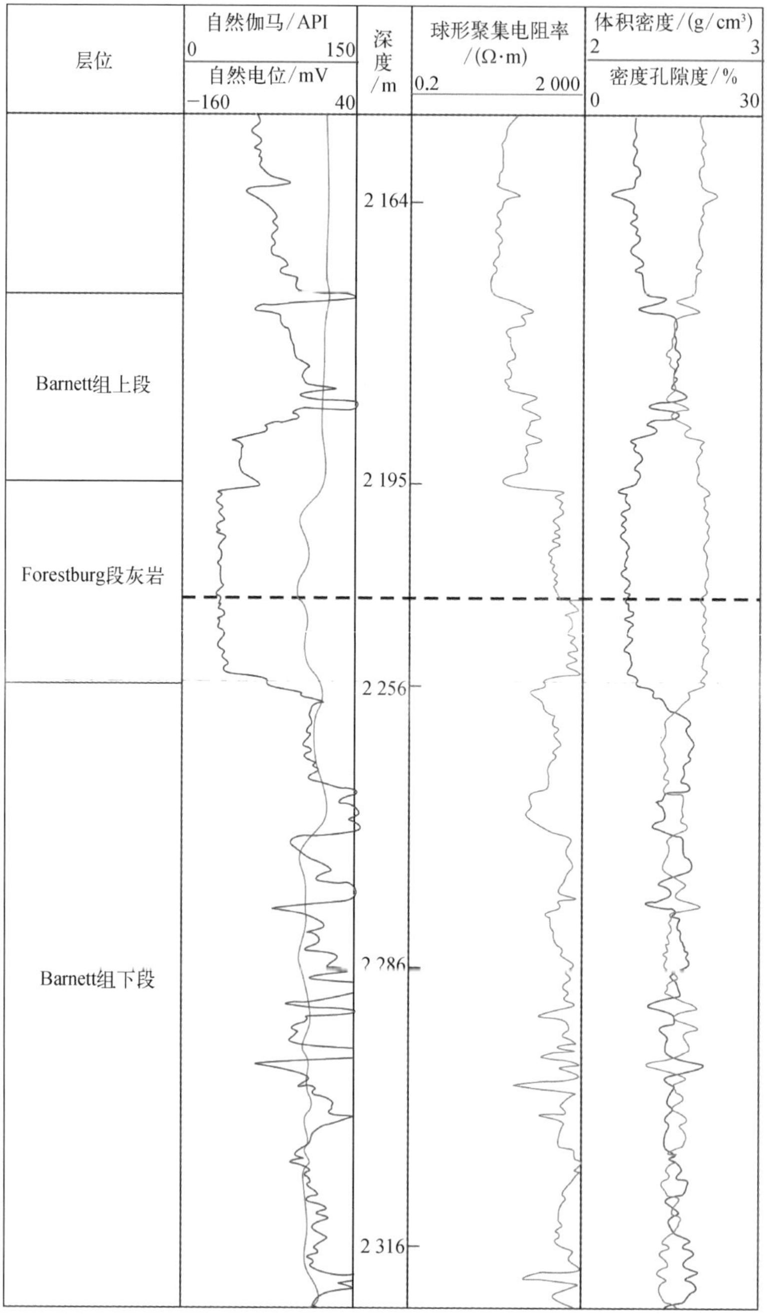

层位	自然伽马/API	深度/m	球形聚集电阻率/(Ω·m)	体积密度/(g/cm³)
	0　　　150			2　　　3
	自然电位/mV			密度孔隙度/%
	−160　　40		0.2　　2000	0　　　30

图3-10　Newark East 气田 Barnett 组页岩气层测井

Barnett组上段

Forestburg段灰岩

Barnett组下段

2 164

2 195

2 256

2 286

2 316

Scott 等(2008 年)利用测井资料划分了德克萨斯 Fort Worth 盆地密西西比纪 Barnett 页岩气储层岩性。Gary 等(2011 年)识别了 Appalachian 盆地中泥盆系 Marcellus 地层的岩性。Walter 等(1990 年)利用自然伽马能谱等测井资料识别了俄克拉荷马和德克萨斯 Woodford 页岩气层岩性。Flower(1983 年)利用声波测井、电阻率测井资料,快速直观地识别了俄亥俄泥盆纪页岩储层。

3.2.3   阵列声波测井法识别岩性

横波时差和纵波时差比值与岩性密切相关,在声波信息中时差比值可以用来鉴定岩性,尤其是可以将三种主要的沉积岩区分开来。在岩性较致密的泥页岩井段,偶极阵列声波测井提取的纵波、横波、斯通利波时差也比疏松地层具有更高的质量。因此,可以在致密非均质泥页岩层中测得可靠的地层纵波速度和横波速度,且在地层不含气的情况下,不同岩性及矿物的横纵波时差比即纵横波速度比存在明显差别(表 3-2)。

表 3-2 主要岩性及矿物的纵横波速度比值

岩性及矿物	纵波时差/(μs·ft^{-1})	横波时差/(μs·ft^{-1})	横纵波时差比
泥页岩	80.0	160~180	1.90~2.25
砂 岩	55.5	88.8~95	1.58~1.80
灰 岩	47.5	88.7	1.90
白云岩	43.5	78.3	1.80
盐 岩	67	116	1.73
硬石膏	50	97.5	1.95
黄铁矿	38	59	1.55

通常,泥页岩横纵波时差比大于 2.0,灰岩横纵波时差比为 1.90,白云岩横纵波时差比为 1.80,砂岩横纵波时差比为 1.58~1.80。泥页岩纵横波速度比明显大于碳酸盐岩,碳酸盐岩类的纵横波速度比又明显大于砂岩。含水砂岩横纵波时差比值随孔隙

度、泥质含量的增大和压实程度、有效应力的降低而增加,白云岩和灰岩的横纵波时差比几乎是一个常数。因此,结合自然伽马、密度及 PE 值等常规测井曲线,利用横纵波时差比可以很容易地准确定性识别储层岩性。

如果是两种岩性组成的岩层,特别是泥页岩储层,横波和纵波的时差比值与岩性成分的含量有关,借此可以求出这两种岩性的质量分数。

3.3　测井相

测井相又名电相,是从测井资料中提取与岩相有关的地质信息,并将测井曲线划分为若干个不同特征的小单元,经与岩心资料详细对比,明确各单元所反映的岩相。在一个地区建立了测井相后,可以利用测井曲线解释出井的柱状岩性剖面图。

3.3.1　测井相定义

测井相是由法国地质学家 O. Serra 于 1979 年提出来的,目的在于利用测井资料(即数据集)来评价或解释沉积相。他认为测井相是"表征地层特征,并且可以使该地层与其他地层区别开来的一组测井响应特征集"。所谓测井相,就是表示沉积物特征,并可使该沉积物与其他沉积物区别开的一种测井响应。

测井相分析就是利用测井响应的定性方面的曲线特征密度、声波、中子、伽马、电位、电阻率、自然伽马能谱等以及定量方面的测井参数值来描述地层的沉积相,实际确定沉积相的过程中还要依靠地层倾角测井、自然伽马能谱等多方面的资料。测井系统愈完善,测井质量愈高,测井相图反映实际地层沉积相的程度也就愈好。

测井相分析就是从一组能反映地层特征的测井响应中,提取测井曲线的变化特征,包括幅度特征、形态特征等以及其他测井解释结论(如沉积构造、古水流方向等),将地层剖面划分为有限个测井相,用岩心分析等地质资料对这些测井相进行刻度,用数学方法及知识推理确定各个测井相到地质相的映射转换关系,最终达到利用测井资料来描述、研究地层的沉积相的目的。

3.3.2　岩相测井分析技术

页岩岩相特征的描述主要是识别页岩结构(层状、纹层状等)。岩相分析,对于划分页岩气有利储集段,利用测井资料评价岩石力学、地应力及脆性等参数在页岩层内部分布上的差异,进而指导压裂具有重要作用。

1. 所用的测井资料

页岩岩相分析对于测井资料的纵向分辨率要求较高。满足其需要的测井曲线主要有以下几种。

(1)成像测井　电成像测井信息具有较高的纵向分辨率,是进行泥页岩岩相类型划分最有效的应用地球物理手段。它采用高分辨率的阵列电极测量井壁范围内的二维电阻率图像,对岩石构造特征和岩性特征具有良好的分辨能力。

(2)多极子声波测井　利用纵横波速度比来定性判定页岩岩石结构。

(3)ECS 测井　准确计算矿物含量。

(4)常规测井资料　泥页岩层理发育程度、有机质丰度及碳酸盐岩、砂岩、黏土岩等的相对含量对电阻率、孔隙度等各类测井信息均有较大影响。利用多条曲线组合可求取矿物含量。

2. 页岩岩相分析方法

1)建立关键井

选取岩心、录井、测井资料齐全准确的井作为关键井。

2)通过岩心观察,确定测井信息对页岩岩相的响应特征,进行测井岩相分析

利用岩心观察、薄片鉴定及 X 衍射全岩矿物分析的岩相划分结果(图 3 - 11),刻度电成像测井资料,以成像图上的色标变化识别泥页岩岩相,进而标定常规测井资料,建立岩相精细划分模式。

图3-11 罗69井ECS测井处理成果与实验室X-衍射分析值对比

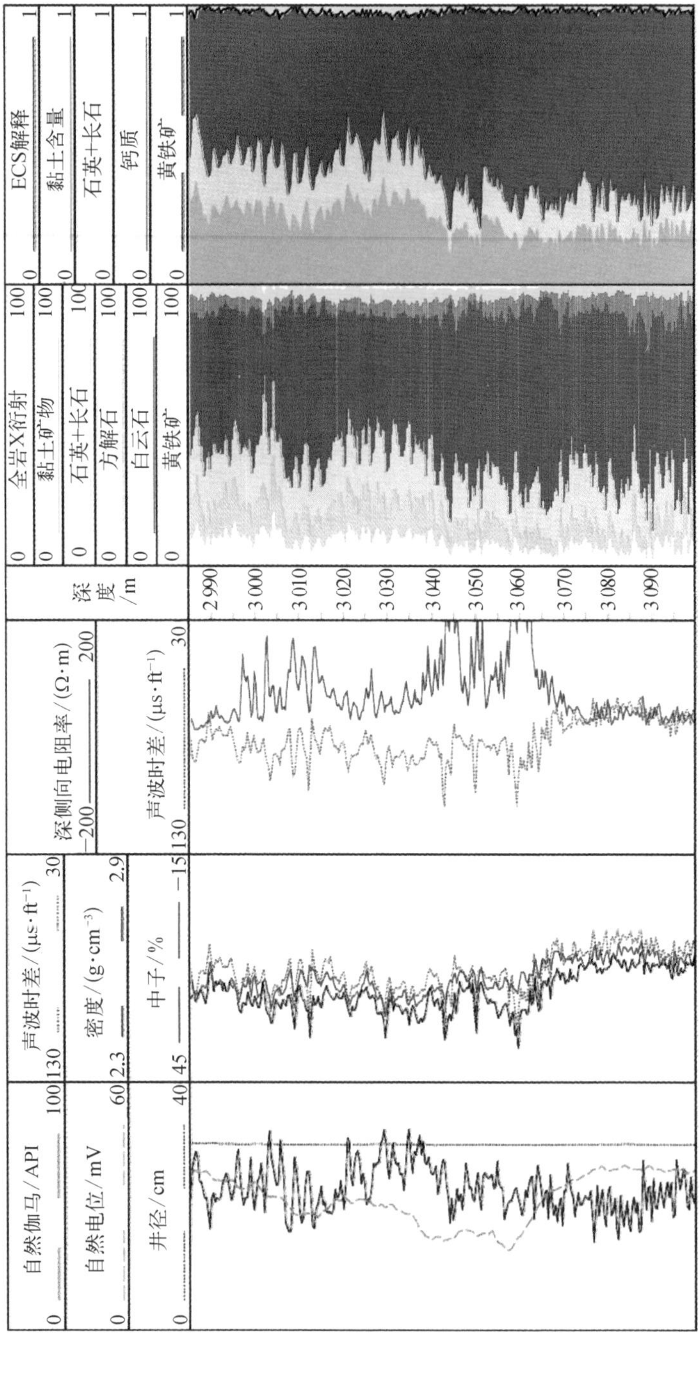

自然伽马/API	声波时差/(μs·ft⁻¹)	深侧向电阻率/(Ω·m)	深度/m	全岩X衍射					ECS解释			

（1）基于 FMI 成像测井和纵横波资料划分地层纹层

纹层属于弱水动力环境下的产物。在罗家地区沙三下亚段,这种微层理非常发育,纹层状泥质灰岩相是研究区页岩油气最为富集的岩相,纹层识别成为该类岩相识别的关键。岩石层理的形成主要是钙质含量和黏土含量的相对变化,由于钙质与黏土的导电性差异,反映在 FMI 电阻率动态图像上呈现出明显的亮暗相间的特征,亮色为钙质,暗色为黏土矿物(图 3 - 12)。对于纹层的识别,该方法是目前最为直观和有效的方法之一。

图 3 - 12 烃源岩纹层镜下特征与 FMI 测井响应对比(罗 69 井,3 087.15 m)

 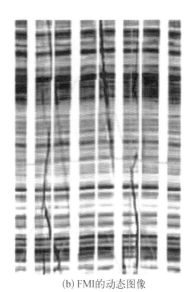

(a) 铸体薄片   (b) FMI的动态图像

不同岩相在电成像下的响应特征具有明显差异(图 3 - 13 中第 5 道所示)。层状灰质泥岩(2 983 ~ 2 984 m 井段)纹层发育一般,高泥质含量使其在电成像中多呈现暗色条带;纹层状泥质灰岩相(3 046 ~ 3 047 m 井段)显示了亮暗相间的密集纹层;层状泥质灰岩相(3 074 ~ 3 075 m 井段)虽然也显示有亮暗相间的纹层,但密集发育程度要逊于纹层状泥质灰岩相;层状含泥质灰岩相(3 101 ~ 3 102 m 井段)由于钙质含量较高,电成像显示中亮色条带居多,这是其与层状灰质泥岩相的明显区别。采用计算机对 FMI 动态成像图上的层界面进行拾取,FMI 图像中层界面数值随深度变化(图 3 - 13 中第 4 道)。

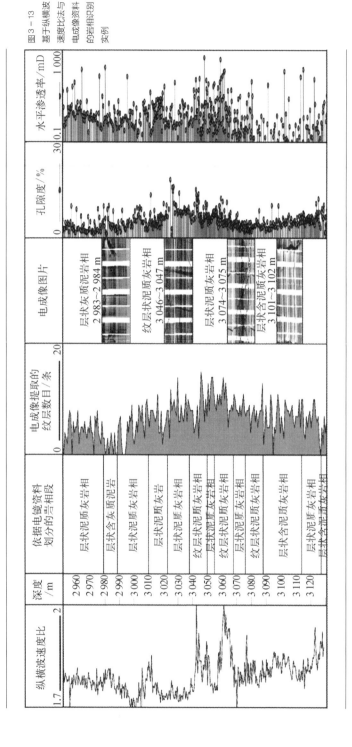

图3-13 基于纵横波速度比法与电成像资料的岩相识别实例

纵横波速度比法也用来识别烃源岩纹层。根据纵横波传播原理,横波质点的位移方向与井轴垂直,在层理和低角度裂缝中,横波的部分能量沿着层理和低角度裂缝传播,从而造成仪器采集到的横波传播速度减小,而纵波的传播方向和质点位移方向与井轴平行,层理和低角度裂缝对其速度影响不大,那么在层理和低角度裂缝发育的地方,纵横波速比 v_p/v_s 增大(图3-13中第1道)。通过与电镜获取的岩相反复对比发现,当纵横波速度比大于1.8时,可认为是纹层发育,该值小于1.8时,认为是层状发育,这是该方法划分纹层层理的参考值。罗69井3 040~3 050 m和3 060~3 070 m井段根据电镜资料将其划为纹层状泥质灰岩相,纵横波速度比法显示,纵横波速度比增大,均为1.85~2,显示纹层发育,同时FMI显示的层理数增加,从而进一步辅证了该方法在烃源岩层理识别中的良好应用。

(2)纹层识别结果标定常规测井资料

成像测井图中识别出的纹层与同层段常规测井曲线相比,结果表明不同纹层的常规测井曲线响应特征也不同。

纹层-层状灰岩相测井响应特征如图3-14(a)所示,表现为:成像图上显示为宽窄不一的亮色相间条纹;常规测井呈"三高、一中或高、一低、一异常",即高声波时差、中子、电阻率值,中或高自然伽马值,低密度值,自然电位明显异常,曲线呈锯齿状,泥质体积分数一般小于25%,碳酸盐岩体积分数一般大于55%,有机碳体积分数高于3%,孔隙度大于5%;常规和电成像资料表明该类岩相层理极为发育,储集质量好。

块状灰质泥岩相测井响应特征如图3-14(b)所示,成像图上显示为块状、层状的深色宽条纹;常规测井呈"二中、三低、无异常",即中自然伽马、中子值,低声波时差、密度值、电阻率值,自然电位无异常,曲线幅度变化平缓。

(3)常规测井划分页岩岩相

在只有常规测井资料的情况下,从测井响应原理出发,对不同岩相类型下的曲线响应差异进行分析和对比,得到基于常规测井曲线的测井岩相定性识别模式。对岩相的划分遵循"沉积上有意义、测井上可区分"的原则。从测井响应表现(图3-15)看,物性好坏主要通过声波时差、密度、中子测井曲线反映,声波时差越大,密度越小,中子越高显示地层孔隙性越好;含油性主要对电阻率曲线产生影响,含油性越好,电阻率越

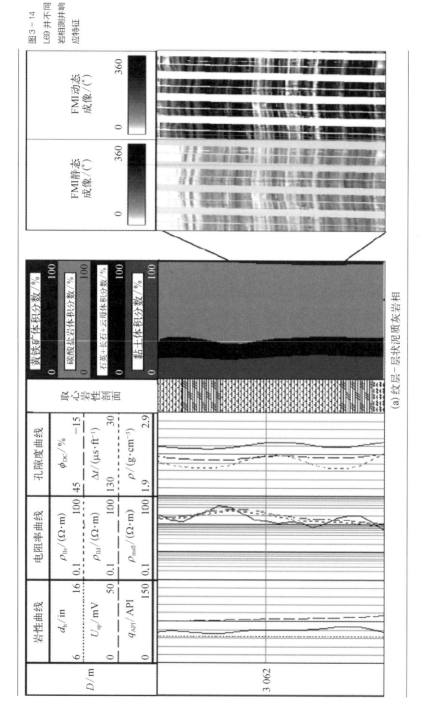

图3-14
L69 井不同
岩相测井响
应特征

(a) 纹层-层状泥质灰岩相

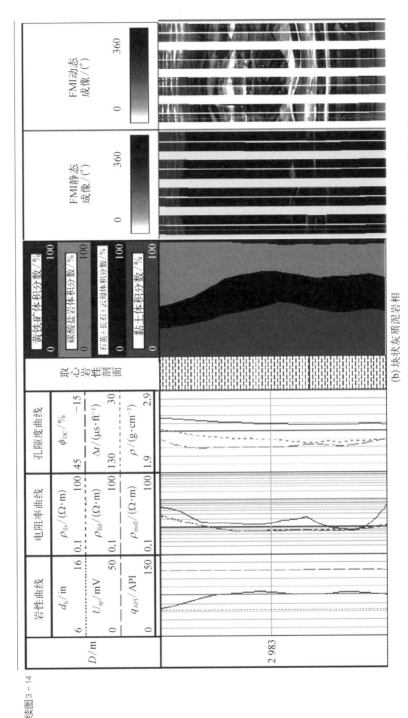

续图3－14

(b) 块状灰质泥岩相

q_{API}—自然伽马；U_{sp}—自然电位；d_h—井径；D—井深；ρ_{lld}—深侧向电阻率；ρ_{lls}—浅侧向电阻率；ρ_{mXO}—微球型聚焦电阻率；ρ—密度；ϕ_{DC}—补偿中子孔隙度；Δt—声波时差；FMI—微电阻率扫描成像

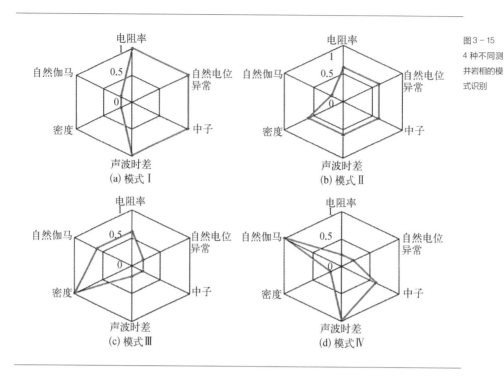

图 3 - 15
4 种不同测
井岩相的模
式识别

高;岩性变化对各条曲线均有反映,钙质含量的增大可引起自然伽马降低、电阻率升高等。研究发现,良好的烃源岩中自然电位往往表现为明显的幅度异常。理论上,自然电位主要反映地层渗透性,纯砂泥岩剖面中,泥岩为无幅度异常的基线,但这种情况在烃源岩中有所不同,分析认为可能有以下原因:① 烃源岩中存在微裂缝,由微裂隙组成的导电网络使得地层渗透性有了明显改善;② 烃源岩中的干酪根本身就是半导体,其存在对于导电有一定的辅助作用。为了更为直观地显示不同模式的特点,模式介绍中测井响应低值、中值、高值分别用 0.2、0.6、0.9 等 3 个数值代替。

3) 在关键井岩相分析基础上建立测井相模式

经过对不同岩相和成像测井、常规测井信息进行对比分析,总结出 6 类岩相的测井响应特征如表 3 - 3 所示(张晋言,2013)。

其中,将纹层状构造归于层状构造进行处理。这是由于电成像测井分辨率较高,可以区别纹层状构造和层状构造,而常规测井资料受纵向分辨率的影响,不能有效区

表3-3 泥页岩岩
相测井响应特征分
类评价

序号	岩相	电成像特征	常规测井响应特征
1	层状泥质灰岩相	显示为明显的层状橘黄色-黄色-浅黄色相间条纹	"三高、一中或高、一低、一异常",即高声波时差、中子孔隙度、电阻率值,中或高自然伽马,低密度,自然电位明显异常
2	层状灰质泥岩相	显示为明显的层状浅棕色-橘黄色明暗相间条纹	"二高、三中、一异常",即高自然伽马、密度值,声波时差、中子孔隙度、电阻率为中等值,自然电位小幅度异常
3	纹层泥质灰岩相	显示为非常细窄的层状橘黄色-黄色-浅黄色相间条纹	"三高、一中或高、一低、一异常",即高声波时差、中子孔隙度、电阻率值,中或高自然伽马,低密度,自然电位明显异常
4	纹层灰质泥岩相	显示为非常细窄的层状棕色-橘黄色明暗相间条纹	"二高、三中、一异常",即高自然伽马、密度值,声波时差、中子孔隙度、电阻率为中等值,自然电位小幅度异常
5	块状泥质灰岩相	显示为厚度较大的棕色-浅棕色-橘色宽条纹	"一高、三中、一低、无异常",即高密度值,自然伽马、电阻率、中子孔隙度值中等,低声波时差,自然电位无异常
6	块状灰质泥岩相	显示为厚度较大的黑色-棕色宽条纹	"二中、三低、无异常",即自然伽马、中子孔隙度值中等,密度、声波时差、电阻率呈低值,自然电位无异常

分纹层和层状结构。分析认为,该两种构造对泥页岩油气储集质量和含油性的影响基本相同,故在实际生产中,将两者合并处理。

只有常规测井资料的情况下,识别出的相模式如下。

模式I(主要为纹层状泥质灰岩相)。纹层状泥质灰岩层段的孔隙性好,游离相的烃类含量高,含油性好。良好的孔隙性在测井曲线上表现为声波时差高值、中子高值、密度低值的特征;高钙质含量在测井曲线上表现为自然伽马中低值、深侧向电阻率高值等特征;由于微裂缝及微孔隙的存在导致自然电位曲线呈现明显的负异常。该类层段是采用常规油气识别的思路获得的非常规油气中的"甜点",纵向上主要分布在沙三下亚段的12层组和13层组。

模式II(主要为纹层-层状泥质灰岩相)。层状泥质灰岩与纹层状泥质灰岩的差别主要体现在微层理上,因此两者的区分往往没有明显的界线,从测井响应特征出发,将纹层不明显的泥质灰岩相统一定为模式II,主要岩相类型为纹层-层状泥质灰岩相。该层段的物性、含油性、渗透性略逊于纹层状泥质灰岩,体现在测井曲线上为深侧向电阻率中值,声波时差及密度中值,自然伽马低值及自然电位低幅度异常,也主要分布在沙三下亚段的 12 层组和 13 层组。

模式Ⅲ(主要为纹层-层状(含)泥质灰岩相)。层状含泥质灰岩比较层状泥质灰岩其钙质含量明显降低,从而导致自然伽马值有所升高,表现为自然伽马中值,同时由于层状纹理的渗透性略差,使自然电位测井曲线无明显幅度异常。由于物性及含油性均有所降低,导致深侧向电阻率呈现中至低值。岩性及物性的综合影响使三孔隙度曲线呈现密度高值、声波时差低值的特征。该类层段主要分布在沙三下亚段 13 下层组。

模式Ⅳ(主要为层状灰质泥岩相)。由于泥质含量的升高,层状灰质泥岩在常规测井曲线上显示为声波时差高值、中子高值、自然伽马高值、密度低值的特征,但依据实验室分析的孔隙度、渗透率、饱和度资料看,该类层段物性和含油性较差。层状灰质泥岩相主要分布于沙三下亚段的 9 至 11 层组。

图 3-16 为目的层段的测井岩相识别模式划分结果。

4)对未取心井进行岩相划分

将岩相识别的结果推广到全工区范围。

5)岩相与储层质量及含油气性关系

不同岩相泥页岩生油能力和储集性能有较大的差异,碳酸盐岩、砂岩等脆性矿物质量分数高的泥页岩,易形成构造裂缝,且有机质丰度高,储集质量和含油丰度均较好。

(1)层状(纹层状)泥质灰岩相。有机碳质量分数最高,为 3%~12%;碳酸盐岩质量分数较高,为 50%~75%;黏土质量分数小于 35%。该相泥页岩是最有利的油气储集岩相。

(2)层状(纹层状)灰质泥岩相。有机碳质量分数较高,一般大于 1.5%;碳酸盐岩质量分数小于 50%。该相泥页岩油气储集较为有利。

(3)块状泥质灰岩相。有机碳质量分数小于 2.5%;碳酸盐岩质量分数高,为 50%~75%;黏土质量分数小于 35%。该相泥页岩较致密,油气储集能力较差。

(4)块状灰质泥岩相。有机碳质量分数小于 2.5%;碳酸盐岩质量分数小于 50%;黏土质量分数大于 25%。该相泥页岩油气储集性能差。

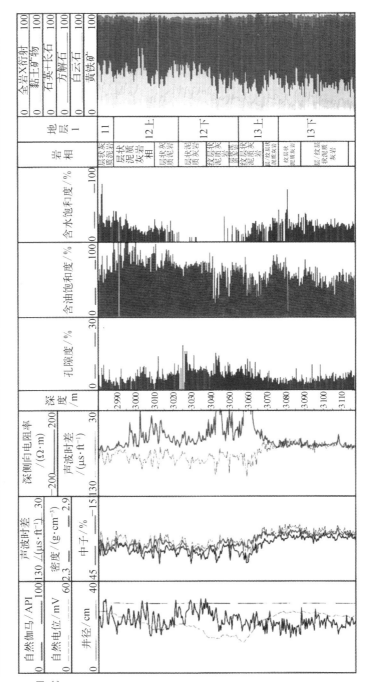

图 3－16 罗 69 井测井岩相模式处理成果

3.4　物性

物性包括孔隙度、渗透率和饱和度等参数,是评价页岩储集性能的重要参数。

3.4.1　孔隙度

孔隙度的计算方法包括核磁共振法和三孔隙度曲线法,具体介绍如下。

1. 核磁共振法

LeCompte 等(2010)应用核磁共振测井(NMR)计算页岩孔隙度,计算结果与岩心分析孔隙度(图中圆点所示)非常一致(图 3 - 17)。

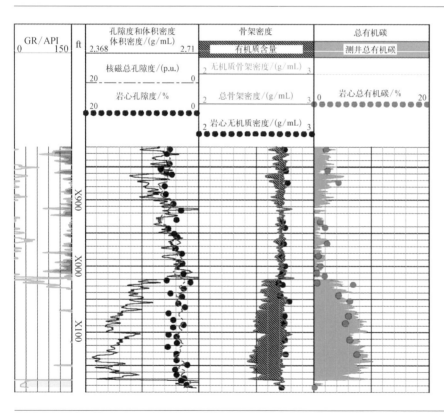

图 3 - 17　核磁共振测井(NMR)确定页岩储层孔隙度的实例(LeCompte 等, 2010)

2. 三孔隙度曲线法

常规砂岩储层中,当岩性和骨架参数已知时,对于含水的纯地层,利用经过环境校正的密度或中子测井曲线中的任何一种,或在没有次生孔隙度情况下用一条声波测井曲线都能用来确定孔隙度。页岩孔隙度的测井计算比较复杂,因为在页岩中存在低密度的有机质,不同层段骨架矿物组成也不同,因此在使用密度曲线计算页岩孔隙度时必须考虑所有影响测井密度响应的因素。

(1) Luffel(1992)通过建立页岩矿物体积模型利用测井数据计算出页岩中干酪根含量,并利用岩心实测可动油与干酪根的相关性计算可动油含量,最后根据总烃体积与实测孔隙度建立测井预测孔隙度的线性方程预测 Devonian 页岩孔隙度。

(2) Utley(2005)将页岩分为基质、有机质和流体三个部分,将页岩中的油、气、水作为整体建立了页岩储层体积模型,其孔隙度方程为

$$\rho_b = \rho_{fl}\phi_T + \rho_m(1 - \phi_T - V_{TOC}) + \rho_{TOC} V_{TOC} \tag{3-7}$$

式中　ρ_b——测井密度;

　　　ρ_{fl}——地层流体密度;

　　　ϕ_T——总孔隙度;

　　　ρ_m——骨架密度;

　　　ρ_{TOC}——总有机碳密度;

　　　V_{TOC}——总有机碳体积分数。

体积模型中使用的组分含量都是体积分数,通过测井计算出来的 TOC 为质量分数,因此需要将测井计算的质量分数转换为体积分数,TOC 质量分数和体积分数转换采用以下公式

$$V_{TOC} = \frac{w_{TOC}}{\rho_{TOC}}\rho_b K \tag{3-8}$$

式中,w_{TOC} 为总有机碳质量分数;K 为校正因子,一般简单的取 1。

综合式(3-7)和式(3-8),页岩总孔隙度计算方程为

$$\phi_T = \frac{\rho_m - \rho_b \left(\rho_m \dfrac{w_{TOC}}{\rho_{TOC}} - w_{TOC} + 1 \right)}{\rho_m - \rho_{fl}} \tag{3-9}$$

（3）Sondergeld（2010）研究将页岩孔隙度体积模型分为基质、地层水、天然气和有机质四部分，建立孔隙度方程为

$$\rho_b = \rho_g \phi_T (1 - S_{wT}) + \rho_w \phi_T S_{wT} + \rho_m (1 - \phi_T - V_{TOC}) + \rho_{TOC} V_{TOC} \tag{3-10}$$

式中，S_{wT} 为总含水饱和度；ρ_g 为气体密度。

Sondergeld 认为在建立 TOC 测井计算线性模型时，使用实验测试 TOC 是没有地层水的干样，而实际地层条件下存在天然气和地层水，因此，TOC 需要做如下校正

$$V_{TOC} = \frac{w_{TOC}}{\rho_{TOC}} (\rho_b - \phi_T \rho_{fl}) \tag{3-11}$$

$$\rho_{fl} = \rho_g (1 - S_{wT}) + \rho_w S_{wT} \tag{3-12}$$

综合式(3-10)~式(3-12)，页岩储层总孔隙度计算公式为

$$\phi_T = \frac{\rho_m - \rho_b \left(\rho_m \dfrac{w_{TOC}}{\rho_{TOC}} - w_{TOC} + 1 \right)}{\rho_m - \rho_{fl} + w_{TOC} \rho_{fl} \left(1 - \dfrac{\rho_m}{\rho_{TOC}} \right)} \tag{3-13}$$

Sondergeld 在研究过程中比较了两种模型的计算结果，认为两种模型的计算误差都在合理的范围内，两个孔隙度计算公式都适用于页岩储层孔隙度的测井计算。

3.4.2　　渗透率

渗透率的计算是页岩气储层渗透流体能力大小的度量，这也是页岩气开采中一个关键的参数。孔隙度可以利用测井曲线直接计算得到，页岩渗透率却难以直接确定，

其计算要复杂得多。

1. 标准哈根-泊肃叶公式法计算渗透率

Faruk Civan 等(2011)在文中提出,含气页岩层可被认为是致密多孔介质组成的,其渗透率计算可由标准哈根-泊肃叶公式(Beskok and Karniadakis, 1999;Civan, 2010)给出。

$$K = K_{\infty} f(K_n) \tag{3-14}$$

式中 $f(K_n)$ ——克努森数 K_n 函数中的一个流体函数;

K_{∞} ——孔隙介质的液体渗透率;

$f(K_n)$ 可由式(3-15)确定,其中 α 是量纲为 1 的系数; b 为滑动系数。

$$f(K_n) = (1 + \alpha K_n)\left(1 + \frac{4K_n}{1 - bK_n}\right) \tag{3-15}$$

克努森数 K_n 为一系列代表性的路径的自由分子(如水力半径):

$$K_n = \frac{\lambda}{R_h} \tag{3-16}$$

式中, R_h 为流体流经多孔介质时形成的流动管(路径)的水力半径。

λ 为平均自由路径分子由式(3-17)确定(Loeb, 1934):

$$\lambda = \frac{\mu}{p}\sqrt{\frac{\pi R_g T}{2M_g}} \tag{3-17}$$

式中 μ ——气体黏度,Pa;

p ——绝对气体压力,Pa;

$R_g = 8\,314\,\mathrm{J/(kmol \cdot K)}$ 为通用气体常量;

T ——绝对温度,K;

M_g ——气体分子的质量,kg/(kmol)。

流动管的水力半径 R_h 可由式(3-18)确定(Carman, 1956;Civan, 2007):

$$R_h = 2\sqrt{2\tau_h}\sqrt{\frac{K_{\infty}}{\phi}} \tag{3-18}$$

式中 τ_h ——弯曲度；

ϕ ——多孔介质的孔隙度。

因此,将式(3-17)和式(3-18)代入式(3-16),得到克努森数为

$$K_n = \frac{\mu}{4p}\sqrt{\frac{\pi R_g T \phi}{M_g \tau_h K_\infty}} \qquad (3-19)$$

量纲为1的稀疏系数 α 变化范围为: $0 < \alpha < \alpha_0$, $0 \leqslant K_n < \infty$, α_0 为渐进极限值 (Beskok and Karniadakis, 1999)。Civan(2010)给出了如下的经验公式:

$$\frac{\alpha_0}{\alpha} - 1 = \frac{A}{K_n^B}, A > 0, B > 0 \qquad (3-20)$$

式中, A 和 B 为经验拟合常数。

Civan(2010)估计当 $\alpha_0 = 1.358$ 时, $A = 0.178\,0$, $B = 0.434\,8$ (Loyalka and Hamoodi, 1990);

$\alpha_0 = 1.205$ 时, $A = 0.199$, $B = 0.365$ (Tison and Tilford, 1993)。

2. 岩心法计算渗透率

Ross 等(2008)综合利用测井资料计算了加拿大西部沉积盆地泥盆纪-密西西比纪页岩气储层总孔隙度、渗透率,研究了孔隙度和渗透率之间的关系(图3-18、

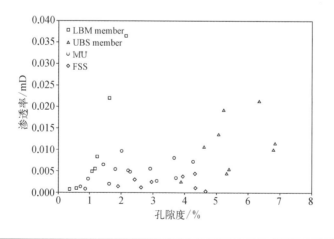

图 3 - 18 Besa 河、Muskwa 和 Fort Simpson 地区 岩样孔隙度和渗透率的关系(Ross 等, 2008)

图3-19)。从图3-18中可以看出,孔隙度和渗透率之间的相关性是比较差的,尽管一般认为更高的渗透率和更多的孔隙沉积物相联系(如UBS地层)。从图3-19中可以看出,LBM和Chert地层的孔隙度和渗透率呈较好的线性相关性。计算了富含黏土的上部黑色页岩层的孔隙度为3.9%~6.7%,渗透率为0.004~0.02 mD。

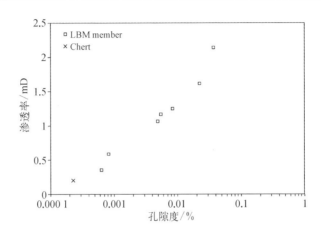

图3-19 LBM和Chert地层的岩样孔隙度和渗透率的关系(Ross等,2008)

3. 克林肯伯格公式法计算渗透率

Soeder等(1988)计算了Appalachian盆地的东部泥盆系页岩气层的孔隙度和渗透率,指出含气页岩层的渗透率计算公式可由克林肯伯格渗透率公式给出:

$$K = K_\infty (1 + B/\bar{p}) \tag{3-21}$$

式中　K——压力为平均压力值时的气体渗透率;

　　　K_∞——理想情况下压力无穷大时的渗透率;

　　　B——派生常数;

　　　$\bar{p}$——平均压力。

如果以含气渗透率和平均气压的倒数作相关图(图3-20、图3-21),从图3-20和图3-21中可以看出,低压值点沿着x轴向右延伸,无穷大压力值在y轴上。因此,K_∞就是斜线在y轴的截距。

利用克林肯伯格渗透率公式作交会图(Soeder等,1988),即可得到渗透率。

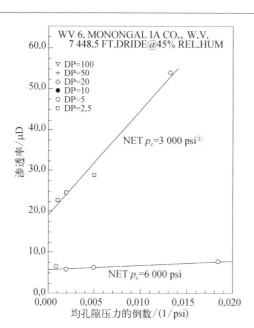

图3－20 Marcellus
页岩层中 EGSP 的
WV－6 井

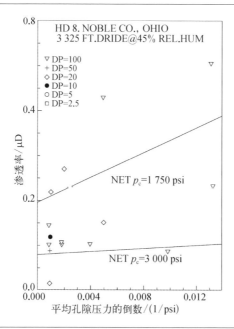

图3－21 Huron 页
岩层中 EGSP 的 OH－
8 井

---

① 1 psi(磅力/平方英寸) = 6.894 8 kPa(千帕)。

3.4.3　饱和度

页岩气层的含气饱和度是十分关键的参数,由于页岩气的特殊性,地层组分中不仅有砂,而且还有较高含量的泥质,因此研究中常选择泥质砂岩的电阻率响应关系计算地层的含水饱和度。

由于实验发现 Barnett 页岩层的气层是含水的,在电场的作用下会有阴阳离子的交换,Zhao 等(2007)利用阿尔奇公式估算了 Barnett 页岩层的含水饱和度(S_{wi})。以下是实际应用的阿尔奇公式

$$S_{wi} = \left(\frac{R_w}{\phi_{d9i}^m R_t} \right)^{1/2} \tag{3-22}$$

式中　R_w——地层水电阻率,$\Omega \cdot m$;

ϕ_{d9i}——从密度孔隙度(ϕ_d)得出的估计孔隙度($\phi_{d9i} = \phi_d - 9\%$);

R_t——地层电阻率,$\Omega \cdot m$;

m——岩石的胶结指数。

3.5　脆性

3.5.1　脆性的定义及意义

脆性是材料的综合特性,是在自身天然非均质性和外在特定加载条件下产生内部非均质应力,并导致局部破坏,进而形成多维破裂面的能力。页岩的脆性测试是储层力学评价、遴选射孔改造层段和设计压裂规模的重要基础。目前国外研究表明,脆性系数为 40%~60%,有利于形成复杂的缝网系统。脆性系数的评价方法有基于强度、硬度、坚固性和矿物组成的解释方法。根据矿物组分和动态弹性参数进行脆性参数的

研究。

北美地区 Barnett 页岩的石英、长石和黄铁矿含量为 20%~80%（其中石英含量为40%~60%），碳酸盐矿物含量低于 25%，黏土矿物含量通常小于 50%。四川盆地下古生界 2 套页岩的 X 射线衍射（XRD）分析结果总体与 Barnett 页岩相似（图 3－22），其石英、长石和黄铁矿的平均含量为 30%~64%，碳酸盐矿物的平均含量低于 20%，极少数为 0，黏土矿物含量平均在 31%~50%。与 Barnett 页岩相比，龙马溪组的硅质含量偏少，筇竹寺组的含量偏多，但龙马溪组的碳酸盐矿物含量较高，而筇竹寺组的含量偏少。研究表明，石英等脆性矿物含量高有利于后期的压裂改造形成裂缝；碳酸盐矿物中方解石含量高的层段，易于溶蚀产生溶孔。

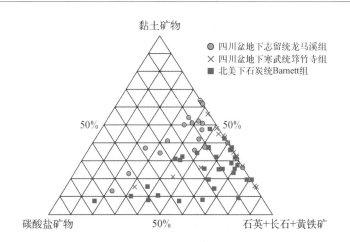

图 3－22 四川盆地及周边下古生界黑色页岩与北美 Barnett 页岩矿物组成对比三角

页岩在压裂过程中只有不断产生各种形式的裂缝，形成裂缝网络，气井才能获得较高产气量，这有别于常规气藏压裂设计。裂缝网络形成的必要条件除与地应力分布有关，岩石的脆性特征是内在的重要影响因素。脆性特征同时也决定了页岩压裂设计中液体体系与支撑剂用量选择。根据北美页岩压裂实践经验，国外学者给出了岩石脆性与压裂裂缝形态的关系（图 3－23），同时建议压裂设计中根据岩石脆性优选液体体系和支撑剂。

将页岩岩心与致密砂岩岩心实验过程中的应力-应变关系曲线进行对比，能够初步揭示出页岩的特殊性（图 3－24）。

图3-23 岩石力学脆性与裂缝形态的关系

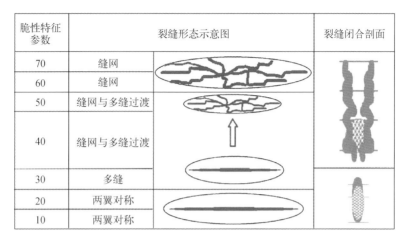

脆性特征参数		裂缝形态示意图	裂缝闭合剖面
70	缝网		
60	缝网		
50	缝网与多缝过渡		
40	缝网与多缝过渡		
30	多缝		
20	两翼对称		
10	两翼对称		

图3-24 页岩与致密砂岩应力-应变关系对比

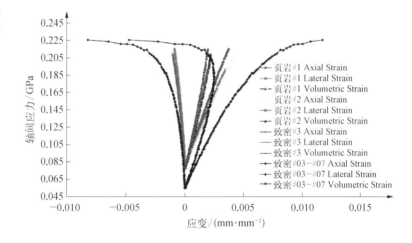

从图3-24中可以看出：从初始加载到岩心破裂,页岩岩心的应变曲线斜率变化很小,岩心应力-应变关系曲线近似为一条直线,曲线中的孔隙裂隙压实阶段、弹性变形阶段、体积应变不变阶段以及岩石产生失稳破坏体积应变明显增加阶段等没有明显的界线,表现出较强的脆性特征。实验计算得到2个页岩储层的岩石脆性参数,并投影在北美地区岩石力学参数与脆性特征关系图版上(如图3-25所示,大圆形符号表示层组A,三角形符号表示层组B)。图版中越往左下区域延伸,代表岩石脆性越好,越往右上区域延伸,代表岩石脆性越差。从图中可明显看出:该井层组A平均脆性比

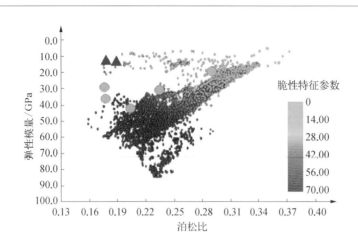

页岩气
测井方法
与评价

图3-25 四川盆
地页岩气储层 A、
B 层组岩石脆性
对比

第 3 章

层组 B 要好,在水力压裂过程中,层组 A 形成网状裂缝的概率以及网状裂缝发育程度
应优于层组 B。

3.5.2　　测井资料评价脆性的方法

1. 岩石力学参数法

利用声波纵横波速度计算动态的弹性模量、泊松比等岩石力学参数,再利用下式
计算岩石脆性参数。

$$B = (\bar{E} + \bar{\mu})/2 \qquad (3-23)$$

式中　$\bar{E}$、$\bar{\mu}$ ——分别为弹性模量和泊松比归一化后的均值;

　　　　B ——脆性参数。

其中,

$$v = \frac{\left(\dfrac{v_{\mathrm{p}}}{v_{\mathrm{s}}}\right)^2 - 2}{2\left[\left(\dfrac{v_{\mathrm{p}}}{v_{\mathrm{s}}}\right)^2 - 1\right]}$$

$$E = \rho\, v_s^2\, \frac{3\left(\dfrac{v_p}{v_s}\right)^2 - 4}{\left(\dfrac{v_p}{v_s}\right)^2 - 1}$$

式中 μ——泊松比;

   E——弹性模量;

   ρ——密度,g/cm^3;

   v_p——纵波速度,m/s;

   v_s——横波速度,m/s。

Rick Rickman 等(2008)针对页岩气储层的压裂问题论述了每一种页岩气储层并非都与 Barnett 地层相同。在压裂中必须进行优化设计,为此必须进行演示物理参数的计算,他提出了脆性、闭合压力、压裂宽度、杨氏模量、泊松比等计算方法,并给出了实例(图 3－26)。

2. 矿物组成法

页岩脆性的表现与所含矿物类型相关性非常明显,脆性矿物含量高的页岩其造缝能力和脆性更好。此外,矿物组成成为岩性识别标准,提高了计算结果的细分性和可靠性。

基于岩石矿物组成,定义岩石脆性参数为

$$B = (w_{qtz} + w_{carb})/w_{total} \tag{3-24}$$

式中 B——脆性参数;

   w_{qtz}——石英含量;

   w_{carb}——碳酸盐含量;

   w_{total}——总矿物含量。

3. 基于杨氏模量与泊松比的脆性指数法

杨氏模量是张应力与张应变的比值,用于量度岩石的抗张应力。泊松比是横向相对压缩与纵向相对伸长的比值。在常见岩石中,脆性指数随杨氏模量增大而增大,随泊松比减小而增大,一定意义上反应岩石可压裂程度。有关计算模型为

$$B = 50\left(\frac{E-1}{8-1} + \frac{\mu-0.4}{0.15-0.4}\right) \tag{3-25}$$

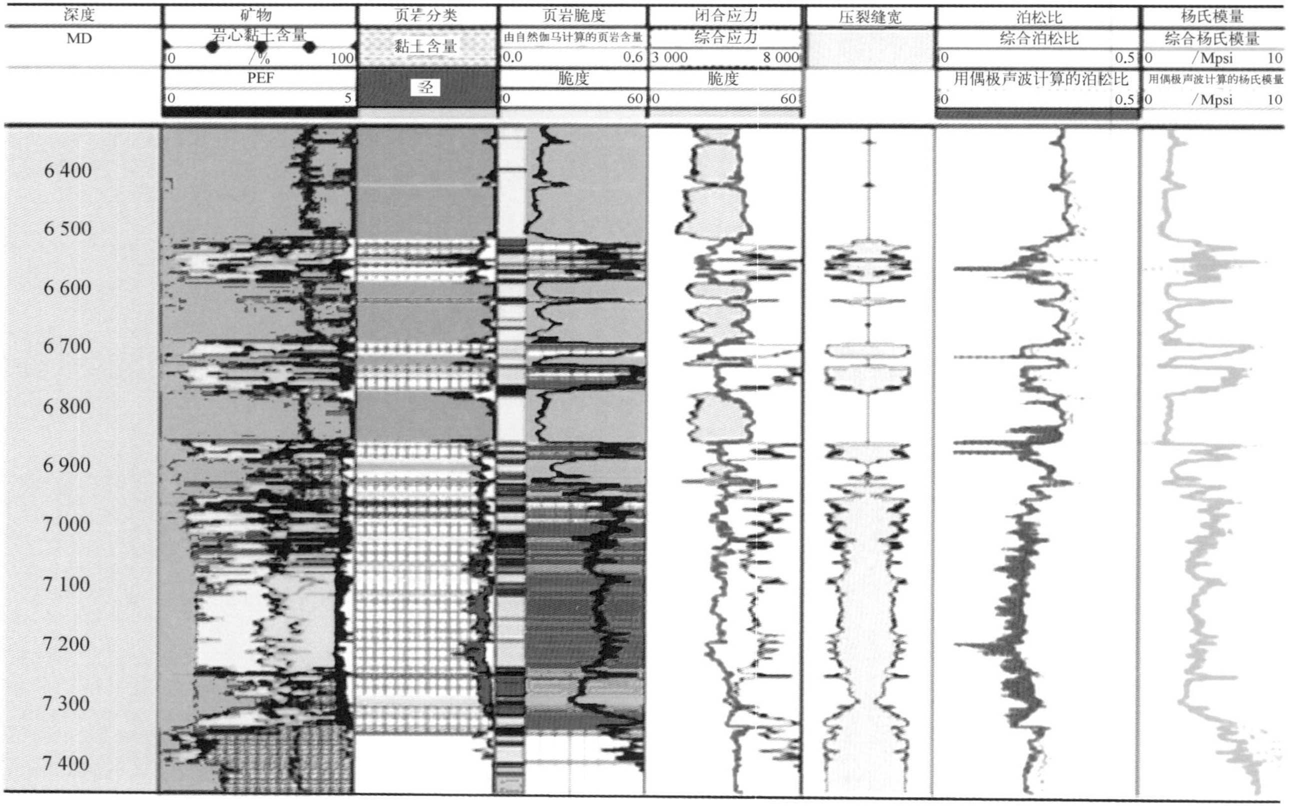

图 3 - 26 页岩气储层弹性参数计算实例（Rick Rickman 等，2008）

其中，

$$E = \frac{\rho}{\Delta t_s^2}\left(\frac{3R^2 - 4}{R^2 - 1}\right) \times 13\ 400$$

$$\mu = \frac{R^2 - 2}{2(R^2 - 1)}$$

$$R = \frac{\Delta t_s}{\Delta t_c}$$

式中　B——储层脆性指数（BRIT）；

　　E——储层岩石杨氏模量（YMOD），×10 GPa；

　　μ——储层岩石泊松比（POIS），量纲为 1；

　　R——储层岩石横纵波时差比（RMSC），量纲为 1；

　　ρ——岩石密度（DEN），g/cm³；

　Δt_s——储层岩石横波时差（DTS），μs/m；

　Δt_c——储层岩石纵波时差（DTC），μs/m。

结合泊松比和杨氏模量的泥页岩脆性指数 B，反映在压力下岩石变形能力（泊松比），一旦岩石破裂，并保持断裂的能力（杨氏模量）。杨氏模量越大、泊松比越小、脆性指数越高，压裂改造越有利于形成自然裂缝。$B \geqslant 70$，可压裂性好；$50 < B < 70$，可压裂性一般；$B \leqslant 50$，可压裂性较差。

4. 水平地应力差异系数法

水平地应力差异系数是指储层水平最大主应力和水平最小主应力差值与水平最小主应力之比。它与放射状裂缝网络形成有关（石元会、赵红燕等，2012）。计算公式为

$$\Delta K_i = \frac{\sigma_{maxh} - \sigma_{minh}}{\sigma_{minh}} \tag{3-26}$$

式中　σ_{maxh}——水平最大主应力，MPa；

　　σ_{minh}——水平最小主应力，MPa；

　　ΔK_i——水平地应力差异系数，量纲为 1。

$\Delta K_i \leqslant 0.3$，能够形成放射状裂缝网络；$0.3 < \Delta K_i \leqslant 0.5$，在高的静压力时能形成

较为充分的裂缝网络；$\Delta K_i > 0.5$，不能形成裂缝网络。

5. 地层破裂压力分析法

地层破裂压力表征岩石破裂压力随深度变化的变化规律，它的大小一定程度上影响压裂效果。当施工压力在地层破裂压力的 1.5 倍以上时，储层易被压裂，形成裂缝通道。地层破裂压力计算伊顿模型为

$$p_f = H \times G_p / 100 \qquad (3-27)$$

其中，

$$G_p = G_d + I_f \times (G_b - G_d)$$

式中　p_f——储层破裂压力，MPa；

　　　H——储层垂深，m；

　　　G_d——储层孔隙压力梯度，储层无异常压力时取本区地层水密度值，一般取
　　　　　　1.07，MPa/m；

　　　G_b——上覆地层岩石压力梯度，一般为 2.35～2.65，MPa/m；

　　　I_f——裂缝指数，也称为储层应力系数，$I_f = \mu / (1 - \mu)$，量纲为 1。

6. 综合法

在压裂施工设备能提供足够作业压力条件下，若同时满足 $B \geqslant 50$、$\Delta K_i \leqslant 0.5$ 的条件，储层易于压裂改造；若同时满足 $B \geqslant 50$、$\Delta K_i \leqslant 0.3$ 的条件，储层改造易形成放射状裂缝网络(图 3-27)。

ΔK_i	B	压裂改造裂缝形态		裂缝对台剖面
0.1	70	放射状网络裂缝	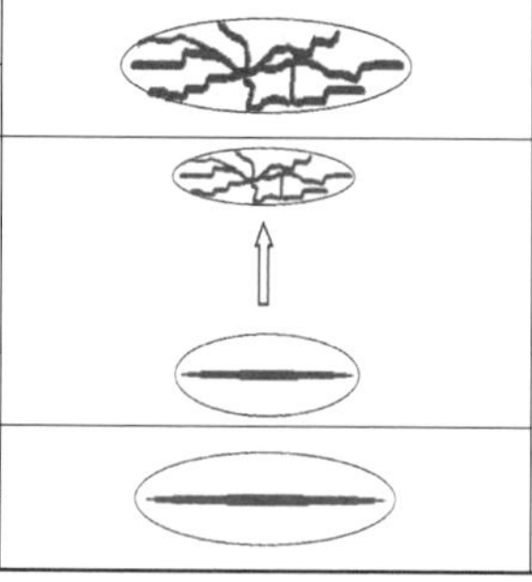	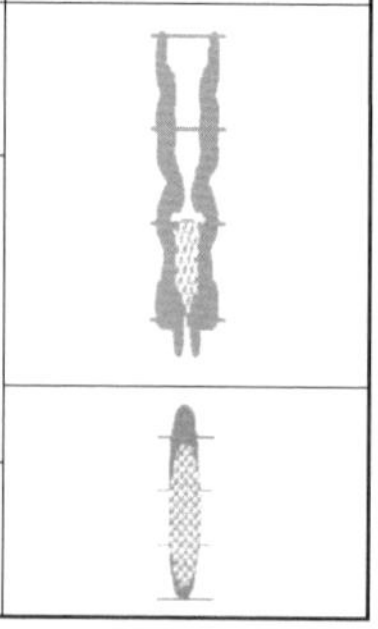
0.2	60	放射状网络裂缝		
0.3	50	网缝-多缝过渡		
0.4	40			
0.5	30	多缝		
0.6	20	单缝		
0.7	10	单缝		

图 3-27　页岩气储层改造裂缝形成条件示意

3.5.3 评价实例

　　根据页岩脆性的实验结果,计算四川盆地 Wx 井的岩石脆性参数剖面(图3-28)。从图3-28可以看出:页岩的脆性特征在纵向上存在较大的差异,而这种脆性特征的差异决定了纵向上各小层段形成网状裂缝的完善程度,脆性越大,越容易形成网状裂缝,而脆性越小,意味着更好的塑性特征,形成网状裂缝的可能性越小,且一定程度上阻碍了网状裂缝的扩展。图3-28中压裂示踪剂缝高测试结果表明,近井附近裂缝网络的高度受控在高塑性岩层中。从监测结果分析,破裂点分布主要集中在上射孔段,该段对应的脆性指数较大;远井处裂缝网络缝高延伸主要存在于脆性弱的塑性遮挡层之间,这与近井裂缝缝高示踪剂测试解释结果的认识一致。

　　A 井是一口以勘探陆相页岩气为目的试验井(图3-29)。东岳庙580.5~642.5 m

图3-28　Wx 井岩石脆性参数剖面

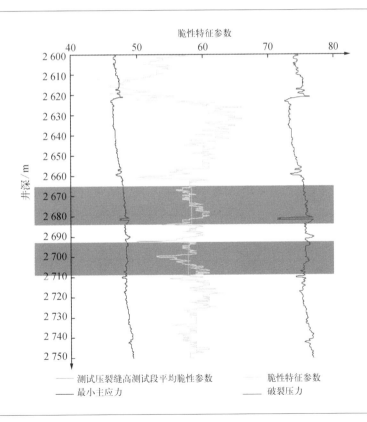

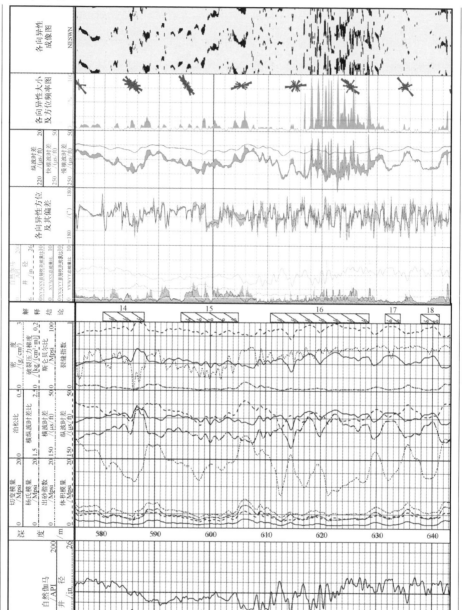

图3－29
A井岩石力
学与偶极声
波各向异性
处理成果

井段,岩性为泥页岩,测井曲线中高自然伽马、低电阻率值,井径扩径(580.0 ~ 605.0 m 扩径明显),双侧向 20 ~ 65 Ω·m,密度约 2.30 g/cm³,有机碳含量平均为 1.2%,游离气含气量为 0.6 m³/t,总含气量平均为 1.3 m³/t;纵波时差为 270 ~ 300 μs/m(80 ~ 90 μs/ft),横纵波时差比多小于 1.9,声波成像图显示层理破碎,微细孔隙发育,各向异性特征明显,地层破裂压力梯度为 1.60 ~ 2.00 MPa/m、平均为 1.80 MPa/m,其中 617.0 ~ 630 m 井段地层各向异性异常明显,横纵波时差比小于 1.8,微裂缝相对发育,储层含气;泊松比平均为 0.32,杨氏模量平均为 32 GPa,压裂改造不易形成放射状裂网缝(图 3 - 30)。

图 3 - 30 页岩气储层改造裂缝形成 μ (POSI) - E (YMOD)评价图版

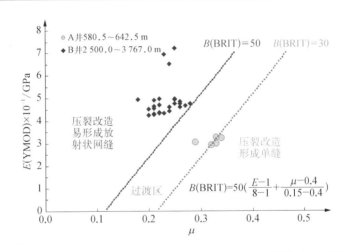

气测录井井段 581.0 ~ 646.0 m 异常显示明显。其中,井段 581.0 ~ 582.0 m,气测全烃由 0 上升到 8.06%,C_1 由 0 上升到 6.00%,C_2 由 0 上升到 1.06%,C_3 由 0 上升到 0.28%,IC_4 由 0 上升到 0.03%,NC_4 由 0 上升到 0.05,气测孔隙度为 6.5%,气测含气饱和度为 78.2%,曲线呈尖峰形态,显示局部缝隙较发育;井段 598.0 ~ 646.0 m,气测全烃由 0 上升到 9.85%,C_1 由 0 上升到 8.14%,C_2 由 0 上升到 1.09%,C_3 由 0 上升到 0.31%,IC_4 由 0 上升到 0.04%,NC_4 由 0 上升到 0.08%,气测孔隙度为 3.0% ~ 6.5%、平均为 5.0%,气测含气饱和度为 59.3% ~ 79.3%,全烃曲线呈梯形显示,地层含气相对均衡且丰富。地层压力检测显示储层无异常压力存在,地层压

力梯度为 1.07 MPa/m,地层破裂压力梯度为 1.86 MPa/m,与偶极声波岩石力学参数处理结果基本一致。

综合解释页岩气层 5 段厚 42.0 m,完井压裂试气获 2 100 ~ 3 900 m³/d 的稳定产能。

B 井是川东南 JSB 构造一口海相页岩气储层评价水平井(图 3 - 31)。其目的层龙马溪组 2 500.0 ~ 3 767.0 m 水平段,页岩垂厚 75 m(在上下 36 m 范围内穿越),岩性组合主要为灰色、深灰色泥岩,砂质泥岩,深灰色泥质粉砂岩,灰黑色碳质泥岩;自然伽马曲线呈高值,为 130 ~ 180 API;深、浅侧向电阻率曲线呈明显低值显示(黄铁矿、泥岩石墨化造成低阻),为 25 ~ 80 Ω·m;密度平均为 2.60 g/m³;有机碳含量为 1.0% ~ 3.2%、平均为 1.8%,孔隙度为 2.0% ~ 6.0%、平均为 4.5%,饱和度为 60.0% ~ 80.0%、平均为 75.0%;气测全烃为 1.0% ~ 61.2%、甲烷为 0.5% ~ 58.6%。地层压力检测显示储层存在异常高压,地层压力梯度为 1.41 MPa/m,地层破裂压力梯度为 2.03 MPa/m。

水平段 2 500.0 ~ 3 767.0 m,孔隙度大于 5.0% 的页岩气层和孔隙度大于 3.0% 且小于 5.0% 页岩含气层,横纵波时差比多小于 1.8,斯通利波变密度图未出现"人字形"干涉条纹、能量衰减不明显,可确认这些页岩气层及含气层裂缝不发育,储集空间以微孔隙为主;偶极声波岩石力学参数处理成果显示,地层破裂压力梯度为 1.40 ~ 1.60 MPa/m、平均为 1.50 MPa/m;泊松比平均为 0.24,杨氏模量平均为 4.8 × 10 GPa,从图 3 - 30 中可以看出,压裂改造易形成放射状裂网缝。

测录井在水平段目的层累计解释页岩气气层、含气层 13 层段厚 883 m,解释微含气层(干层)14 层段厚 378 m。完井试气,分 15 段压裂改造,试气获 20 × 10⁴ m³/d 的稳定产能,地层压力梯度为 1.45 MPa/m,地层破裂压力梯度为 2.30 MPa/m。分析获高产关键因素,页岩储层厚度大(厚度超过 60 m)、有机碳含量高(平均超过 1.5%)、孔隙度相对高(平均 4.5%、气层段孔隙度大于 5.0%)、游离气丰富(超过 2.0 m³/t 达到 3.6 m³/t)、地层存在异常高压(压力梯度 1.45 MPa/m)、气层段比例大(超过 70% 达到 71.7%)是压裂试气获高产的主要原因。

值得注意的是,偶极声波岩石力学参数处理得到的地层破裂压力梯度明显偏小。

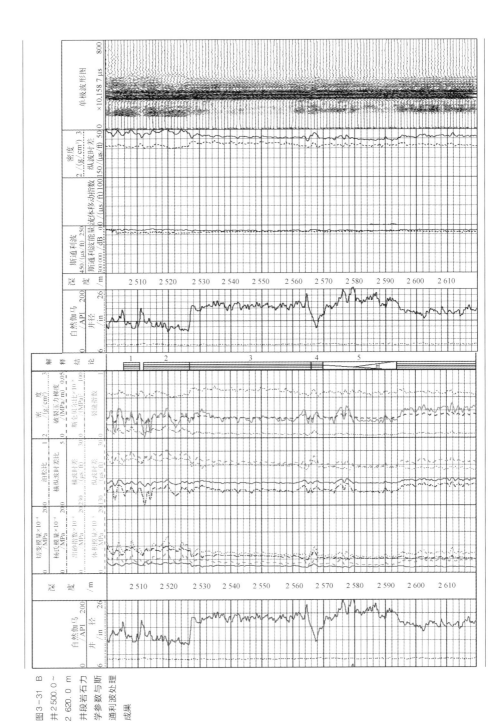

图3-31 B 井2500.0~2620.0 m 井段岩石力学参数与斯通利波处理成果

第 4 章

流体（含气性）、
有机地球化学
测井解释与评价

流体(含气性)、有机地球化学测井解释与评价是页岩气测井评价的核心和重要内容。也是页岩气评价有别于常规油气评价的显著标志。

由于测井信息具有纵向分辨率高的特点,如果能利用测井信息与烃源岩有机质含量建立起定量关系模型,进而计算出烃源岩段有机质丰度、类型、成熟度的连续分布值,无疑可有效地弥补实验室测样的不足,为烃源岩的评价研究提供更加准确、合理的参数值。

有机质丰度的高低在测井响应上有直接的反映,因此,有机质丰度的测井解释方法在国内外呈现出"百家争鸣"的景象。

传统的流体(含气性)、有机地球化学指标通常都是通过取心由实验室测定的。由于受取心样品的限制,一般不可能获得整段烃源岩连续的流体(含气性)、有机地球化学指标实验室测定值,往往是根据间隔一定距离的流体(含气性)、有机地球化学指标测定值的几何平均值来评价整段烃源岩的生烃潜力,这中间存在着较大的误差。因受构造和沉积环境的控制,烃源岩通常是呈分散的薄层,即使在较厚的生油层中,有机质分布也有较强的非均质性,因此单纯采用离散流体(含气性)、有机地球化学指标实验室分析值的几何平均来评价烃源岩的生烃潜力显然是不合理的。如果取样点位于有机质的富集段,则测定值就偏大;反之则测定值就偏小。如何识别和度量有机质含量在垂向剖面上分布的非均质性,对正确评价有效烃源岩的分布和生烃潜力是极其重要的。

4.1   总有机碳含量

总有机碳(TOC)含量是含油气盆地生烃研究中一个非常重要的参数。通常根据实验室所测定的 TOC 值来分析评价某层段烃源岩生烃潜力的大小,并以此确定烃源岩的厚度及体积,为油气盆地资源量的评价提供依据。对于页岩气评价,有机碳含量也是十分重要的指标,总有机碳含量与吸附气评价息息相关。有机质可作为吸附气的核心载体,TOC 含量的大小直接影响吸附气数量的变化。有研究表明,页岩气储层的含气量主要取决于其总有机碳含量。通常采用自然伽马、密度测井等方法采取 TOC,

具体介绍如下。

由于受取心样品的限制,一般不可能获得整段烃源岩连续的 TOC 实验室测定值,往往是根据间隔一定距离的 TOC 测定值的几何平均值来评价整段烃源岩的生烃潜力,这中间存在着相当大的误差。因受构造和沉积环境的控制,烃源岩通常是呈分散的薄层,即使在较厚的生油层中,有机质分布也有较强的非均质性,因此单纯采用离散TOC 实验室分析值的几何平均来评价烃源岩的生烃潜力显然是不合理的。如果取样点位于有机质的富集段,则 TOC 测定值就偏大,反之则 TOC 测定值就偏小。如何识别和度量有机质含量在垂向剖面上分布的非均质性,对正确评价有效烃源岩的分布和生烃潜力是极其重要的。

4.1.1　　　　自然伽马测井资料计算 TOC 含量

Schmoker 于 1981 年对美国 Illinois 州的 New Albany 页岩岩心进行研究,发现自然伽马测井值与 TOC 含量呈线性关系(图 4 - 1):

$$\text{TOC} = 0.026\,5\text{GR} - 1.316\,1 \quad (R^2 = 0.545\,3) \tag{4 - 1}$$

这一线性关系($\text{TOC} = a\text{GR} - b$)可以推广至其他地区。如果研究地区有相关的岩

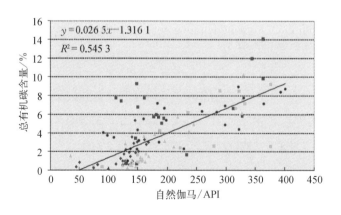

图 4 - 1　Illinois 州 New Albany 页岩层 GR 与 TOC 的关系(Schmoker, 1981)

心数据,根据岩心数据得到 a、b 后即可计算 TOC。

4.1.2　　　密度测井资料计算 TOC 含量

Schmoker 于 1979 年对美国 Illinois 的 New Albany 页岩岩心进行研究,发现 TOC 含量与密度测井值(ρ_b)之间具有良好的相关性(图 4 – 2),因此利用密度测井资料计算总有机碳含量。

图 4 – 2　Illinois 州 New Albany 页岩层 ρ_b 与 TOC 含量的关系(Schmoker, 1979)

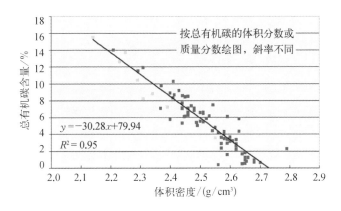

Schmorker 和 Hester(1979)、Hester 和 Schmorker(1987)的文献均有相关内容的报告。Schmorker 和 Hester(1979)在 Anadarko 盆地 Woodford 页岩层分析中,TOC 含量计算结果的置信度达到 90%,误差约为 ±1.6%(质量分数)。

4.1.3　　　电阻率-孔隙度曲线叠合图确定 TOC 含量

电阻率-孔隙度曲线叠合图确定 TOC 的方法也称 $\Delta \lg R_t$ 法,其基本依据是孔隙度测井曲线(Δt 或 ρ_b)随干酪根含量变化而变化,电阻率曲线(R_t)随成熟度增加而增大。将孔隙度、电阻率测井数据绘制在同一曲线图上,对曲线适当刻度,使缺乏有机质井段这两条曲线近于重合,那么,对于储层或富含有机质的烃源岩,这两条曲线之间便存在差异。Passey 等(1990)给出了 Δt 和 R_t 计算 TOC 的数学表达式

$$\Delta \lg R_t = \lg(R_t/R_{t\text{基线}}) + 0.02(\Delta t - \Delta t_{\text{基线}}) \qquad (4-2)$$

$$\text{TOC} = \Delta \lg R_t \times 10^{(2.29 - 0.168\,8R_0)} \qquad (4-3)$$

式中 R_t——地层电阻率,$\Omega \cdot m$;

　$R_{t\text{基线}}$　　灰色页岩地层电阻率,$\Omega \cdot m$;

　Δt——声波时差,$\mu s/ft$;

$\Delta t_{\text{基线}}$——灰色页岩声波时差,$\mu s/ft$;

　R_0——完全饱和水地层电阻率,$\Omega \cdot m$。

图 4-3 给出了 TOC 含量计算结果及岩心分析结果。

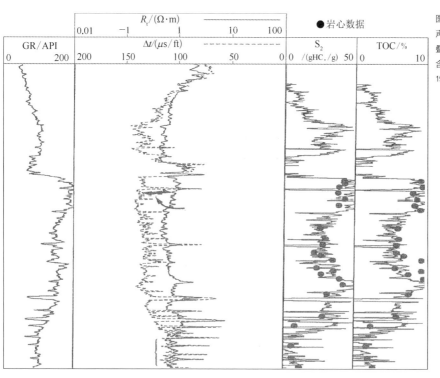

图 4-3 电阻率-声波时差测井曲线叠合图确定 TOC 含量(Passey 等,1990)

4.1.4 干酪根转换法

Rick Lewis 等在 2004 年储层评价年会上提出利用计算的干酪根转换为有机碳含量,在地层组分反演中可以得到地层干酪根的含量,可以利用干酪根的含量转换为有机碳的含量,其转换关系式如下

$$TOC = \frac{\phi_{ker} \cdot \rho_{ker}}{\rho_b \cdot \kappa} \qquad (4-4)$$

式中　ϕ_{ker}——干酪根含量(体积分数),% ;

　　　ρ_{ker}——干酪根密度,g/cm³ ;

　　　ρ_b——地层测量密度,g/cm³ ;

　　　κ——干酪根转换因子(表4-1)。

表4-1 干酪根转换有机碳转换因子[①]

时　　期	干 酪 根 类 型		
	Ⅰ	Ⅱ	Ⅲ
成岩作用	1.25	1.34	1.48
后生作用	1.2	1.19	1.18

① 成岩作用阶段沉积物转化岩石由于压实和微生物,其有机质组成主要为干酪根;后生作用因埋深加深导致温度升高和压力增大从而使干酪根热降解生成的烃类。

4.1.5 电阻率-密度、电阻率-中子测井曲线叠合图确定 TOC 含量

Gary 和 Terry(2011)对 Appalachian 盆地中泥盆系 Marcellus 地层页岩气储层的厚度、TOC 含量进行了计算。Ross 等(2008)综合利用测井资料计算了加拿大西部沉积盆地泥盆纪-密西西比纪页岩气储层 TOC 含量,并由多口井的 TOC 含量资料绘制成剖面图。Kinley 等(2008)利用测井资料计算了德克萨斯特拉华盆地密西西比纪页岩气储层 TOC 含量,并由多口井的 TOC 含量资料绘制成剖面图。Ross(2007)对加拿大

不列颠哥伦比亚东北的下侏罗统 Gordondale 地层页岩气储层的 TOC 含量进行计算,评价了该区域的页岩气潜力。

4.2 镜质体反射率 R_o

当页岩中 TOC 达到一定指标后,有机质的成熟度成为页岩气源岩生烃潜力的重要预测指标,含气页岩的成熟度越高表明页岩生气量越大,页岩中可能赋存的气体也越多。

常见的有机质成熟度指标可以分为两大类:一类以有机组分的光学性质为基础,以镜质体反射率(R_o)为代表,还有孢粉颜色和热变指数(TAI)、牙形石色变指数(CAI)及生物碎屑反射率等;另一类以化学组成为基础,主要包括热解分析(Rock-Eval)的最高热解峰温(T_{max})和生物标志化合物指标等。

镜质体是高等植物木质素经过生物化学降解、凝胶化作用而形成的凝胶体,是泥盆系以上沉积地层中常见的有机物质,其反射率随成熟程度的加深而不断增大。由于镜质体的成熟演化过程与干酪根的热解过程是一致的,因此镜质体反射率作为一种有效的有机质成熟度和热演化指标被广泛地应用于煤岩学及油气勘探中。实验室中, R_o 是在显微镜下测量并进行刻度后得到的。有人尝试用测井资料评估,常用的方法有中子-密度重组合法等。

4.2.1 中子-密度重组合法评估 R_o

Miller(2010)对比了页岩层不同镜质体反射率 R_o 的中子、密度、电阻率测井曲线响应特征(图 4-4),认为 R_o 影响测井曲线的变化:当 R_o 为 1.8~2.0[图 4-4(a)]时,密度低值,密度和中子曲线重叠,地层电阻率高值达到 100 Ω·m;当 R_o >4.5[图 4-4(b)]时,密度高值,密度和中子曲线分开,地层电阻率非常小(小于 1 Ω·m)。

175

图4-4 页岩层不同
镜质体反射率 R_o 的各
种测井曲线响应特征
(Miller, 2010)

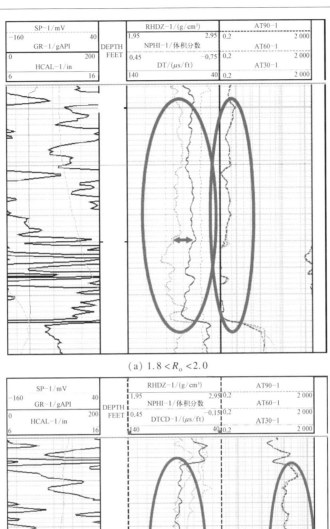

（a）$1.8 < R_o < 2.0$

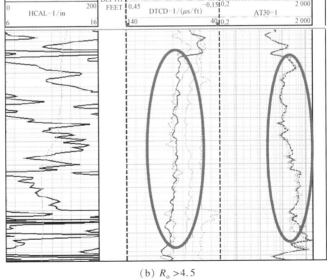

（b）$R_o > 4.5$

莫修文(2011)使用了中子—密度组合法对镜质体反射率 R_o 进行评价(图 4 - 5)。从图 4 - 5 中可以看出在低镜质体反射率条件下,中子密度曲线分离空间大、无重叠,在高镜质体反射率处两曲线重叠。

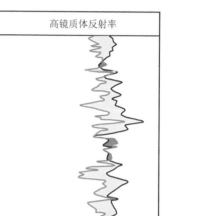

低镜质体反射率　　　　　高镜质体反射率

图 4 - 5　利用中子-密度组合指示镜质体反射率

4.2.2　热成熟度指数

成为有利的页岩气储层的一个前提是具有较高的成熟度,含气页岩内的总体状态可描述为以下几点:有机质和烃类在页岩成熟的全部阶段都有气体产生,在低成熟阶段和中高成熟阶段以湿气为主,在高成熟和过成熟阶段,有大量干气产生;随着成熟度的升高,碳氢化合物链变短,烃分子量降低;高湿气含量的页岩比高干气含量的页岩具有更高的含氢密度,故随着高成熟度的来临,干气产生量增多,中子孔隙度值降低;随着地层压力的增加,一部分气体和液态烃溢出页岩,另一部分吸附于有机质干酪根或矿物颗粒表面,导致页岩中含烃量降低。这一系列的状态都可以通过 MI 反映出来,故可认为 MI 值能够反映页岩成熟状态。

Zhao Hank 等（2007）研究了 Fort Worth 盆地 Barnett 页岩气层的热成熟度指数 MI,给出了利用测井资料计算 MI 的公式:

$$\text{MI} = \sum_{i=1}^{N} \frac{N}{\phi_{n9i} \ (1 - S_{w75i})^{1/2}} \qquad (4-5)$$

式中　N——取样深度处密度孔隙度大于或等于 9%、含水饱和度小于或等于 75% 的
　　　　　数据样本总数;

　　　ϕ_{n9i}——每个取样深度的密度孔隙度都大于或等于 9% 时的中子孔隙度;

　　　S_{w75i}——每个取样深度的密度孔隙度都大于或等于 9%、含水饱和度小于等于
　　　　　75% 时的含水饱和度。

Zhao 等（2007）利用测井资料分析了 Barnett 页岩层的热成熟度。研究中利用了有 MI 和初始 GOR（原始气油比）数值的 44 口井,以 MI 值为线性而 GOR 值以 10 为底的对数作相关图（图 4-6）。

图 4-6　MI 和 lg（GOR）之间的线性拟合（Zhao 等,2007）

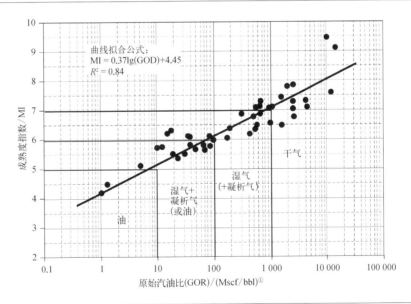

曲线拟合公式:
MI = 0.37lg(GOD)+4.45
$R^2 = 0.84$

干气

湿气
（+凝析气）

湿气+
凝析气
（或油）

油

成熟度指数/MI

原始汽油比(GOR)/(Mscf/bbl)[1]

---

①　Mscf 为千标准立方英尺,bbl 为桶（石油）,1 bbl = 159 L。

将 Barnett 页岩地区成熟指数 MI 值与镜质体反射率 R_o 进行对比,得出 R_o 和 MI 值具有很好的对应关系(表 4-2)。

表 4-2 Barnett 页岩 MI 值与成熟度 R_o 对比

R_o	0.5~0.7	0.7~1.0	1.0~1.7		
R_o 烃相	生油窗	油-湿气过渡区	生气窗	干气阶段	
MI		5.0~6.0	6.0~7.0		
MI 烃相	油	油、湿气	湿气凝析气(油)	气少量凝析气	干气、甲烷

从图 4-6 中可以看出,MI 值和 lg(GOR)值之间存在线性相关性。关系式如下:

$$\text{MI} = 0.37\lg(\text{GOR}) + 4.45 \quad R^2 = 0.84 \quad\quad (4-6)$$

MI 和 lg(GOR)之间的线性相关性是由于页岩层中的碳氢化合物(油和气)没有横向的运移。由于井中一小部分的浓缩油的数值不准确,造成了拟合线高处的数据点更加分散。

MI 和 lg(GOR)之间较好的线性相关性为 Fort Worth 盆地 Barnett 页岩层的热成熟度的求解提供了一个工具。随着热成熟度的求解,可知 Barnett 页岩层的 MI 值从 4 上升到了 9。随着 GOR 值和 MI 值的上升,几种热成熟度的分级可以建立起来。一般来说,当 MI≤5.0(GOR <10 Mscf/bbl),页岩层处于一般性的生油区,大部分油为溶解气产生的。当 5.0≤MI≤6.0,10 Mscf/bbl≤GOR≤100 Mscf/bbl 时,页岩层处于一个产气的早期,这时干燥气和浓缩油开始产生。当 6.0≤MI≤7.0,100 Mscf/bbl≤GOR≤1 000 Mscf/bbl 时,页岩层处于产气的中期,这时大部分干燥气和浓缩油产生。当 MI >7.0,GOR >1 000 Mscf/bbl 时,页岩层处于产气的晚期,这时绝大部分干燥气产生。产气的晚期伴随着热成熟度的增大,气体热值下降了将近 1 000 Btu/scf[①],这是由于产生的气体是由超过 96% 的甲烷气体和少量的非碳氢化合物气体组成(大部分为 CO_2 和 N_2)。

---

① 1 Btu =1.055 kJ;scf 为标准立方英尺。

利用 184 口的测井数据计算得到的成熟度指数绘制成图（图 4-7）。从图 4-7 中可以看出,Tarrant 和 Johnson 县大部分地区的 MI 值大于 7。产气的临界成熟度值（MI）大于 5。图 4-7 中圈出的产气带（涉及 10 多个县）估计总的页岩气储量为 6 000 mi^2（15 500 km^2）。当 MI 值小于 5 时,主要为油和一些溶解气。当 $5.0 \leqslant MI \leqslant 6.0$ 时,产出气主要为干燥气和油的混合物。当 $6.0 \leqslant MI \leqslant 7.0$ 时,产出气主要为干燥气和少量浓缩油。当 $MI > 7.0$ 时,产出气全部为干燥气。

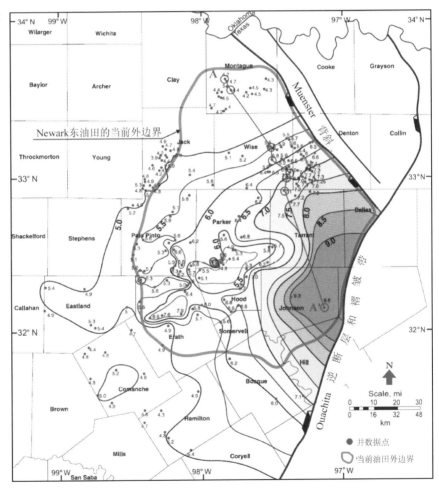

图4-7　热成熟度平面分布（Zhao 等,2007）

4.2.3 介电常数

在美国俄克拉荷马和德克萨斯某些页岩层中,测得的感应测井原始数据中出现很大的负 X 分量信号,而在邻近的砂岩和页岩中则没有这种情况。研究表明这些大的负 X 分量对应着非常高的介电常数。如果介电常数是造成这种现象的原因,则信号大小应与频率有关。通过对原始数据进行系统检查,也证实了这种相关性。图 4-8 是对已知是烃源岩的 Woodford 页岩层的感应数据进行模拟和反演的结果。对不含烃页岩的感应曲线反演,得到的介电常数极其微小。因此,岩层的高介电常数异常有可能被作为识别烃源岩的一种标志。

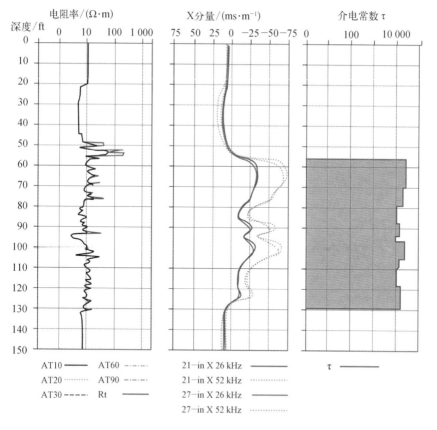

图 4-8 烃源岩感应测井 X 分量异常及其反演结果

4.3   流体

如何准确有效地识别出以吸附和游离态赋存在储集空间中的页岩气,是测井需要解决的重大课题。

4.3.1   页岩气测井识别

在页岩气的识别方法上,主要是利用测井曲线的特征差异、交会图技术及 ΔlgR 方法来定性的识别页岩气层。

1. 测井曲线特征定性识别页岩气

利用测井曲线形态和测井曲线相对大小可以快速而直观地识别页岩气储集层。页岩气主要以游离气和吸附气的形式保存在页岩地层中,有机质含量高的页岩地层往往是高伽马异常的地层,相应吸附气含量较高;而裂缝、孔隙发育的页岩层中以游离气为主,通过这些测井曲线特征结合地质录井油气显示,可以简单快捷地判别页岩气的存在。

图 4-9 为典型的含气页岩测井曲线图,上部含气页岩为 Oklahoma 州泥盆-密西西比系 Woodford 页岩,为页岩气层;下部为 Sylvan 地层,不含气,为"典型"页岩层。相比于"典型"页岩层,页岩气层为高伽马值、高电阻率值,低密度(高密度孔隙度)、低 Pe 值。两者测井曲线特征差异明显,很容易直观识别出页岩气层。

1)自然伽马和自然伽马能谱测井识别页岩气层

Johnson(2004)利用自然伽马测井识别了迈阿密 Rose 山 Osborn 能源项目 LLC#1-6 中 Cherokee 组的页岩层(图 4-10)。从图 4-10 中可以看出,深色页岩显示为自然伽马高值。包含具有商业开采价值的吸附气的"热页岩"在自然伽马测井曲线上显示大于 150 API,有些甚至接近 300 API。其他自然伽马值小于 150 API 的暗示页岩储层能储气,但含气量小于热页岩。

由 Arkoma 盆地 Woodford 页岩层自然伽马能谱测井实例(Cluff 和 Miller,2010)看出,页岩气层总 GR 和 U 的数值明显为高值,曲线对应处变化趋势吻合,推测此处有机质丰度较高(图 4-11)。

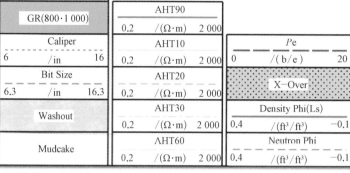

GR(800·1 000)		AHT90					
		0.2	/(Ω·m)	2 000			
Caliper		AHT10			Pe		
6	/in 16	0.2	/(Ω·m)	2 000	0	/(b/e)	20
Bit Size		AHT20			X−Over		
6.3	/in 16.3	0.2	/(Ω·m)	2 000	Density Phi(Ls)		
Washout		AHT30			0.4	/(ft³/ft³)	−0.1
		0.2	/(Ω·m)	2 000	Neutron Phi		
Mudcake		AHT60					
		0.2	/(Ω·m)	2 000	0.4	/(ft³/ft³)	−0.1

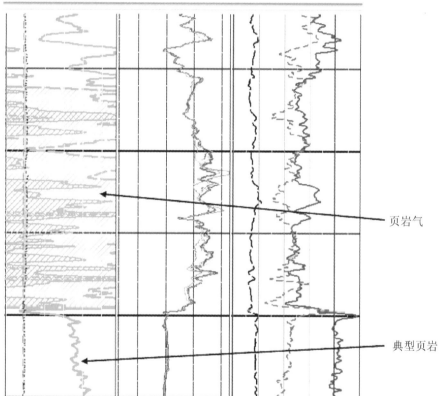

图4-9 根据测井曲线识别含气页岩层 (Lewis 等,2004)

页岩气

典型页岩

图 4 - 10
利用自然伽
马测井识别
页岩气储层
(Johnson,
2004)

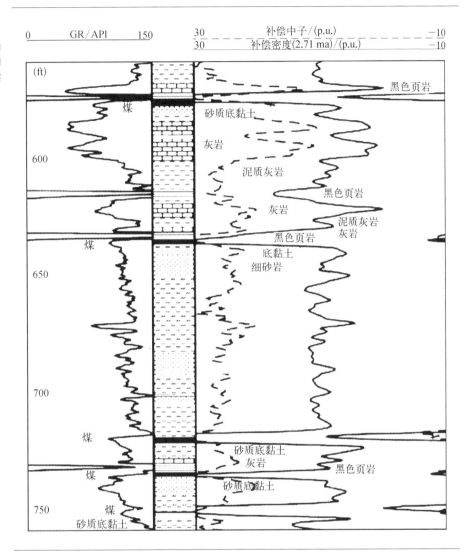

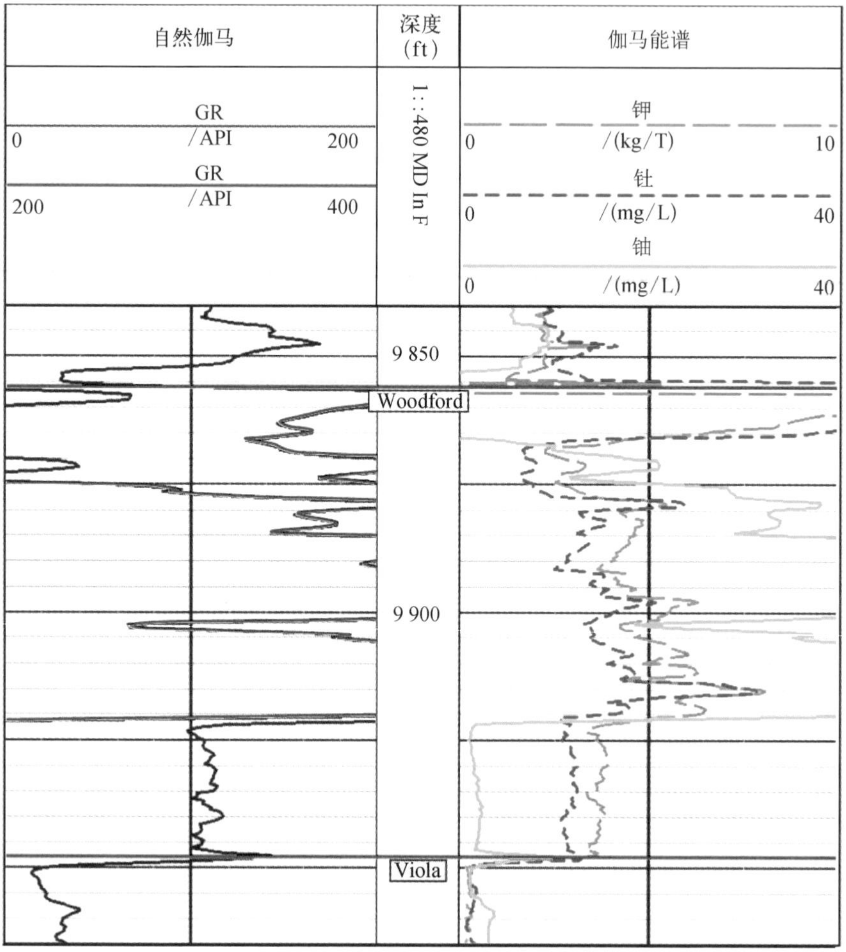

图4-11 Arkoma 盆地 Woodford 页岩层自然伽马能谱测井实例(Cluff 和 Miller, 2010)

2）电阻率测井和自然伽马测井识别页岩气层

Richard 等（2007）利用自然伽马测井、电阻率测井资料识别了德克萨斯 Fort Worth 盆地密西西比系 Barnett 页岩的含气页岩层及其厚度（图4－12）。从图4－12中可以看出，在 Barnett 上部及下部岩层中均含气，在含气段电阻率值和自然伽马值显示为高值，电阻率曲线变化趋势较大，识别效果较好。

图4－12　常规测井组合识别 Barnett 页岩的含气页岩层（Richard 等，2007）

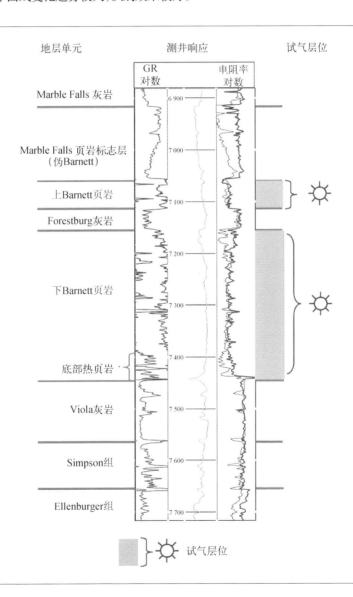

Travis J. Kinley 等(2008)利用测井资料识别了德克萨斯特拉华盆地密西西比系含气页岩层(图4-13)。从图4-13中可以看出,根据电阻率曲线可以将 Barnett 页岩

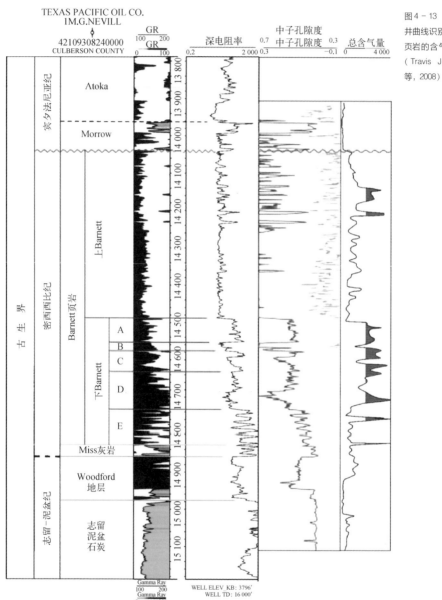

图4-13 常规测井曲线识别 Barnett 页岩的含气页岩层(Travis J. Kinley 等,2008)

层分为上部碎屑质单元和下部石灰质单元,而下部的石灰质单元又可以进一步分为五个区间。区间 A、C 和 E 显示为和整个研究区一致的电阻率高值,而区间 B 和 D 显示为电阻率低值。区间 D 显示为自然伽马值高值,与 TOC 含量的增加相吻合。区间 E 显示为一系列的电阻率峰值,反应为和密西西比石灰岩层的相互贯穿和过渡接触。

Blackford(2005)报道了 Arkoma 盆地的 Woodford 页岩层的页岩气测井系列,其中包括自然伽马和三侧向测井组合(图 4 - 14),伽马曲线与深浅三侧向曲线在 Woodford 页岩层变化趋势相同,深浅三侧向曲线相对上下地层电阻率值变大,伴随着伽马曲线值小幅升高,但变化幅度不明显。

在 Newark East 气田对 Barnett 组页岩层利用自然伽马、体积密度和电阻率测井组合识别了页岩气储层的岩性(图 4 - 15)。图中自然伽马测井响应为高值,体积密度为低值,电阻率为高值。在 Barnett 层段自然伽马测井值与灰岩层段相比为高值,曲线震荡剧烈,这些特征与高丰度有机质的细粒碎屑岩放射性元素含量增加、岩石密度降低、氢和碳含量增加的一般规律相符,判断该页岩层段含气。因此利用常规测井组合的响应特征,可以系统测量成熟泥页岩参数,从而识别不同岩性特征(肖昆,邹长春)。

3)密度测井和声波时差测井识别页岩气层

Ross 等(2008)对 Muskwa 地层利用密度和声波时差测井识别了含气页岩储层(图 4 - 16)。从图 4 16 中可以看出,在含气页岩层段密度值表现为低值,声波时差值表现为高值。这是因为页岩层富含油气使密度值降低,从而可以识别出含气页岩储层。

2. 利用交会图技术定性识别页岩气

交会图是测井评价和分析中十分重要的工具,交会图可以将岩性、物性等不同的特征通过两种测井方法突出出来,通过分析,可以利用下述的这些交会图识别页岩气层。

1)自然伽马与电阻率交会图

页岩气在电阻率测井曲线上反映为高值,则页岩成熟度越好,电阻率数值越高。但电阻率也会随着流体含量和黏土类型而变化;同时富含干酪根自然伽马数值比普通的页岩高,因此,利用自然伽马和电阻率的交会图可以较准确地识别页岩气。

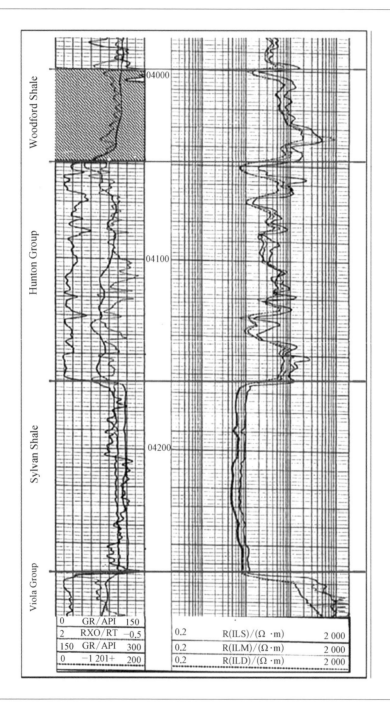

图4－14　页岩气
三侧向测井曲线图

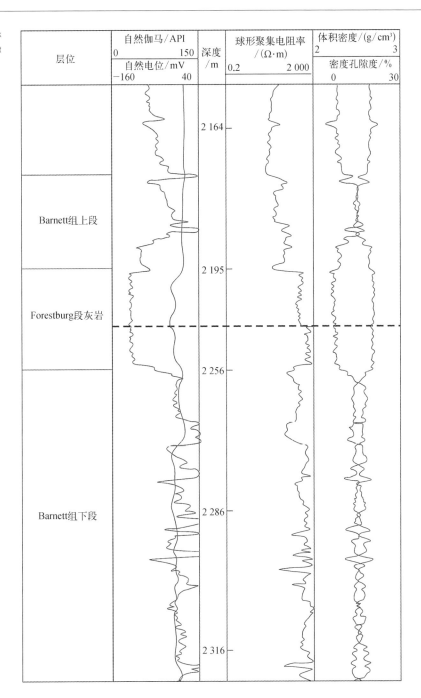

图4－15 Newark East 气田 Barnett 组页岩气层测井

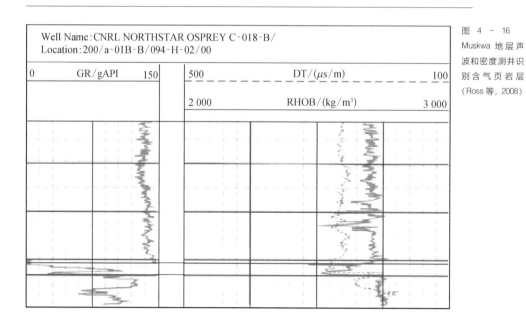

图 4 - 16
Muskwa 地层声
波和密度测井识
别含气页岩层
(Ross 等, 2008)

图4-17是自然伽马与电阻率的交会图,图中的高自然伽马、高电阻率值是良好的页岩气层(图中椭圆圈内的点)。

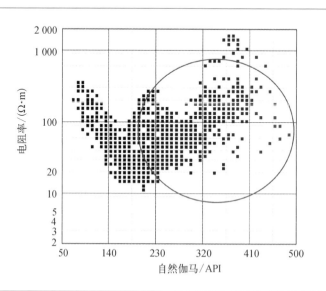

图4-17 自然伽
马-电阻率交会

2) 自然伽马与泥质含量的交会图

页岩气在自然伽马曲线上的反映为：在海相环境下，自然伽马 GR 值较高，大于 150 gAPI；在湖相环境下较低，利用泥质含量与自然伽马交会图识别页岩气。

图 4 - 18 是自然伽马和泥质含量的交会图，可以从图中看出与以往完全不一样的特征，在普通地层中自然伽马和泥质含量基本上是泥质含量增大则自然伽马增大，而在本井中可以看出自然伽马在数值大的点，其泥质含量变化不大（图中椭圆内的点为页岩气层点）。

图 4 - 18 自然伽马-
泥质含量交会

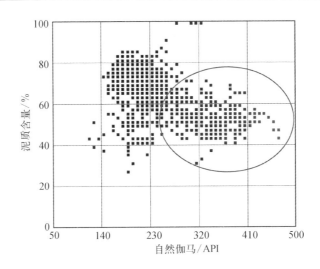

3) 密度-中子-电阻率（自然伽马）Z 值图识别页岩气

从前述讨论可知，优质的页岩气其石英含量较高，而密度-中子不仅仅反映地层的孔隙度，而且也反映地层的岩性，可以通过密度-中子交会图寻找到石英含量高的孔隙度大的层，同时将电阻率作为第三变量将电阻率高的层段表示在交会图上，从而达到识别优质页岩气的目的。

图 4 - 19 和图 4 - 20 分别为 R253 井的密度-中子-自然伽马 Z 值图和密度-中子-电阻率 Z 值图，可以清晰地区分出砂岩气、页岩、页岩气。

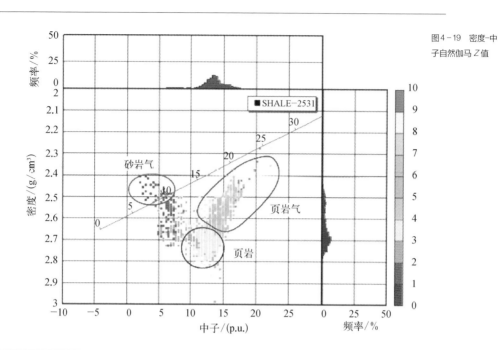

图4-19 密度-中子自然伽马 Z 值

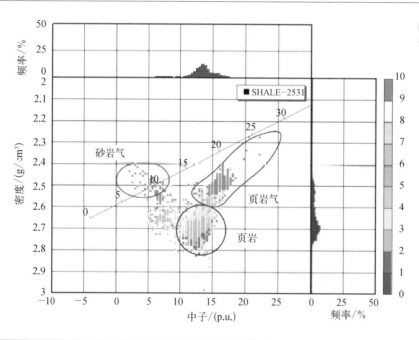

图4-20 密度-中子-电阻率 Z 值

3. △lg R 方法识别页岩气

利用测井资料识别烃源岩最常用的方法是 Exxon 和 Esso 公司研究的 △lg R 方法（图4-21）。这种方法将刻度合适的孔隙度曲线（通常是声波时差曲线）叠加在电阻率曲线（最好是来自深探测器）上，由于两条曲线都对应于地层孔隙度的变化，两条曲线基本重合在一起反映了饱含水但缺乏有机质地层；△lg R 幅度差反映了富含有机质烃源岩地层、含烃的储集层段和岩性差异情况。

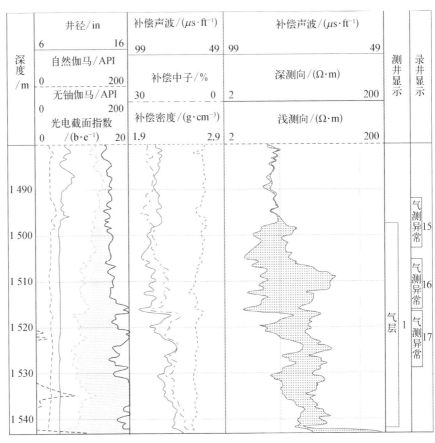

图4-21　Wx 井某井段 △lg R 方法识别页岩气曲线

△lg R 法的基本原理是非渗透性岩层中声波时差往往是由于高含量的低速有机质产生的，而如果对于电阻率升高则可能指示页岩开始成熟并生成烃类流体，故通常将

声波时差反向叠加在电阻率曲线上,且每一个电阻率的单位对应 164 μs/m(或 50 μs/ft)。在有机质层段,声波与电阻率曲线相互重合或平行;在富含有机质的页岩段,电阻率和声波时差曲线则会分离,声波时差曲线产生的差异是低密度和低速度(高声波时差)的干酪根的响应造成的。因此 $\Delta\lg R$ 法能够较好地识别页岩气储层,明显的幅度差异反映了页岩气储层中富含有机质的情况(魏珊珊,龙耀萍)。在未成熟的富含有机质的岩石中还没有油气生成,观察到的 2 个曲线之间的差异仅仅是由声波时差曲线响应造成的;在成熟的烃源岩中,除了声波时差曲线响应之外,由于烃类的生成,地层中电阻率增加,使得 2 条曲线分离的间距更大。通过分析 2 条曲线,就可以初步识别油层、烃类源岩层(图 4-22)(岳炳顺)。

利用自然伽马曲线、补偿中子孔隙度曲线或自然电位曲线可以辨别和排除储集层段。在富含有机质的泥岩段,两条曲线的分离由两个因素导致:孔隙度曲线产生的差异是低密度和低速度(高声波时差)的干酪根的响应,在未成熟的富含有机质的岩石中还没有油气生成,观测到的两条曲线之间的差异仅仅是由孔隙度曲线响应造成的;在成熟的烃源岩中,除了孔隙度曲线响应之外,因为有烃类的存在,电阻率增加,使两条曲线产生更大的差异(或称间距)。

富含烃类的泥页岩显示的幅度差由于烃类不导电而使电阻率增大。值得重视的是泥页岩地层,因矿物组分、含量的变化差异,也反映出明显的 $\Delta\lg R$ 幅度差,会影响页岩气的含量分析和评价。Wx 井某层段中上段主要以黏土、石英长石成分为主,电阻率较低,中子孔隙度较高,下段含有较高的碳酸盐岩矿物成分,明显地无铀伽马测井值降低,补偿中子和补偿声波测井值减小,电阻率增大。因此在用 $\Delta\lg R$ 识别页岩气和计算页岩气物性参数时,应考虑岩性的影响。

4. 储层类型及测井响应模型

川东地区黄龙组碳酸盐岩长期受大气水风化、剥蚀和溶蚀作用改造,由孔隙、溶洞和裂缝组成的储集空间很发育,但也非常复杂,按孔、洞、缝的组合方式及其所占比例的差异性可将储层划分为不同孔、渗特征的 3 种类型,各类型储层的常规测井响应特征有明显差异,具有不同的测井响应模型(图 4-23)。

1)孔洞缝型储层测井响应模型

此类型是川东黄龙组最好的储层类型,主要出现在颗粒-晶粒白云岩中,孔隙度为

图 4 - 22 ΔlgR 叠合特征解释

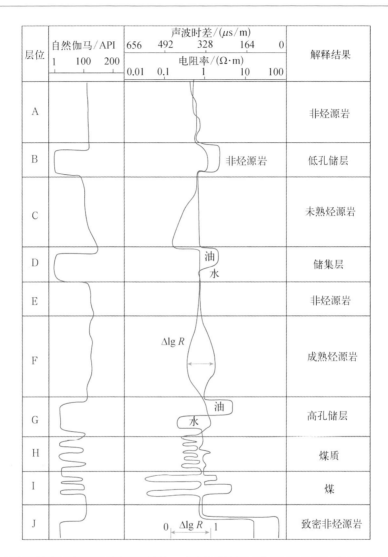

层位	自然伽马/API 1　　100　　200	声波时差/(μs/m) 656　492　328　164　0 电阻率/(Ω·m) 0.01　0.1　1　10　100	解释结果
A			非烃源岩
B		非烃源岩	低孔储层
C			未熟烃源岩
D		油 水	储集层
E			非烃源岩
F		ΔlgR	成熟烃源岩
G		油 水	高孔储层
H			煤质
I			煤
J		0　ΔlgR　1	致密非烃源岩

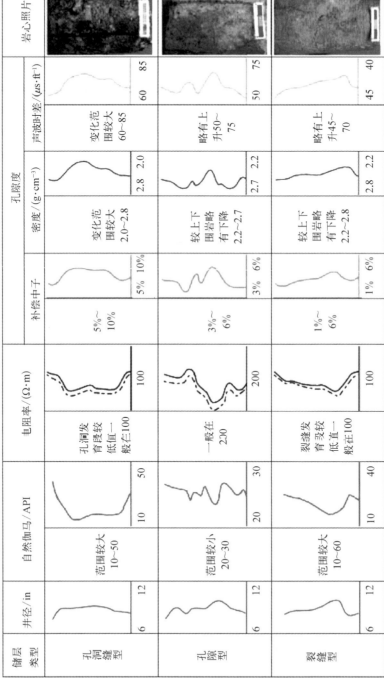

储层类型	井径/in	自然伽马/API	电阻率/(Ω·m)	补偿中子	孔隙度 密度/(g·cm⁻³)	声波时差/(μs·ft⁻¹)	岩心照片
孔洞缝型	6 ～ 12	范围较大 10~50 (50/10)	孔洞较发育段较低值一般在100 (100)	5%～10% (5%/10%)	变化范围较大 2.0~2.8 (2.8/2.0)	变化范围较大 60~85 (60/85)	
孔隙型	6 ～ 12	范围较小 20~30 (30/20)	一般在200 (200)	3%～6% (3%/6%)	较上下围岩略有下降 2.2~2.7 (2.7/2.2)	略有上升50~75 (50/75)	
裂缝型	6 ～ 12	范围较大 10~60 (40/10)	裂缝发育段较低值一般在100 (100)	1%～6% (1%/6%)	较上下围岩略有下降 2.2~2.8 (2.8/2.2)	略有上升45~70 (45/40)	

0.55% ~ 15.17%,平均值为 4.15%,渗透率为 0.01 ~ 96.08 mD,平均值高达 12.64 mD。储集空间以粒间溶孔、晶间溶孔为主,微裂缝较发育。其测井响应特征为:井径曲线异常增大,自然伽马变化范围较大但较低,一般为 15 ~ 40 API;电阻率值较低,仅为几十欧姆·米;双侧向曲线一般呈具有一定幅度差的"弓"形;三孔隙度测井曲线中,中子孔隙度值出现相对的高值,而密度曲线恰恰与中子孔隙度曲线相反,相应下降,声波时差相应升高,这表明含有较多大型孔洞和裂缝。

2)孔隙型储层测井响应模型

此类型为川东黄龙组最重要的储层类型之一,主要发育在白云质岩溶角砾岩、灰质白云岩中。孔隙度为 0.32% ~ 14.94%,平均值为 3.15%,渗透率分布在 0.01 ~ 53.6 mD,平均值约为 13.43 mD。储集空间以粒间孔、粒内孔为主,微裂缝相对不发育。测井响应特征为:井径正常或略有扩径或呈轻微锯齿状;自然伽马值相对较高,变化范围较小,一般为 20 ~ 30 API;电阻率值相对较高,一般为几百欧姆·米,曲线呈"左凸"形;在三孔隙度测井曲线中,具有相对较高的密度值、较低的中子孔隙度和声波时差值,反映出发育较多针状孔隙。

3)裂缝型储层测井响应模型

此类储层在该区黄龙组较发育,主要分布在次生晶粒灰岩、泥-微晶白云岩和泥-微晶灰岩中,在胶结作用较强的白云质岩溶角砾岩中也有一定程度发育。孔隙度为 0.29% ~ 2.76%,平均值为 1.12%,渗透率为 0.01 ~ 0.57 mD,平均值约为 0.2 mD。测井响应特征为:对应裂缝发育段井径局部扩径;自然伽马值较低,变化范围较大(10 ~ 40 API);电阻率值较低;深、浅双侧向具有较大的幅度差;在三孔隙度测井曲线中,补偿中子、密度、声波时差值随裂缝发育规模而出现相应的变化,对应微裂缝,补偿中子、密度、声波曲线变化小,接近骨架测井值,反映基质岩孔隙不发育的致密岩性特征。

4.3.2　页岩气测井评价

1. 评价内容及方法

在页岩气勘探评价中,测井的综合评价可以概括为"七性"评价,即除与传统油气相同的"岩性、物性、含油气性、电性评价"外,还需要对"烃源岩特性、岩石脆性、地应力各向异性"进行评价。评价技术路线见图4-24。

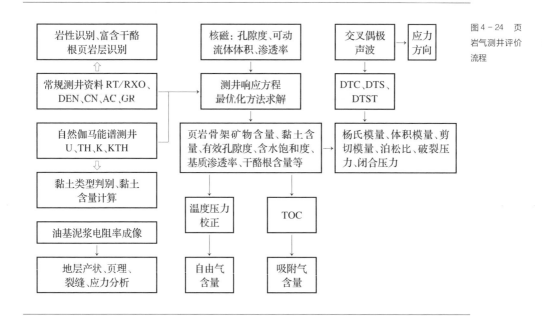

图4-24 页岩气测井评价流程

其中,常规测井资料用来识别页岩岩性和页岩气层,自然伽马能谱测井主要是判别黏土类型和计算黏土含量,核磁资料用于计算孔隙度、可动流体体积、渗透率。三者结合起来,进行物性、含油气性、烃源岩特性、岩石脆性评价。

成像测井资料进行地层产状、页理、裂缝、应力分析,交叉偶极声波用来判别应力方向,分析应力各向异性,提供岩石力学参数。

2. 页岩地层组分计算

岩石矿物的存在一方面将影响到吸附气含量的大小,另一方面对页岩气的开采产生影响。页岩气的产出部分依赖于天然裂缝、人工制造裂缝或是存在互层的可渗透岩相。页岩的矿物成分较复杂,除高岭石、蒙脱石、伊利石等黏土矿物以外,还混杂石英、硅质成分、长石、白云石、云母等许多碎屑矿物和物质(图4-25)。这些物质的存在影响地层的脆性,从而影响天然裂缝的生成以及人工制造裂缝的能力。页岩中各种矿物含量对页岩气的开采影响很大,根据美国开发页岩气的经验,含气页岩作为细粒致密

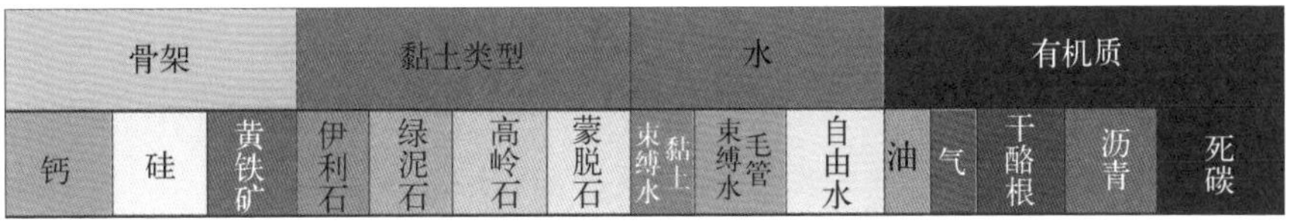

图4-25 页
岩体积模型

骨架			黏土类型				水			有机质			
钙	硅	黄铁矿	伊利石	绿泥石	高岭石	蒙脱石	束缚水黏土	束缚水毛管	自由水	油	气	干酪根	沥青	死碳

砂岩储层,碳酸岩含量的增加会降低页岩气的地质储量,富含硅质的页岩要比富含黏土质页岩在人工压裂中起到更好的作用。

从前述页岩气定性识别中通过测井曲线的特征可以看出,各测井资料是地层岩性、物性和流体性质的综合反映,岩石的组分不能简单通过一种测井资料进行定量计算,从图4-25也可以看出页岩气层是一个复杂的组合体。要准确获得这些组分的多少,选择通过泥质、岩石骨架、束缚流体、自由流体和干酪根组成的地质模型建立测井响应方程,通过解这个响应方程来获得页岩地层的组分。

众所周知,如果对测井的响应方程直接进行求解,可以得到响应方程的数值解,但这个数值解可能不符合地质条件。因此采用约束最优化技术,增加各种地质约束条件,对这个满足约束条件的方程进行求解。为此建立多矿物最优化反演模型,解释模型最多选择多种岩性矿物成分(最多达六种)和流体进行分析,可以根据本地区的地质条件和岩性特征,灵活地选择适当的解释模型,或者增添所需要的解释模型,以获得满意的解释结果。根据各种测井方法的体积响应模型,建立各种测井响应方程。以下为中子、密度、声波、自然伽马、能谱以及光电吸收截面指数和体积响应模型。

$$\varphi_n = \varphi_{quat} \cdot V_{quat} + \varphi_{k-feld} \cdot V_{k-feld} + \varphi_{cll} \cdot V_{cll} + \varphi_{kero} \cdot V_{kero} + \phi \cdot \varphi_f$$

$$\rho_b = \rho_{quat} \cdot V_{quat} + \rho_{k-feld} \cdot V_{k-feld} + \rho_{cll} \cdot V_{cll} + \rho_{kero} \cdot V_{kero} + \rho_f \cdot \varphi_f$$

$$\Delta t = \Delta t_{quat} \cdot V_{quat} + \Delta t_{k-feld} \cdot V_{k-feld} + \Delta t_{cll} \cdot V_{cll} + \Delta t_{kero} \cdot V_{kero} + \Delta t_f \cdot \varphi_f$$

$$GR = gr_{quat} \cdot V_{quat} + gr_{k-feld} \cdot V_{k-feld} + gr_{cll} \cdot V_{cll} + gr_{kero} \cdot V_{kero} \qquad (4-7)$$

$$k = k_{quat} \cdot V_{quat} + k_{k-feld} \cdot V_{k-feld} + k_{cll} \cdot V_{cll} + k_{kero} \cdot V_{kero}$$

$$th = th_{quat} \cdot V_{quat} + th_{k-feld} \cdot V_{k-feld} + th_{cll} \cdot V_{cll} + th_{kero} \cdot V_{kero}$$

$$Pe = Pe_{quat} \cdot V_{quat} + Pe_{k-feld} \cdot V_{k-feld} + Pe_{cll} \cdot V_{cll} + Pe_{kero} \cdot V_{kero} + Pe_f \cdot \phi$$

$$1 = V_{quat} + V_{k-feld} + V_{cll} + V_{kero} + \phi$$

式中　φ_n、ρ_b、Δt、GR、k、th、Pe 分别为中子、密度、声波时差、自然伽马、钾、钍和光电截面指数测井值;

下标 quat、k - feld、cl1、kero 和 f 分别代表石英、长石、黏土、干酪根和流体;

V 为相关组分的体积,相关组分体积之和加上孔隙体积为 1。

式(4-7)中,与正常的砂泥岩最大的差别是在响应关系式中增加了干酪根的含量。

式(4-7)为砂泥岩剖面的响应关系式,如果地层为灰岩剖面,则将长石的参数换为石灰岩的参数。

可以将解上述的方程组写为

$$Ax = b \qquad (4-8)$$

这可以表示为一个约束最小二乘问题的求解:

$$\min f(x) = \frac{1}{2} \| Y - A \cdot X \|^2, ST: AX = Y, X \geqslant 0 \qquad (4-9)$$

针对上式的 Lagrange 函数为

$$L(X, \mu, \lambda) = \frac{1}{2} \cdot \| Y - AX \|^2 + \mu^T(Y - AX) + \lambda^T X \qquad (4-10)$$

由此可以得出基于最小二乘估计的约束迭代(RLS - Restricted Least Square)重建公式为

$$x^{K+1} = x_j^K \cdot \frac{\sum_{i=1}^m a_{ji} \cdot y_j + \sum_{i=1}^m a_{ji} \cdot \mu_j}{\sum_{i=1}^m a_{ji} \sum_{j=1}^n a_{ij} \cdot x_j} \qquad j = 1, 2, 3, \cdots, n \qquad (4-11)$$

4.3.3　页岩气测井综合评价实例

1. A1 井

1)地质概况

A1 井钻遇地层自下而上分别为:震旦系—上统老堡组,地层岩性为深灰色粉砂岩;寒武系—牛蹄塘组,灰黑色页岩;九门冲组—灰黑色灰岩;变马冲组—灰黑色泥岩、页岩、粉砂岩等;杷榔组—绿灰、灰绿色泥岩,灰黑色页岩及白云质灰岩;清虚洞组—深灰、灰色灰岩,上部具白云质条带;高台组—灰、深灰色薄层含云母砂质白云岩;第四系为种植土。

2)测井资料概述

A1 井综合测井段为 1 120 ~ 1 506 m,测井项目为双侧向-微球聚焦;包括岩性密度,补偿中子,声波时差,自然伽马能谱,井径,自然电位等。测井资料品质好,仅在局部井筒垮塌段受一定的环境影响,导致密度数值偏低。

3)岩性识别

通过测井资料的典型特征、曲线重叠以及交会图技术可以准确地识别地层的岩性。从测井资料分析,以页岩、砂岩和灰岩为主,其中页岩主要表现为自然伽马相对较高,一般为 150 ~ 200 API,高密度、大中子孔隙度,密度中子孔隙度差异大,从密度中子交会−Z值图也可以清晰地将页岩和非页岩区分出来(图4−26)。

图4−26 交会图识别页岩

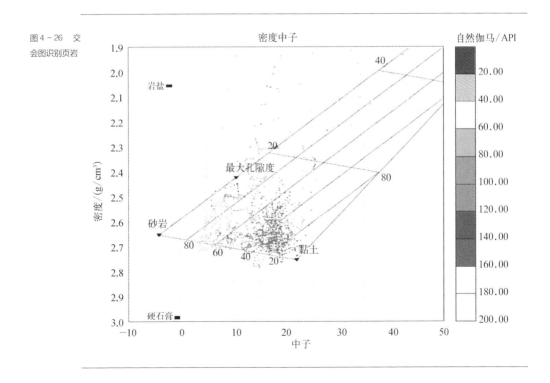

图 4 - 26 是将自然伽马数值限制在 0 ~ 200 API，由此图可以分析出，页岩的自然伽马一般分布在 100 ~ 160 API。同样采用密度与中子孔隙度重叠可以较准确地识别页岩层 (图 4 - 27)。

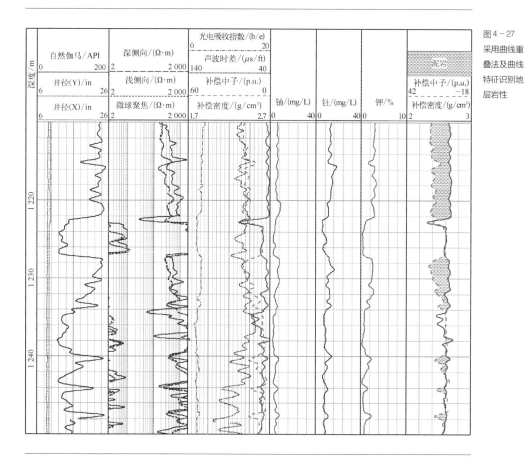

图 4 - 27
采用曲线重叠法及曲线特征识别地层岩性

对于低自然伽马地层岩性采用密度-中子交会图的岩性识别图版进行识别，图 4 - 28 是本井自然伽马低于 80 API 的岩性识别图版，从图版中可以看出，低自然伽马层段地层的密度、中子主要分布于砂岩区域和灰岩区域内，部分数据点落入灰岩与白云岩线区域内，但偏离距离很小，由于泥质的影响也会导致偏离纯地层线，因此综合分析低自然伽马的地层以富含石英的砂岩、灰岩以及白云质灰岩为主。

图4-28 交
会图识别页岩

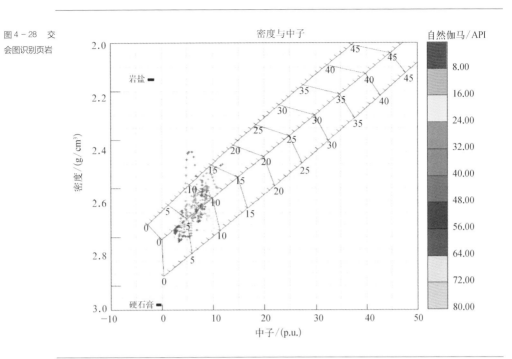

图4-29是在富含有机质的页岩段采用无铀伽马小于28的数据点在岩石矿物成分分析图版,从图版中可以看出主要数据点位于砂岩和灰岩线之间,说明在这类页岩中是由石英和灰岩以及泥质和有机质组合而成。

4）页岩气层识别

利用页岩气藏前期研究的成果,本井其他层段页岩和泥岩自然伽马一般在150 API左右,铀一般在10 mg/L以下。本段自然伽马最高可达700 API以上,自然伽马能谱铀也有十分明显的异常,最高可达110 mg/L,而从其密度-中子交会图和Pe数值分析认为其黏土质含量低,砂质含量和钙质含量高,与北美优质页岩气藏测井响应特征相似,分析其为典型的页岩气层。图4-30是典型页岩气层测井曲线图。

5）A1井典型页岩气层综合分析

利用研究获得的认识和页岩气储层参数评价方法对A1井资料进行综合分析和处理分析,共解释页岩气层65.1 m/3层,页岩含气层24 m/3层(表4-3)。

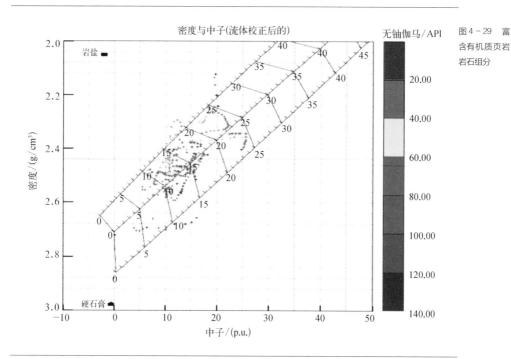

图 4 - 29　富含有机质页岩岩石组分

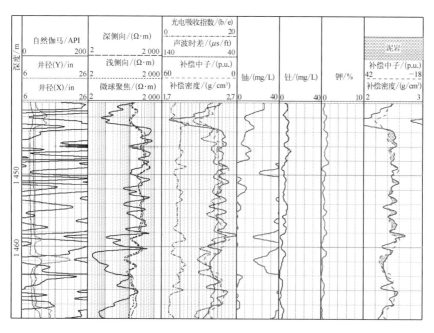

图 4 - 30　A1 井典型页岩气层段测井曲线特征

表4-3 A1井测井解释

层 号	起始深度/m	结束深度/m	厚度/m	结 论
1	1 244.4	1 256.1	11.7	页岩含气层
2	1 387.7	1 393	5.3	页岩含气层
3	1 396	1 398.3	2.3	页岩气层
4	1 425.6	1 478.7	53.1	页岩气层
5	1 478.8	1 488.5	9.7	页岩气层
6	1 488.5	1 495.7	7.2	页岩含气层

测井解释第4层(1 425.6~1 478.7 m)如图4-31所示。自然伽马数值高,最高达700 API以上,铀出现明显高异常,最高达100 mg/L以上,Pe数值在5 b/e左右,钍

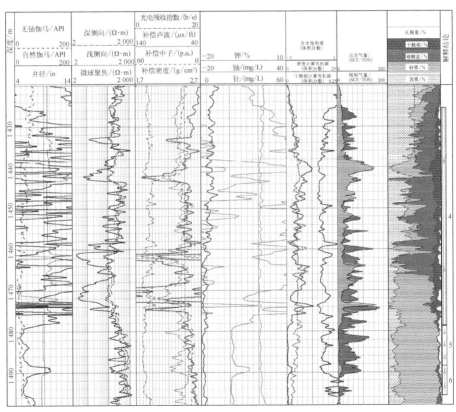

图4-31 A1井页岩气解释成果(1 425.6~1 478.7m)

和钾含量低,钾含量一般在1%左右,钍含量一般小于2%,密度-中子关系呈现绞合状,重叠识别其黏土含量较低,分析其富含有机质,硅质和钙质含量高。计算地层有机碳含量多集中在5%~10%,最高可达12.5%;段内最优化方法计算的部分层段孔隙度在5%以上,含气饱和度在85%以上,层段内游离气含量大,从测井资料综合分析其为页岩气层。气测出现明显的台阶状尖峰,最高可达10%以上,局部还有一定的后效,但气测整体不连续,分析其为地层中富含游离气层段出现尖峰,从而也论证了测井综合分析的可靠性和合理性。

2. X1 井

图 4-32 为 X1 井页岩气识别与评价成果图。图中 3 810 ~ 3 860 m 井段,从录井

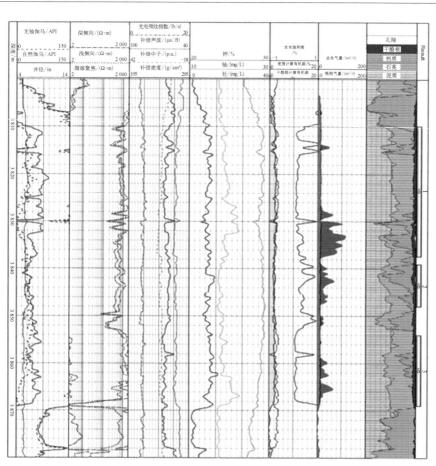

图 4-32 X1
井页岩气识别
与评价成果

(a)测井综合

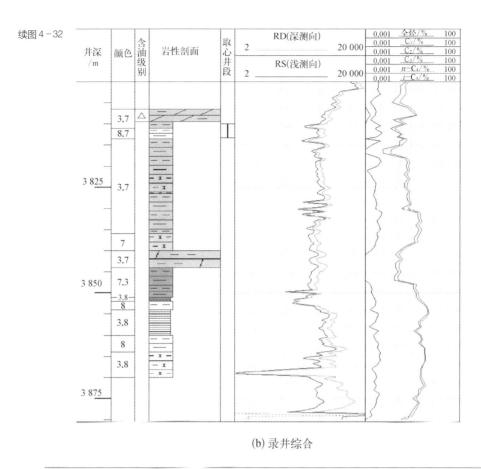

续图 4−32

(b) 录井综合

[图(b)]上看,主要以褐黑色页岩及灰褐色泥岩为主,夹部分泥质粉砂岩,颜色为深色,说明有机质含量较丰富,气测有异常,全烃曲线和 C_1 曲线基本重合,表明无重组分,甲烷含量高,成熟度较高;从测井[图(a)]上看,伽马在 330 API 左右、电阻率在 800 ~ 2 000 Ω·m,均为高值,密度在 2.45 g/cm³ 左右为相对低值,中子在 6 p.u. 左右为相对高值,能谱铀异常,密度、优化法计算干酪根含量为 2% ~ 3% ,部分层段页游离气指示明显,有效孔隙度多在 0.5% 以下,仅在少量层段有效孔隙度为 1% ~ 2% ,分析本段为含页岩气层。测井和录井分析结果一致。

3. X2 井

图 4−33 为 X2 井致密油识别与评价成果图。本段地层为黏土、钾长石、斜长石、石英、菱铁矿、黄铁矿、方沸石、白云石类、泥质,富含有机质;从测井曲线上看,伽马在

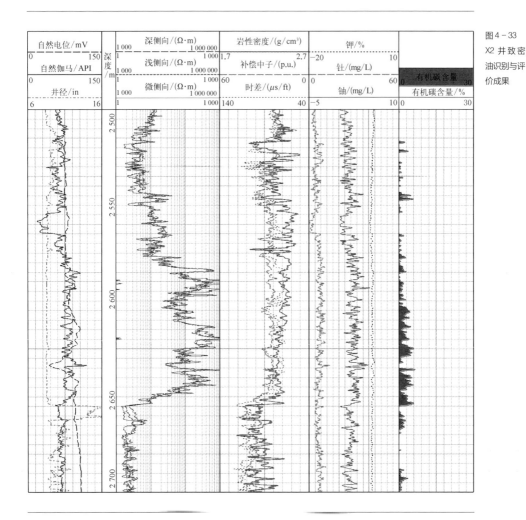

图 4 - 33
X2 井致密
油识别与评
价成果

80 API 左右、电阻率在 20 ~ 800 Ω·m,均为相对高值,密度在 2.45 g/cm³ 左右为相对
低值,能谱铀在 3 mg/L 左右为相对高值;计算有机碳含量一般在 1% ~ 3%,最高达
6%,表明是较好的源岩,尤其是 2 556.5 ~ 2 651 m 层段比较明显。此外从测井曲线上
看也发育少量储层,储层与源岩呈现为互层,为典型源储一体致密油层。该层经过试油,
日产油 0.15 m³,试油结果证实了致密油的存在,如果经过工程改造,可望获得更好效果。

4. S1 井

S1 井位于四川盆地北部,发育志留系和寒武系页岩气储层。从综合评价图

（图 4－34）可以看出，四川盆地北部志留系龙马溪组页岩气藏特征非常明显，从测井处理成果看，第 1 道的 GR（自然伽马）值在 100～300 API，说明放射性元素含量高，是典型的泥岩特征；第 2 道是电阻率曲线，电阻率在页岩气层明显升高；第 3 道是 TNPH（热中子孔隙度）和 PEX 曲线（指中子、密度、电阻率）；第 4 道是 FMI（成像测井）曲线；第 6 道是铀、钍、钾含量，铀含量增高是海相地层发育的标志；第 7 道是 ECS（元素俘获谱测井）岩性，包含黄铁矿含量、碳酸盐含量、硅质含量、泥质含量等。从 FMI 成像测井成果可看出，该层段部分裂缝发育，且发育一套页岩气藏，气层段为 1 503.6～1 543.3 m，页岩气层内裂缝不发育，主要以基质孔隙为主。

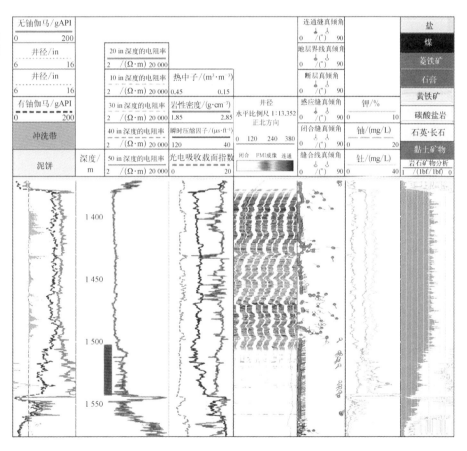

图 4－34
四川盆地页岩气评价井测井曲线

4.4　　含气量

　　页岩气以游离相存在于天然裂缝与粒间孔隙中,吸附在干酪根或黏土颗粒表面,少量溶解于干酪根和沥青里。因此,页岩气含气量需要计算游离气含量、吸附气含量,以及总含气量。

4.4.1　　总含气量

　　有机碳含量是页岩气聚集成藏最重要的控制因素之一,不仅控制着页岩的物理化学性质,包括颜色、密度、抗风化能力、放射性和硫含量,也在一定程度上控制着页岩裂缝的发育程度,更重要的是控制着页岩的含气量。福特沃斯盆地 Barnett 页岩气藏生产表明,气体产量大的地方,有机碳含量相应也高,有机碳含量和气体含量(包括总气体含量和吸附气含量)有很好的正相关关系。同时,干酪根类型也影响着气体含量、赋存方式及气体成分。不同类型的干酪根,其微观组分不一样,微观组分也是控制气体含量的主要因素。

　　关于页岩气形成的有机碳下限值,很多学者都进行过研究。Jarvie 等认为有机碳含量和热成熟度是决定页岩产气能力的重要变量;Schmoker 认为产气页岩的有机碳含量(平均)下限值约为2%;Bowker 则认为获得一个有经济价值的勘探目标有机碳含量下限值为2.5%～3%。福特沃斯盆地 Newark East 气田 Barnett 页岩气藏不同深度钻井岩屑取样分析的有机碳含量为1%～5%,平均为2.5%～3.5%,但鉴于钻井岩屑测量的有机碳受稀释效应的影响而普遍偏低,岩心分析的平均有机碳含量较高,为4%～5%。阿巴拉契亚盆地 Ohio 页岩 Huron 下段的总有机碳含量约为1%,产气层段的总有机碳含量可达2%。由于有机碳的吸附特征,其含量直接控制着页岩的吸附气含量(图4-35)。

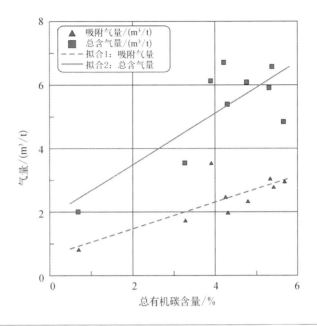

图4-35 页岩总有机碳含量与含气量的关系(Barnett shale)

4.4.2　吸附气量

　　地质研究表明,地层中吸附气的含量与有机碳含量关系十分密切,表现为线性关系。而干酪根可以通过关系式转换为有机碳含量。由于页岩气与煤层气具有相似的吸附机理,因此,目前对页岩吸附气量的确定主要是借鉴煤层气中吸附气的评价方法,采用等温吸附模拟实验,建立吸附气含量与压力、温度的关系模型。

　　适合于固体表面单分子气体吸附的模型有亨利、付氏及朗氏等温模型等。国外的勘探实践表明页岩吸附气大多服从朗氏等温吸附关系式,在本次研究中采用朗格缪尔体积的关系式。

$$GC = \frac{V_{L}p}{p_{L} + p} \tag{4-12}$$

式中　GC——天然气储存能力,ft^3/t;

V_L——朗格缪尔体积,ft³/t;

p_L——朗格缪尔压力,psia[①];

p——储层压力,psia。

其吸附特征是在低压下吸附随着压力的增大快速增加,达到一定压力后吸附量达到饱和,成为一条几乎不变的平滑直线(图4-36为标准的朗格缪尔等温体积标准模型图)。

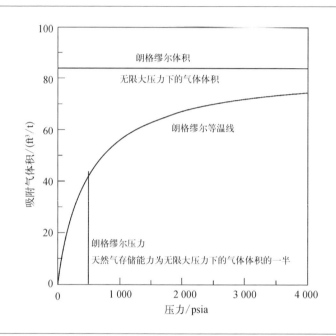

图4-36 朗格缪尔
标准图版

图中:朗格缪尔体积;无限大压力下的气体体积;朗格缪尔等温线;朗格缪尔压力;天然气存储能力为无限大压力下的气体体积的一半

纵轴:吸附气体积/(ft³/t);横轴:压力/psia

通过等温吸附实验数据,建立某一地区页岩吸附气模型,运用模型计算吸附气含量。模拟实验一般采用纯 CH_4 作为吸附气,而实际天然气除 CH_4 外,一般还含有 N_2 和 CO_2 等气体组分,以往煤层气的吸附实验结果表明多元混合气体的吸附存在差别,因此用 CH_4 进行等温吸附实验能否代表实际气体直接关系到页岩储层吸附量的评价。在进行模拟实验时,要充分考虑有机质、干酪根类型、矿物组成、气体成分等因素对吸附量的影响,正确选取有代表性的样品,选择最接近的实验条件(如温度和湿度),应用最佳的实验方法提高实验结果的准确性。图4-37是收集到北美页岩气藏各种不同

① 1磅力/平方英寸(绝对值)(psia) =6.894 8 千帕(kPa)。

图 4 - 37
岩心分析朗
格缪尔等温
曲线

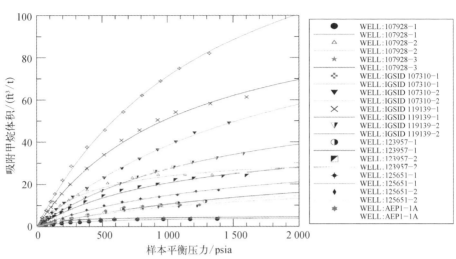

岩心分析的吸附气含量的实测数据,利用这些分析数据建立了以干酪根含量模型转换为纯页岩的模式计算朗格缪尔体积和压力。

通过目前所收集到的页岩气井的实验分析数据,可以得到朗格缪尔压力 p_L 和体积 V_L 与密度的关系曲线。

利用上述的这些数据与测量的页岩密度之间的关系建立密度与朗格缪尔体积和压力之间的关系,从而可以根据转换得到的标准页岩密度获得朗格缪尔体积和压力。

图 4 - 38 为朗格缪尔体积与密度的拟合关系,从图中可以看出其相关性较好,拟合的相关系数 $R^2 = 0.77$,其朗格缪尔体积为

$$V_L = 245.26\rho_b + 677.7 \tag{4-13}$$

式中,V_L 为朗格缪尔体积,ft^3/t;ρ_b 为岩石密度,g/cm^3。

图 4 - 39 为朗格缪尔压力与密度之间的拟合关系,从图中可以看出其相关性较好,拟合的相关系数 $R^2 = 0.755$,其朗格缪尔压力为

$$\lg p_L = 7.57\rho_b^2 + 36.79\rho_b + 1.45 \tag{4-14}$$

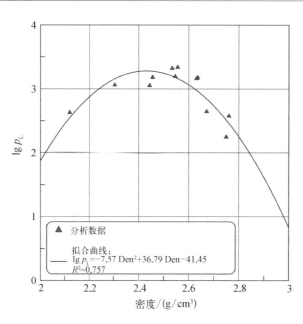

图4-38 密度与朗
格缪尔压力关系

▲ 分析数据

拟合曲线：
—— lg p_L=−7.57 Den²+36.79 Den−41.45
R^2=0.757

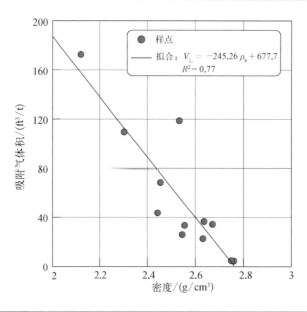

图4-39 朗格缪尔
体积与密度关系

● 样点

—— 拟合：$V_L = -245.26\,\rho_b + 677.7$
$R^2 = 0.77$

式中，p_L 为朗格缪尔压力，psia；ρ_b 为岩石密度，g/cm^3。

通过上述关系式可以达到朗格缪尔的体积和压力，但这是在常温状态下的响应关系式，而地层的温度是变化的，所有其关系式需要进行温度校正，其温度校正关系为

$$V_{LT} = 10^{(-C_3 T + C_4)} \qquad (4-15)$$

$$p_{LT} = 10^{(-C_7 T + C_8)} \qquad (4-16)$$

$$C_4 = \lg V_L + C_3 T_i \qquad (4-17)$$

$$C_8 = \lg p_L - C_7 T_i \qquad (4-18)$$

式中　V_{LT}——地层温度下的朗格缪尔体积，ft^3/t；

　　　p_{LT}——地层温度下的朗格缪尔压力，psia；

　　　T_i——朗格缪尔恒温下的测量温度，℃；

　　　T——储层温度，℃；

　　　C_3、C_7 为系数。

利用上述关系获得地层温度和压力情况下的朗格缪尔体积和压力，可以得到吸附气气体的体积。

$$V_g = \frac{V_{LT} p}{p + p_{LT}} \qquad (4-19)$$

式中　V_g——吸附气气体体积，ft^3/t；

　　　p——地层压力，psi；

　　　V_{LT}——储层温度下的朗格缪尔体积，ft^3/t；

　　　p_{LT}——储层温度下的朗格缪尔压力，psia。

4.4.3　游离气量

游离气也可以叫作自由气，它是页岩评价中的最重要的参数。在理论状态下页岩的理想的储集空间包含：自由气、吸附气、油、水；当前的工业标准在进行朗格缪尔等温吸附过程中将吸附气、水和油各自看为一体，因此评价页岩气含量主要是评价

吸附气量和自由气量。游离气含量和地层的孔隙度、含气饱和度有十分直接的关系，可以表示为：

$$V_{gf} = \frac{1}{B_g} \cdot [\phi_e(1 - S_w)] \cdot \frac{\psi}{\rho_b} \qquad (4-20)$$

式中　V_{gf}——自由气体积，ft³/t；

　　　　B_g——气地层体积压缩因子；

　　　　ϕ_e——地层有效孔隙度；

　　　　S_w——地层含水饱和度；

　　　　ρ_b——地层体积密度；

　　　　ψ——转换因子，其值为32.105 2。

4.4.4　　实例

四川盆地北部志留系龙马溪组岩性为灰黑色、黑灰色、黑色页岩，硅质含量高达20%～30%，灰岩含量也较高。矿物组成中石英含量最高，平均为36.7%，黏土含量为36.5%，脆性矿物石英和方解石及白云石总量为55.7%。拟合结果表明，龙马溪组TOC含量与朗格缪尔体积之间也有类似线性正相关性(图4-40)。

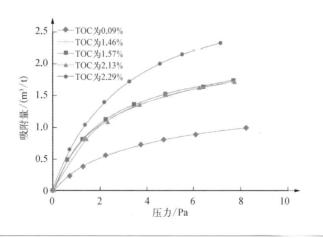

图4-40　龙马溪组压力、TOC含量与吸附量拟合曲线

　　拟合实测数据后发现,页岩中吸附气含量、压力和有机碳含量呈正相关性。测试结果区间值为 0.249 ~ 2.33 m³/t,平均吸附气量为 1.26 m³/t。图 4 - 41 为吸附气量、游离气量和总含气量的评价结果。

图 4 - 41　龙马溪组
总含气量和游离气、
吸附气含气量

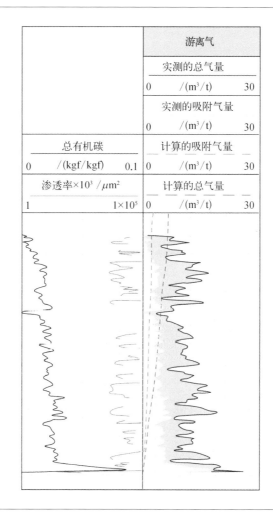

第5章

环境测井
解释与评价

测井资料与地层环境解释密切相关,它可比较直观地反映井下地质特征、井壁情况等信息,因此利用地球物理测井方法分析地下岩层的物理性质,研究地层整体状态,进而实现地层环境测井解释与评价,是当前较为常用的技术方法。

页岩的孔隙度和渗透率都比较低,如果页岩中裂缝发育,在一定程度上可以补偿基质的低渗透率。因此,在页岩气的开发阶段,应首先考虑如何提高系统的渗透率,即页岩基质和天然裂缝的综合渗透率。这往往需要采取一系列的增产措施,最主要的就是压裂改造。为了更好地利用储层中的天然裂缝,并且使井筒穿越更多的储层,越来越多的作业者都在应用水平钻井技术。虽然该技术在石油工业中并不是一项新技术,但它对扩大页岩气的开发却有着重大的意义。

为了取得良好的压裂效果,有必要利用测井对地层的岩石力学参数进行预先评价,为设计合理的压裂方案和施工提供重要参考。

5.1　　地层环境测井基础

地层环境问题的研究始于钻井。在井眼钻进过程中,常因地层环境受影响而造成井壁垮塌、井漏、缩径和卡钻等现象,钻探效率及成本受到严重影响。目前针对地层环境的研究主要从物理化学和岩石力学两方面出发。有关地层环境物理化学方面的研究开展得较早,主要基于岩层物理化学机理,构建适用于不同地层岩石的化学应用体系(包括钻井泥浆液、催化添加剂等),并尽可能降低其对地层环境的干扰和影响。岩石力学方面的研究则主要是以地球物理测井方法为基础,通过分析岩石力学性质、计算相关参数、确定地应力状态及评价地层环境,最终确定解决地层环境不稳定等问题的方案。实践证明,利用测井技术可准确评价分析地层环境。本章主要从地层环境影响因素的形成机理出发,通过分析地层环境不稳定的判断准则及影响因素,选取适合的地层坍塌压力和破裂压力预测模型,进而建立针对地层环境的测井评价对策。

5.1.1　　地层环境概述

所谓地层环境,是指在钻井过程中由于井壁出现张性破坏以及剪切破坏所导致的缩径、卡钻、井漏或井眼垮塌等地层环境问题。前已述及,地下岩层通常受到垂向应力、水平应力及地层孔隙压力等多种作用力的联合作用,当井眼所受应力集合打破其原始地应力的平衡状态,地层应力将重新构建分布,在这一过程中,由地层应力重组可能造成的井壁破坏,称为地层环境不稳定。

根据地层应力作用差异,地层环境不稳定主要包括压缩剪切破坏和拉伸破坏。

1. 压缩剪切破坏

因地层岩石强度和应力集中要求未得到满足而引发的破坏称为压缩剪切破坏。受到压缩剪切破坏后,井眼一般会发生扩径或缩径变化。在脆性地层中,通常会引起井径扩大,这种情况又称为脆性破坏。当井壁受到压缩剪切破坏时,钻井泥浆液会对井壁产生冲刷作用,导致井壁出现崩落、掉块,甚至坍塌现象,进而引发卡钻等事故。而井径降低情况一般发生在软质泥页岩、砂岩等塑性地层中,这种情况也称为延性破坏,当井壁径向应力大于井眼液柱压力时,应力差作用使地层产生不同程度的塑性变形,造成缩颈现象。为避免出现提钻或下钻困难,或是下钻无法到底、卡钻等情况,需要反复扫孔划眼,以控制平衡钻进。

2. 拉伸破坏

由于井眼液柱压力较大,地层最小水平应力低于井壁岩石抗拉强度而造成的破坏叫作拉伸破坏,又称水力压裂破坏。拉伸破坏是造成钻井液漏失的主要原因,且持续发生较为严重的井漏现象有可能使井眼液柱压力大幅下降,当液柱压力低至临界条件时,将引发井喷事故。总而言之,井壁是否稳定主要取决于井眼的应力状态,若井眼应力保持平衡状态,则井壁稳定;若井眼应力超过强度界限,井壁就会失稳。

在油气勘探开发过程中,地层环境与地层应力状态、钻探工艺技术及钻具选择、钻井泥浆液比重等诸多因素都有着密切的联系。地层环境影响因素的形成机理可分为以下 3 类: ① 力学机理。地下岩层主要受上覆岩层压力、地层孔隙压力及构造应力的联合作用,已知原始地层在井眼钻进之前保持应力平衡状态,开钻后岩层对井壁的支撑力被井眼液柱压力所取代,改变了原有地层的应力平衡状态。当井眼应力重新构建分布时,若构造应力、岩石强度和地层孔隙压力等不可控因素无法与井眼液柱压力、钻井液化学成分等方面相匹配时,地层将不能达到适度平衡,进而引发压缩剪切破坏或拉伸破坏。② 化学机理。一般情况下,对于大部分地层岩石来说,为防止地层孔隙流体溢出和井壁岩石破坏,选取密度稍大于地层孔隙压力梯度的钻井泥浆液来开展钻井工作即可,但在泥页岩地层的井眼钻井过程中,由于泥页岩中的黏土矿物具有水敏性特征,泥页岩将会与钻井泥浆液相互作用,仅靠增大钻井泥浆液的密度来平衡地层压力是不够的,加之钻井液受地下岩层压力和温度等条件影响,地层的化学平衡将会被打破,进而发生化学行为,主要包括离子交换作用、运移渗透作用(由化学势差异引发)、裂缝侵入作用(受地下压力差影响)等。这些化学行为使得泥页岩地层吸水膨胀,到达一定限度后会发生膨胀应变,并产生水化应力,井眼应力分布将受到显著影响,且影响程度和作用范围随时间不断延拓,最终对地层环境造成影响。例如,在以伊利石-蒙脱石混层为主的地层中,由于岩性不同而导致岩层吸水体积变化存在差异,地层环境将受到相应的影响,出现坍塌或掉块现象。而在以伊利石为主的硬脆性泥页岩地层中,受地层毛管压力作用影响,钻井泥浆也会侵入井壁微裂隙中,促使泥页岩发生分散,严重时将导致井塌,而且由于水化程度加大,岩石不同部位的应力强度出现差异,也会造成井壁围岩应力失稳。③ 工程影响因素。归根结底,工程影响因素的实质主要还是力学问题,包括钻井泥浆液性能(黏度、密度等)、泥浆冲刷、井眼裸露时间、井眼波动压力、起下钻抽吸压力、钻柱摩擦和碰撞等在内的工程影响因素会对井壁岩石强度造成破坏,影响地层应力平衡状态,进而影响地层环境。

5.1.2　岩石强度破坏准则

在地层环境评价方面,需要考虑地层应力、温度、围压等诸多因素的影响,其中,井壁岩体的强度破坏准则是分析这些影响因素的关键核心。所谓岩石强度破坏准则主要是指预测岩石屈服和地层环境受影响的岩石破坏条件,通过分析井眼应力状态和选取合适的岩石强度破坏准备来确定井壁破坏极限,进而为地层坍塌压力和地层破裂压力的计算提供有力依据。目前,有关岩石强度破坏准则的应用研究比较成功,根据地层应力差异可将岩石强度破坏准则划分为剪切破坏准则和拉伸破坏准则。

1. 剪切破坏准则

在地层环境受影响的情况中,大部分坍塌现象属于剪切破坏,当井眼液柱压力过低时,岩石所受应力超过岩石固有的抗剪强度,井壁就会发生剪切破坏。在剪切破坏准则中,Mohr-Coulomb 准则和 Drucker-Prager 准则应用最为广泛。

1) Mohr-Coulomb 准则

Mohr-Coulomb 准则的基本思想是假设岩石破坏仅受最大主应力和最小主应力的影响,当岩石沿某一平面发生剪切破坏时,岩石并非沿最大剪应力作用面而产生破坏,而是沿剪应力与正应力达到最不利于组合的作用面产生破坏,具体关系如图 5 - 1 所示,图中 S_{max} 代表最大主应力,S_{min} 代表最小主应力,S_n 代表法向正应力,τ 代表剪切力,β 代表剪切面夹角。

图 5 - 1 岩石剪切
破坏作用示意

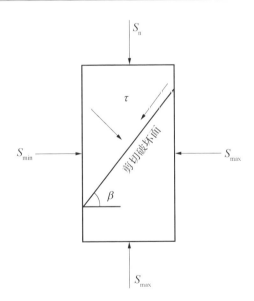

在 Mohr-Coulomb 准则中,岩石破坏时的剪切力需要克服来自沿破坏作用面滑动时产生的摩擦阻力与岩石固有内聚力之和,即

$$\begin{cases} \tau = \mu\sigma + C \\ \mu = \tan\phi \end{cases} \tag{5-1}$$

式中　τ——剪切力；

　　　μ——岩石内摩擦系数；

　　　σ——正应力；

　　　C——岩石固有内聚力；

　　　ϕ——岩石内摩擦角。

同时，剪切力 τ 和正应力 σ 可用最大主应力和最小主应力表示

$$\begin{cases} \tau = \dfrac{S_{max} - S_{min}}{2}\cos\phi \\ \sigma = \dfrac{S_{max} + S_{min}}{2} - \dfrac{S_{max} - S_{min}}{2}\sin\phi \end{cases} \tag{5-2}$$

将此关系式代入 $\tau = \mu\sigma + C$ 中，得到

$$S_{max} = \frac{1 + \sin\phi}{1 - \sin\phi}S_{min} + \frac{2C\cos\phi}{1 - \sin\phi} \tag{5-3}$$

2）Drucker-Prager 准则

通过 Mohr-Coulomb 准则可知，内聚力和内摩擦角是表征岩石破坏强度的重要参数，但 Mohr-Coulomb 准则是以忽略中间主应力 S_{mid} 的影响为前提来推导的，虽然为了弥补这一缺点，演化发展出三维 Mohr-Coulomb 准则，但表达式过于复杂，且计算结果差距不大，因此 Mohr-Coulomb 准则的适用范围存在一定限制。Drucker-Prager 准则加入了对中间主应力 S_{mid} 影响的考虑，且推导过程比较简单，其表达式如下

$$\begin{cases} J_2^{1/2} - RI_1 - K_f = 0 \\ I_1 = S_{max} + S_{mid} + S_{min} \end{cases} \tag{5-4}$$

式中　J_2——应力偏量二阶不变量的平方根，也称为均方根剪应力；

　　R、K_f——均为地层强度参数；

　　　I_1——主应力集合。

当考虑地层孔隙压力时，I_1 将受到影响，表现为

$$I'_1 = I_1 - 3\alpha p_p = S_{\max} + S_{\mathrm{mid}} + S_{\min} - 3\alpha p_p \tag{5-5}$$

式中,α 为 Biot 弹性系数;p_p 为地层孔隙压力。

在平面应变条件下,R、K_f 可表示为

$$\begin{cases} R^2 = \dfrac{3\sin^2\phi}{9 + \sin^2\phi} \\[3mm] K_f = \dfrac{\sqrt{3}C\cos\phi}{\sqrt{3 + \sin^2\phi}} \end{cases} \tag{5-6}$$

另外,Drucker-Prager 准则还充分考虑了井斜角对岩石强度的影响,推演出三种适用于不同井眼条件的强度状态,分别为

$$\text{内圆状态} \quad \begin{cases} R^2 = \dfrac{6\sin^2\phi}{9 + 3\sin^2\phi} \\[3mm] K_f = \dfrac{\sqrt{6}C\cos\phi}{\sqrt{9 + 3\sin^2\phi}} \end{cases} \tag{5-7}$$

$$\text{中圆状态} \quad \begin{cases} R^2 = \dfrac{8\sin^2\phi}{3 + \sin^2\phi} \\[3mm] K_f = \dfrac{2\sqrt{2}C\cos\phi}{3 + \sin^2\phi} \end{cases} \tag{5-8}$$

$$\text{外圆状态} \quad \begin{cases} R^2 = \dfrac{8\sin^2\phi}{3 - \sin^2\phi} \\[3mm] K_f = \dfrac{2\sqrt{2}C\cos\phi}{3 - \sin^2\phi} \end{cases} \tag{5-9}$$

其中,内圆状态和中圆状态对垂直井的适用结果比较一致,而随着井斜角增大,这两种状态预测的钻井泥浆液密度会比 Mohr-Coulomb 准则的预测值偏高,对于水平井来说,外圆准则与 Mohr-Coulomb 准则的预测结果比较一致。由此可见,从理论上来讲,Drucker-Prager 准则较之 Mohr-Coulomb 准则更趋完善。

2. 拉伸破坏准则

通常情况下,岩石的抗拉强度相较于岩石抗压强度要小得多,因此在地层中岩体受拉伸应力作用影响,很容易发生拉伸破坏。在井眼钻进过程中,当井眼液柱压

力过高时,井壁处就会出现拉伸应力,拉伸应力达到地层抗拉强度上限,则出现拉伸破坏,也就是说,当任意点的最小主应力 S_{min} 超过岩石的抗拉强度时,岩石便发生拉伸破坏。由最大拉伸应力理论可知,井壁岩石处于张性极限平衡状态时的应力关系如下

$$S'_{min} = -|\sigma_t| \qquad\qquad (5-10)$$

式中,S'_{min} 为井壁拉伸应力分量的最小值;σ_t 为地层抗拉强度。

5.2　压力

5.2.1　压力类型

由于地下情况较为复杂,且不同的地质影响因素并非独立的单一个体,而是相互作用的,这导致地层各点的应力状态不尽相同,通常认为地应力主要由上覆岩层压力、地层孔隙压力和构造应力等构成。

（1）上覆岩层压力　上覆岩层压力是指覆盖于地层之上的基岩和岩石孔隙流体总重对地层造成的压力,通常认为上覆岩层压力与垂向应力基本相等。

（2）地层孔隙压力　地层孔隙压力是指受沉积物压实作用影响,地层孔隙流体(包括油、气、水等)所承受的压力,也称为孔隙流体压力。根据封闭条件的不同,地层主要分为正常压力地层和异常压力地层,地层孔隙与江河湖海等水源直接或间接连通的地层称为正常压力地层,其压力基本等于垂直深度的静水柱压力;受构造运动或沉积作用影响而形成封闭压力系统的地层称为异常压力地层,该地层孔隙流体压力比正常压力地层高出 1.2 倍时,称为异常高压地层,若低于正常压力的 0.8 倍,则称为异常低压地层。另外需要说明的是,地层孔隙压力并不一定仅在孔隙度、渗透率较高或裂缝发育的地层中存在,在低孔低渗地层中同样存在

孔隙压力。

（3）构造压力　构造压力主要由地壳构造运动、地质板块活动等动力行为引发，由于影响其状态的因素较多，且外界环境复杂多变，构造运动作用部位又各不相同，致使不同区域不同深度的构造压力大小和方向存在差异。

5.2.2　　地层压力计算

1. 计算方法

1）上覆岩层压力

目前利用密度测井数据和埋深来确定上覆岩层压力 p_o 是比较常见且可靠的方法，表达式为

$$p_o = S_v = \int_0^h \rho(h) g \mathrm{d}h \qquad (5-11)$$

式中　ρ——岩石体积密度，随深度变化而变化；

　　　h——埋深；

　　　g——重力加速度。

如果已知研究区域上覆岩层的平均密度 ρ_{ave} 和目的层起始深度 h_0，利用密度测井数据也可估算出目的层上覆岩层压力。

$$p_o = S_v = \rho_{ave} h_0 g + \int_{h_0}^h \rho g \mathrm{d}h \qquad (5-12)$$

2）地层坍塌压力

井壁产生剪切破坏时所处的临界井眼压力称为地层坍塌压力。从岩石力学的角度来讲，造成井壁坍塌的主要原因在于井眼液柱压力较低，使得井壁周围岩石所受的应力超过岩石自身强度，进而产生剪切破坏。前已述及，在脆性地层中，将出现崩落、掉块，甚至坍塌等脆性破坏，而对于塑性地层，井眼内部将产生塑性变形，造成缩径等延性破坏。因此，影响钻井过程中井壁稳定的关键因素在于钻井泥浆液的密度值是否合理，而地层坍塌压力正是确定钻井泥浆密度是否合理的重要

依据之一。

根据井眼围岩应力分布规律,假设处于平面应变状态,在完全弹性条件下,基于Mohr-Coulomb 准则可建立地层坍塌压力 p_b 的计算公式:

$$p_\mathrm{b} = \frac{[\,2\mu/(1-\mu) + K_\mathrm{t}\,](1-\sin\phi)}{2(p_\mathrm{o} - p_\mathrm{p})\tau_\mathrm{s}\cos\phi} + p_\mathrm{p} \qquad (5-13)$$

式中　μ——岩石泊松比;

　　　K_t——区域规则应力系数,一般取 1;

　　　ϕ——内摩擦角;

　　　p_p——地层孔隙压力;

　　　p_o——上覆岩层压力;

　　　τ_s——岩石固有剪切强度。

此外,黄荣樽教授以 Mohr-Coulomb 准则为基础,提出了利用地应力和地层孔隙压力推算地层坍塌压力的计算式

$$p_\mathrm{b} = \frac{\eta(3S_\mathrm{H} - S_\mathrm{h}) - 2CK + \alpha p_\mathrm{p}(K^2 - 1)}{(K^2 + \eta)} \qquad (5-14)$$

式中　η——井壁岩石的非线性应力修正系数,一般在 0.9 ~ 0.95 范围内;

　　S_H、S_h——分别为地层最大水平应力和最小水平应力;

　　　C——地层强度的内聚力;

　　　$K = \cot\left(\dfrac{\pi}{4} - \dfrac{\phi}{2}\right)$;

　　　α 是有效应力系数。

3）地层破裂压力

地层破裂压力是指井壁受到拉伸破坏时的临界井眼压力,它是评价井壁稳定性、实施安全钻井等工作的重要参数。通过岩石力学实验、压力测试以及利用测井资料计算等方法可获取地层破裂压力,其中,利用测井资料计算地层坍塌压力的方法具有分辨率高、连续性强、经济可靠等优点,因此受到广泛应用。

目前,国外有关地层破裂压力 p_f 的计算模型较多,这些模型的适用条件有所区别,以下为比较有代表性的模型。

（1）Hubbert-Willis 模型

1957 年，Hubbert 和 Willis 以三轴压缩试验为基础，首次提出地层破裂压力预测模型，称为 Hubbert-Willis 模型。该模型认为地层破裂压力等于最小水平应力与地层孔隙压力之和，最小水平应力约等于上覆岩层压力减地层孔隙压力的 1/3 到 1/2，具体表达式如下

$$p_f = p_p + \omega(p_o - p_p) \qquad (5-15)$$

式中，ω 为常数，取值范围为 1/3 ~ 1/2。

虽然 Hubbert-Willis 模型的应用效果一般，通常计算的地层破裂压力都偏低，但其具有首创性和创新性意义重大。

（2）Matthews-Kelly 模型

1967 年，Matthews 和 Kelly 在 Hubbert-Willis 模型的基础上，将骨架应力系数引入地层破裂压力的计算中：

$$p_f = p_p + K_i(p_o - p_p) \qquad (5-16)$$

式中，K_i 为骨架应力系数。

骨架应力系数的取值主要根据区域地层的实际压裂资料，这大大限制了其应用范围。

（3）Eaton 模型

1969 年，Eaton 将上覆岩层压力设为定量，在 Hubbert-Willis 模型的基础上，将泊松比引入地层破裂压力的计算中，并指出上覆岩层压力与地层孔隙压力之间的关系可由岩石泊松比的函数关系来表示，具体表达式为

$$p_f = p_p + \frac{\mu}{1-\mu}(p_o - p_p) \qquad (5-17)$$

式中，μ 为岩石泊松比。

需要注意的是，Eaton 模型中，不同地区的岩石泊松比由深度增大减小所引起的变化也有所不同，需要根据区域资料进行校正。

（4）Anderson 模型

1973 年，Anderson 通过考虑井壁应力集中所造成的影响，在地层破裂压力计算中

引入 Biot 弹性系数,假设水平应力处于均匀条件下,考虑多孔介质的应力应变关系,提出 Anderson 模型:

$$p_f = \frac{2\mu(p_o - \alpha p_p)}{1 - \mu} + \alpha p_p \tag{5-18}$$

式中,α 为 Biot 弹性系数。

(5) Terzaghi 模型

而后,Terzaghi 根据压力实验结果,对 Anderson 模型进行优化,得到:

$$p_f = \frac{[2\mu p_p + \alpha(1 - 3\mu)p_o]}{1 - \mu} \tag{5-19}$$

(6) EXLOG 模型

1980 年,在前人提出的各种地层破裂压力模型基础上,推演出考虑更加全面的预测模型:

$$p_f = p_p + \left(\frac{\mu}{1 - \mu} + \xi\right)(p_o - p_p) \tag{5-20}$$

式中,ξ 为地层构造应力系数。

(7) Douglas 模型

而后,Douglas 根据孔隙介质条件和孔隙压力影响因素,针对不同情况提出了分别适用的计算模型:

$$\begin{cases} (1)\ p_f = 3S_h - S_H + \sigma_t \\[2mm] (2)\ p_f = 3S_h - S_H + \sigma_t - p_p \\[2mm] (3)\ p_f = \dfrac{3S_h - S_H + \sigma_t - \alpha\left(\dfrac{1 - 2\mu}{1 - \mu}\right)p_p}{2 - \alpha\left(\dfrac{1 - 2\mu}{1 - \mu}\right)} \end{cases} \tag{5-21}$$

式(1)适用于无孔隙介质,未涉及孔隙压力和压裂液渗滤问题;式(2)涉及孔隙压力,不考虑压裂液渗入孔隙介质问题;式(3)综合孔隙压力和压裂液渗入问题。

国内方面,冯启宁、黄荣樽、谭廷栋、姜子昂等专家学者通过研究国外地层破裂压力预测模型的经验,充分考虑我国地质情况,建立了更符合国内区域地层的破裂压力预测模型：

（1）黄氏模型

1984 年，黄荣樽教授对三向主应力、井壁应力集中、地层构造应力的非均匀分布特征及岩石抗张强度的综合考虑，提出：

$$p_f = p_p + \sigma_t + \left(\frac{2\mu}{1-\mu} + K\right)(p_o - p_p) \qquad (5-22)$$

式中 $\qquad \sigma_t$ ——岩石抗张强度；

$K - 3\beta - \alpha, \alpha, \beta$ ——分别为水平方向上的两个地质构造应力系数。

（2）谭氏模型

1990 年，谭廷栋教授提出了地层破裂压力上下限概念：

$$\begin{cases} p_{fx} = \dfrac{\mu}{1-\mu}S_v - \mu_b\dfrac{1-2\mu}{1-\mu}\alpha p_p \\[3mm] p_{fy} = \dfrac{\mu}{1-\mu}S_v - \dfrac{1-2\mu}{1-\mu}\alpha p_p \end{cases} \qquad (5-23)$$

式中 $\quad p_{fx}、p_{fy}$ ——分别代表地层破裂压力上下限；

$\qquad S_v$ ——垂直应力；

$\qquad \mu_b$ ——地层水平骨架应力的非平衡因子。

4）地层孔隙压力

针对地层孔隙压力的测井解释研究是高效准确地完成地应力解释分析的重要基础，它对选取合适的地应力计算方法、快速正确地计算出地应力参数值，进而建立地应力解释分析模型都起着核心作用，也正因如此，如何准确判断地层孔隙压力一直是油气勘探开发过程中的一大难题。

据地应力相关研究表明，地层孔隙压力与储层岩石力学性质、井壁坍塌及破裂压力等参数有着紧密联系。在早先时期，油气勘探区域应用测井方法不太广泛，导致测井资料较少或缺失，一般只能通过参考整体区域地震波速数据来估算地层孔隙压力。而随着测井技术的发展，基本上每口井都完成测井作业，通过完备的测井资料和实测地层压力资料，可以较准确地计算和确定地层孔隙压力。目前，利用测井资料计算和确定地层孔隙压力的方法主要包括以下几种。

（1）等效深度法

众多研究表明,在地层孔隙压力的计算和确定方面,一般选取泥页岩地层的声波时差数据来实现,这主要是因为,在力学分析方面,声波测井数据因受井眼条件、区域地层特征等环境因素影响小,与密度测井、电阻率测井等数据相比有明显优势,而泥页岩相对于砂岩或其他岩性而言,受岩性变化的影响较小,其抗压能力也较弱,能够比较真实地反映出目标部位的地层孔隙压力大小。

通常情况下,泥页岩孔隙度和声波时差等参数随地层埋深增加而减小,密度、电阻率随地层埋深增加而增大。当地层孔隙流体压力较正常压力高时,颗粒间的有效应力减小,地层孔隙度增大,密度、电阻率减小,声波时差增大。假设泥页岩与相邻地层的孔隙压力大致相同,建立泥页岩正常压实趋势线,对比实测数据与正常趋势线的偏离程度,即可求得地层孔隙压力。

所谓"等效深度法"实际上也可称为图版法,其原理是利用声波时差数据,结合埋深、孔隙流体等相关数据建立关系图版,对比差异,进而计算出目标区域的地层孔隙压力,具体方法如下。

首先,利用声波时差测井值计算地层孔隙度:

$$\phi = \frac{\Delta t - \Delta t_{\mathrm{ma}}}{\Delta t_{\mathrm{f}} - \Delta t_{\mathrm{ma}}} \tag{5-24}$$

式中　Δt——某深度的泥页岩声波时差;

　　　Δt_{f}——孔隙流体声波时差;

　　　Δt_{ma}——泥页岩骨架声波时差。

在正常压实情况下,泥页岩的孔隙度与埋深 h 存在一定的关系:

$$\phi = \phi_0 \times \mathrm{e}^{-C_{\mathrm{p}} \cdot h} \tag{5-25}$$

式中　ϕ_0——起始深度的孔隙度;

　　　C_{p}——压实系数;

　　　h——埋深。

假设某深度的泥页岩孔隙度为 ϕ_{d},通过推导可得:

$$h = \frac{\ln \Delta t_0}{C_p} - \frac{\ln \Delta t_d}{C_p} \qquad (5-26)$$

而后可作出埋深与声波时差之间的关系图,进而建立正常压实趋势线,确定可能存在的异常压力地层段。

(2) Eaton 法

所谓"Eaton"法主要是利用地层孔隙压力预测的经验关系,通过综合考虑非压实作用影响,根据上覆岩层压力、目标层段压实压力与正常压实压力及声波时差等参数来计算地层孔隙压力,其关系式为

$$p_p = p_o - (p_p - p_w) \cdot \left(\frac{\Delta t_n}{\Delta t_d}\right)^C \qquad (5-27)$$

式中　p_p——地层孔隙压力;

　　　p_o——上覆岩层压力;

　　　p_w——地层水静液柱压力;

　　　Δt_n——正常压实压力的声波时差;

　　　Δt_d——目标层段压实压力的声波时差;

　　　C——压实系数(主要受岩性、成岩程度等因素影响)。

由此可见,等效深度法和 Eaton 法计算地层孔隙压力的关键在于正常压实趋势线的构建,而构建正常压实趋势线的关键在于声波时差数据的选取,前人经验证明,选取声波时差数据时,应首先通过自然伽马、自然电位和井径等测井参数区分岩性,尽量选较纯的泥页岩层段,还应排除缩径、扩径严重的井段,并剔除测井曲线中的尖峰段和"周波跳跃"段。

(3) 有效应力法

首先,依据沉积作用,上覆岩层压力会不断压实泥页岩层段。若泥页岩中的流体被排出,泥页岩的孔隙空间将保持流体静压力,反之,压实作用则将受到阻碍,流体压力将升高。研究表明,泥页岩颗粒间的支撑应力(有效应力)σ 等于上覆岩层压力 p_o 与地层孔隙压力 p_p 之差,即

$$\sigma = p_o - p_p \qquad (5-28)$$

　　然后,由于有效应力与岩石力学参数存在紧密联系,且前已述及,岩石力学参数可通过声波时差测井资料求取,也就是说,利用声波测井资料可间接计算有效应力。

$$\begin{cases} \sigma = a\mathrm{e}^{b^{\frac{v_\mathrm{p}}{v_\mathrm{s}}}} \\ \sigma = A\mathrm{e}^{B\mu} \end{cases} \qquad (5-29)$$

式中　$v_\mathrm{p}/v_\mathrm{s}$——声波纵、横波速度比;

　　　　μ——泊松比;

　a、b、A、B——均为经验常量,主要由区域、地层和岩性决定。

　　另外,G. L. Bowes 等经过大量实验研究及理论分析发现,已知地层骨架声波速度的前提下,有效应力也可由以下关系式描述:

$$\sigma = a\left(\frac{v_\mathrm{ma} - v}{A}\right)^B \qquad (5-30)$$

式中　a、A、B——相关系数;

　　　v_ma——骨架声波速度。

　　最后,由关系式 $p_\mathrm{p} = p_\mathrm{o} - \sigma$ 求得地层孔隙压力。

　　此外,除地层孔隙压力对地应力解释研究有重要意义外,地层岩石的 Biot 弹性系数和构造应力系数也与地应力分析密切相关。

　　2. 模型中参数的确定

　　岩石力学参数评价技术主要依托特殊测井系列与岩石物理实验,如全波列声波测井、偶极子阵列声波测井等,结合岩石物理分析,建立岩石力学计算模型,计算岩石力学参数,进行压裂效果预测与压裂效果检测等。

　　针对各种性质不一定都相同的页岩气储层,压裂技术的运用也不一定相同。每一个地区的页岩气储层在压裂中必须进行有针对性的优化设计,为此必须进行岩石物理参数的计算。利用测井资料可以计算脆性、闭合压力、压裂宽度、杨氏模量、泊松比等参数。

　　测井资料可以很好地反映岩石的力学特性,通常从纵、横波时差和密度测井曲线中可以容易地提取模型中所包含的岩石力学参数。声波全波列测井是获得井眼中低层的纵横波以及斯通利波信息的最直接的方法。可以利用这些信息进行计算,获得岩石的弹性力学参数。由阵列声波测井提取地层的纵波、横波速度结合体积密度测井资料也可方便直接地计算岩石动态泊松比和动态杨氏模量,但是声波测井方法计算出来的是岩石的动态参数,还需要结合岩心等资料进行实验分析动态参数和静态参数之间的关系,才能准确的利用这些数据。

利用多极子阵列声波测井资料可以得到与岩石力学特征参数密切相关的声波传播的纵波时差和横波时差,结合岩石密度测井资料测得的地层和骨架体积密度以及地层中泥质含量,根据弹性波动理论即可方便快捷地得到任意地层深度的岩石弹性力学参数(泊松比、杨氏模量、体积模量及剪切模量)和岩石强度(包括岩石的抗压强度、抗张强度和初始剪切强度),可以进一步计算岩石的破裂压力,为地应力分析奠定基础。

1)岩石泊松比 μ

利用纵、横波时差测井资料可以利用下式来计算岩石的泊松比。

$$\mu = (\Delta t_s^2 - 2\Delta t_c^2)/2(\Delta t_s^2 - \Delta t_c^2) \tag{5-31}$$

式中,Δt_c、Δt_s 分别为地层纵、横波时差,$\mu s/m$。

如果缺乏横波时差资料,则可以通过地层纵波时差等测井资料转换得到横波时差,具体转换公式为

$$\Delta t_s = \Delta t_{mas} + (\Delta t_{fs} - \Delta t_{mas})(\Delta t_c - \Delta t_{mac})/(\Delta t_{tc} - \Delta t_{mac}) \tag{5-32}$$

式中　Δt_{mas}、Δt_{mac} ——分别为地层骨架的横波时差与纵波时差,$\mu s/m$;

　　　Δt_{fs}、Δt_{fc} ——分别为地层流体的横波时差与纵波时差,$\mu s/m$。

2)Biot 弹性系数 α

岩石的 Biot 弹性系数 $\alpha(0 < \alpha \leqslant 1)$ 是计算地层坍塌压力和破裂压力的一个重要参数,只有当岩石的孔隙度和渗透率足够大时才可以近似取 $\alpha = 1$。α 取值可以由经验公式求得, 也可根据室内试验和现场试验数据获得。此处利用声波和密度测井资料来确定 α 值。

$$\alpha = 1 - \rho_b(3/\Delta t_c^2 - 4/\Delta t_s^2)/[\rho_m(3/\Delta t_{mc}^2 - 2/\Delta t_{ms}^2)] \tag{5-33}$$

式中　ρ_b、ρ_m ——分别为地层和岩石骨架密度,g/cm^3。

3）岩石黏聚力 τ 和内角摩擦力 ϕ

岩石黏聚力 τ 和内角摩擦力 ϕ 都是岩石的强度参数。τ 可利用声波、密度、伽马测井资料采用式（5-34）计算，ϕ 除了可通过岩心三轴试验确定外，也可由式（5-35）确定。

$$\tau = 4.694\,33 \times 10^{7}(1-2\mu) \times (1+\mu)/[(1-\mu) \times (1+0.78V_{sh})/\Delta t_c^4] \tag{5-34}$$

$$\phi = \pi[2.654 \times \lg(M+\sqrt{M^2+1})+20]/180 \tag{5-35}$$

式中，$M = 58.93 - 1.785\tau$；V_{sh} 为泥质含量，%，可由 GR 测井求取。

4）应力非线性修正系数 η

$$\eta = \sigma_{\theta n}/\sigma_{\theta 1} \tag{5-36}$$

式中　$\sigma_{\theta 1} = 2\sigma - p_m$；

$$\sigma_{\theta n} = \frac{\mu(1-\omega)-1}{(1-\omega)(1-\mu)}p_m - \frac{(2\mu-1)(1-\omega)}{(1-\mu)(1+\omega)}p_m^\omega \sigma^{1-\omega}。$$

式中　$\sigma_{\theta 1}$、$\sigma_{\theta n}$——分别为均匀地应力下切向应力的线性弹性解和非弹性解，MPa；

　　　　σ——水平地应力的平均应力，MPa；

　　　　p_m——泥浆柱压力，MPa；

　　　　ω——待定系数，通常取值为 0.1。

5）岩石抗张强度 σ_t

可由岩石杨氏模量 E 和泥质含量 V_{sh} 来计算岩石抗张强度。

$$\sigma_t = (0.004\,5E+0.35EV_{sh})/12 \tag{5-37}$$

式中，$E = 2\rho_b\beta(1+\mu)/\Delta t_s^2$，MPa；$\beta$ 为单位转换系数，$9.290\,304 \times 10^7$。

6）地层水平骨架应力非平衡因子 u_b

该参数反映了沿 x 轴和 y 轴方向上的两个地应力不等而导致其水平骨架应力出现非平衡的现象，可由双井径、声波和密度测井曲线来计算。

$$u_b = 1 + k[1-(D_{min}/D_{max})^2][\Delta t_{ms}^2\rho_b(1+\mu)]/[\Delta t_s^2\rho_m(1+\mu_m)] \tag{5-38}$$

式中　D_{max}、D_{min}——双井径中的最大、最小值,m;

$\quad\quad\quad\mu_m$——地层骨架的泊松比,量纲为1;

$\quad\quad\quad k$——经验系数,取值范围为1～3,经多次试算,认为对碳酸盐岩地层 k 取经验值2.0比较合适。

3. 方法应用

利用测井资料预测地层孔隙压力的优点可以归纳为以下几点:① 能预测出较准确的地层孔隙压力纵向剖面;② 对构造比较清楚的地区,借助于数口已钻井测井资料建立的地层孔隙压力剖面,可以分析地层孔隙压力纵横向的分布特征,为钻井设计和石油地质研究提供必要的基础参数,也利于相邻构造或地区待钻井地层孔隙压力的预测;③ 通过与地震速度资料预测结果及随钻资料监测结果进行综合对比分析,可以提高地层压力预测与随钻监测的精度。

注重岩石力学参数评价可为钻井、钻井液及储层改造提供其必需的参数。岩石力学参数评价的意义主要如下。

(1)选择压裂模式。岩石力学脆性选择压裂模式,通过加砂水力压裂改造,尽可能多的沟通天然裂缝,形成一定导流能力的网状裂缝,产生较大的裂缝与地层接触面积,使气藏的压力降低可能传递到更大的区域,使更多的吸附气解吸出来,从而提高页岩气产量。

(2)指导压裂改造。偶极声波测井能提供纵波时差、横波时差资料,通过各向异性分析处理,判断水平最大地层应力的方向,计算地层水平最大与最小地层应力,求取各种重要岩石弹性参数,满足岩石力学参数计算模型建立的要求,指导页岩气储层的压裂改造。

(3)压裂裂缝效果评价和监测。在压裂施工期间,精确地估算压裂缝的高度是非常关键的。施工时,不能因压裂产生的诱导缝延伸过大,造成窜层,又不能使诱导缝延伸过小,起不到增产的效果。利用正交偶极各向异性测井技术可以在裸眼井进行压裂缝高度预测,指导压裂施工。

首先录取声波时差、电阻率、密度和自然伽马等测井资料,以前面所述的理论方法为基础,进行综合分析计算,建立合理正常地层压力趋势线(图5-2)。

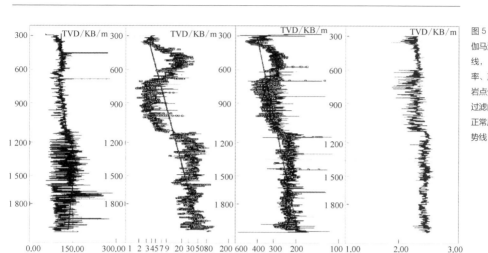

图 5 - 2
伽马泥岩基
线, 电阻
率、声波泥
岩点分析、
过滤曲线与
正常压实趋
势线

　　然后利用密度测井资料进行上覆岩层压力 OBG 的计算;利用 Eaton 电阻率和声波时差法进行地层孔隙压力预测;利用摩尔-库仑失效准则进行最小地层主应力计算;利用最小水平主应力和上覆岩层压力计算最大水平主应力;计算构造应力系数;应用 Matthews 和 Kelly 法或 Breckels 和 Van Eekelen 法,使用刚刚计算出来的构造应力系数数据计算地层破裂压力;利用摩尔-库仑失效准则计算坍塌压力。最终可得地层三项压力预测分析结果,见图 5 - 3。图示曲线自左向右分别是,第一道: 最小主应力、最大主应力、上覆岩层压力;第二道: 地层岩性剖面、地层坍塌压力、地层孔隙压力、邻井钻井液密度、地层破裂压力;第三道: 邻井井径数据与钻头尺寸序列。

　　刘之的等(2005)考虑碳酸盐岩剖面的地层特性,提出一套测井计算碳酸盐岩三个地层压力的方法,讨论了模型中各参数的测井求取方法,并将该方法应用到川东多口井解释中,并与实测地层压力对比,结果表明,该套方法计算的地层压力可靠,精度较高(表5-1)。

　　实践表明: ① 准确计算地层孔隙压力是预测地层坍塌压力和破裂压力的前提。有效应力法能够准确预测碳酸盐岩剖面的地层孔隙压力,从而可避免在碳酸盐岩剖面中利用等效深度法计算孔隙压力时构建地层正常压实趋势线和方程的难题。② 由于测井信息的高分辨率、连续性、方便性和可靠性及经济性,可以从测井资料中提取用于计算三个地层压力所需的岩石力学参数。③ 虽然准确计算碳酸盐岩三个地层压力难

图5-3 地层岩性剖面与地层三项压力预测结果

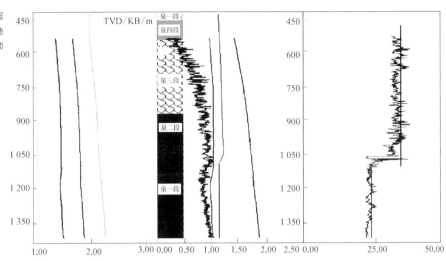

表5-1 预测地层孔隙压力与实测孔隙压力对比

井　名	深度/m	预测值/MPa	实测值/MPa	绝对误差
LJ1	3 488.0	39.296	40.589	−1.293
LJ2	3 248.0	40.972	40.454	0.518
LJ4	3 599.0	42.842	42.008	0.843
LJ5	2 964.5	29.960	30.595	−0.635
LJ7	3 938.0	43.427	42.444	0.983
LJ9	2 978.0	30.120	30.543	−0.423

度较大,但只要综合考虑各种影响因素以及钻井、采油工程的实际情况建立起精细解释模型,并对具体模型进行检验修正,是可以逐步解决这一难题的。

5.3　应力

地层岩石内部所受的地应力大小及方向称为地应力状态,地应力状态的变化直接影响着油气富集区域分布、压裂方案设计、储集层裂缝分布等众多方面,同时也是油气勘探开发过程中工程方案制定及安全保障等工作至关重要的基础数据。

关于地应力状态研究开展较早,先期主要是通过岩心测试、水力压裂等方法直接测量地应力大小,但由于实验方法所测量的岩心数量比较有限,不能得到连续的地应力剖面,且岩心实验存在成本高、效率低等缺陷,不能满足当今工业化需求,而随着测井技术的不断发展,测井资料以其连续性强、准确度高及经济高效等特点,逐渐广泛应用于地应力状态研究。

5.3.1   地应力空间表示及类型

据众多理论分析及实测资料证明,地应力在空间上通常由三向应力表示,分别为垂向应力 S_v、最大水平主应力 S_H 及最小水平主应力 S_h,如图 5-4 所示。

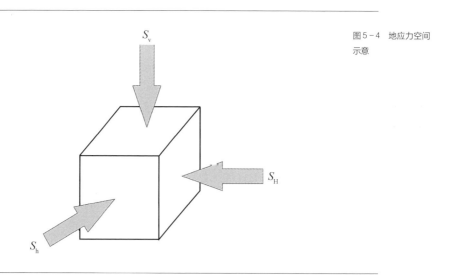

图 5-4　地应力空间示意

进行地应力研究,首先应当了解其所处于区域地应力类型,根据垂直主应力和两个水平主应力之间的关系,将地应力分为三种地应力类型,即正常地应力类型、走滑地应力类型及反转地应力类型。

1. 正常地应力类型

当地层处于正常地应力类型时,三向应力大小关系为 $S_v > S_H > S_h$,其空间效果如图 5-5 所示。

图5-5 地层正常地应力类型空间示意

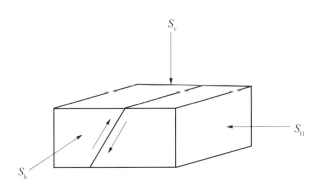

2. 走滑地应力类型

当地层处于走滑地应力类型时,三向应力大小关系为 $S_H > S_v > S_h$,其空间效果如图 5-6 所示。

图5-6 地层走滑地应力类型空间示意

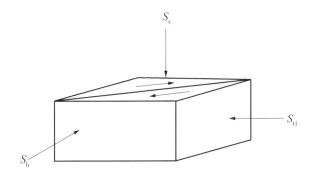

3. 反转地应力类型

当地层处于反转地应力类型时,三向应力大小关系为 $S_H > S_h > S_v$,其空间效果如图 5-7 所示。

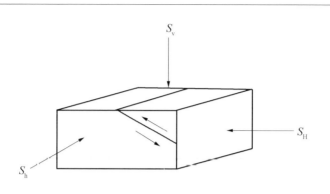

图5-7　地层反转地应
力类型空间示意

5.3.2　应力大小的计算

1. 垂向应力大小的计算

垂向应力基本等于上覆岩层压力,可通过密度测井数据求取。有关上覆岩层压力的计算公式前已述及。因此,垂向应力计算模型为

$$S_v = p_o = \int_0^h \rho g \mathrm{d}h \qquad (5-39)$$

式中　ρ——岩石体积密度,随深度变化而变化;

　　　h——埋深;

　　　g——重力加速度。

2. 水平应力大小的计算

目前国内外已发展出多种水平应力大小的计算模式,不同模式衍生出多种数学模型,其中比较有代表性的模式和模型如下。

1）单轴应变模式

该模式假设地层仅发生垂向形变,地层中最大水平主应力和最小水平主应力相等,且均小于垂直方向的地应力,但这与多数地应力实测结果不相符,因此存在一定误差,其主要原因是忽略了构造残余应力对整体地应力的影响。

（1）Matthews & Kelly 模型

1967 年,Matthews 和 Kelly 综合考虑钻井过程中的水力压裂影响,提出以下模型:

$$S_h = k(p_o - p_p) + p_p \tag{5-40}$$

式中,k 为骨架应力系数。

Matthews & Kelly 模型考虑了地层孔隙压力的影响,但未考虑到骨架应力系数是随地层深度变化而变化的,因此得到的水平应力值不准确。

（2）Terzaghi 模型

Terzaghi 根据地下岩石应力分布特征和多孔弹性理论,将地层假定为各向同性的线弹性孔隙介质,且无水平方向应变,提出以下模型:

$$S_h = \frac{\mu}{1-\mu}(p_o - p_p) + p_p \tag{5-41}$$

该模型考虑到垂向应力随深度变化而变化,将骨架应力系数转换为岩石力学参数中的泊松比函数。

（3）Anderson 模型

1973 年,Anderson 等根据 Biot 多孔介质弹性理论推导出模型:

$$S_h = \frac{\mu}{1-\mu}(p_o - \alpha p_p) + \alpha p_p \tag{5-42}$$

式中,α 为 Biot 弹性参数。

Anderson 等创新性地将 Biot 弹性参数引入水平应力大小计算中,大大提升了地应力计算的准确度。

（4）Newberry 模型

1985 年,Newberry 基于低渗微裂缝地层,对 Anderson 模型进行修正,得到:

$$S_h = \frac{\mu}{1-\mu}(p_o - \alpha p_p) + p_p \tag{5-43}$$

2）各向异性模式

单轴应变模式假设地层中水平方向的两个地应力值大小相等,且忽略构造残余应力的影响,而有些地区构造运动强烈,地层存在各向异性,在各方向上均存在不等的构造应力,不符合单轴应变模式假设的条件,这种模式成为各向异性模式。

（1）黄氏模型

1983 年,著名岩石力学专家黄荣樽教授认为地下岩层的地应力主要由上覆岩层压力和水平方向构造应力构成,而且水平方向上的构造应力与上覆岩层的有效应力成正比。

$$\begin{cases} S_h = \left(\dfrac{\mu}{1-\mu} + A \right)(S_v - \alpha p_p) + \alpha p_p \\ S_H = \left(\dfrac{\mu}{1-\mu} + B \right)(S_v - \alpha p_p) + \alpha p_p \end{cases} \tag{5-44}$$

式中,A、B 为构造应力场系数,受不同区域的地质构造情况影响。

黄氏模型虽然考虑了构造应力对水平应力的影响,但忽略了地层特性对水平应力的影响,且未充分考虑不同岩性地层中的地应力差异,故应用效果受限。

（2）组合弹簧模型

组合弹簧模型以黄氏模型为基础,并充分考虑黄氏模型缺陷,假定地层岩石为均质、各向同性的线弹性体,且在沉积和地质构造运动过程中,地层之间未发生相对位移,水平方向应变均为常数,得到模型:

$$\begin{cases} S_h = \dfrac{\mu}{1-\mu}(S_v - \alpha p) + \alpha p_p + \dfrac{E}{1-\mu^2}\varepsilon_h + \dfrac{\mu E}{1-\mu^2}\varepsilon_H \\ S_H = \dfrac{\mu}{1-\mu}(S_v - \alpha p) + \alpha p_p + \dfrac{E}{1-\mu^2}\varepsilon_H + \dfrac{\mu E}{1-\mu^2}\varepsilon_h \end{cases} \tag{5-45}$$

式中　E——岩石杨氏模量;

ε_h、ε_H——岩石在最小水平应力和最大水平应力方向产生的应变。

由各向异性模式可知,地应力大小与岩石泊松比、弹性模量等参数有关。

（3）葛氏模型

1998 年,著名地球物理专家葛洪魁教授将上覆岩层重力、地层孔隙压力、地层岩石力学参数(泊松比、弹性模量)、构造应力对水平地应力的影响以及地层温度变化等诸多因素列入考虑范围,提出了适用于不同水力压裂裂缝的地应力计算模型。

垂直裂缝:

$$\begin{cases} S_h = \dfrac{\mu}{1-\mu}(S_v - \alpha p) + \alpha p_p + K_h \dfrac{E(S_v - \alpha p)}{1+\mu} + \dfrac{\alpha^T E \Delta T}{1-\mu} \\ S_H = \dfrac{\mu}{1-\mu}(S_v - \alpha p) + \alpha p_p + K_H \dfrac{E(S_v - \alpha p)}{1+\mu} + \dfrac{\alpha^T E \Delta T}{1-\mu} \end{cases} \tag{5-46}$$

水平裂缝:

$$
\begin{cases}
S_\mathrm{h} = \dfrac{\mu}{1-\mu}(S_\mathrm{v}-\alpha p) + \alpha p_\mathrm{p} + K_\mathrm{h}\dfrac{E(S_\mathrm{v}-\alpha p)}{1+\mu} + \dfrac{\alpha^T E\Delta T}{1-\mu} + \Delta S_\mathrm{h} \\[2mm]
S_\mathrm{H} = \dfrac{\mu}{1-\mu}(S_\mathrm{v}-\alpha p) + \alpha p_\mathrm{p} + K_\mathrm{H}\dfrac{E(S_\mathrm{v}-\alpha p)}{1+\mu} + \dfrac{\alpha^T E\Delta T}{1-\mu} + \Delta S_\mathrm{H}
\end{cases}
\tag{5-47}
$$

式中 α、α^T——岩石有效应力系数和线膨胀系数;

K_h、K_H——地层最小水平地应力、最大水平地应力的构造应力系数,常量;

ΔS_h、ΔS_H——考虑地层剥蚀的最小水平方向和最大水平方向地层应力附加量,常量。

葛氏模型比较全面地考虑了地层影响因素方面,比较符合地应力规律,适用范围较广,应用效果良好。

5.3.3　地应力方向的确定

利用测井资料确定地应力方向主要有井眼崩落法、钻井诱导缝推断法及 DSI 快横波方位分析法等。

声、电成像测井具有高分辨率、高井眼覆盖率和可视性特点,不仅在岩性与裂缝识别、构造特征分析方面具有良好的应用效果,对指导页岩气储层的压裂改造、评定页岩气储层的开发效果有着重要的意义。在地应力方面,由于重钻井液压力大于地层的抗压强度,钻井时地层地应力不平衡,经常会导致井眼崩落和应力释放缝的产生。声、电成像测井可以提供井壁上崩落和钻井诱导缝、应力释放缝的信息,这些信息可以给出现今水平主应力的状态。

利用多极子阵列声波测井资料可以得到精确的纵波和横波数据,从而可以用来确定地应力的方向和水平应力的大小,为破裂压力和坍塌压力的计算提供依据,而这两个参数能够作为评价井壁稳定性的重要指标。这对于提高井身质量、有效保护油气层、降低钻探成本有着重要意义。

利用阵列声波测井资料、原位应力数据计算页岩气储层的力学参数,可以绘制地应力剖面,可为产区的勘探开发奠定基础。

1. 井眼崩落法

井眼崩落与地应力方向有着紧密联系,在钻井过程中,地层应力会发生变化,井壁应力集中,当应力值超过岩石破裂强度时,井壁会发生剪切性破裂,造成井壁相对方向的垮塌,形成井眼崩落。井眼崩落椭圆的长轴方向与最小水平应力方向一致,垂直于长轴的方向为最大水平应力方向。

理论上来讲,地层最大水平主应力的方向是与发育的天然裂缝的走向一致,因此在泥页岩地层正确识别出地应力的方向对于水平井的定向钻井和水力压裂具有重要意义。前已述及,井眼崩落的方向对应于地层的最小水平主应力方向,而诱导缝则对应地层最大水平主应力的方向。

目前利用声电成像测井和地层倾角测井资料来分析井眼崩落较为常见。在声成像测井图像(图5-8)上可较直观地识别井眼崩落,一般表现为间隔为180°的两条竖

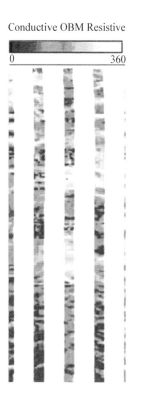

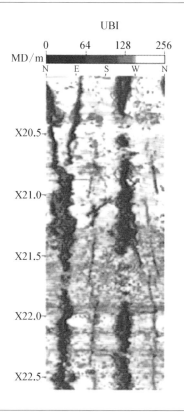

图5-8 声成像测井识别井眼崩落

直的暗色条带,该条带所在方向即为最小水平应力方向。

在地层倾角测井中,由于井眼崩落会造成井眼出现扩径现象(图5-9),根据扩径的方向可判断井眼崩落椭圆的长轴方向,进而确定对应的最小水平应力方向。地层

图5-9
HDT 倾角
仪工作形态

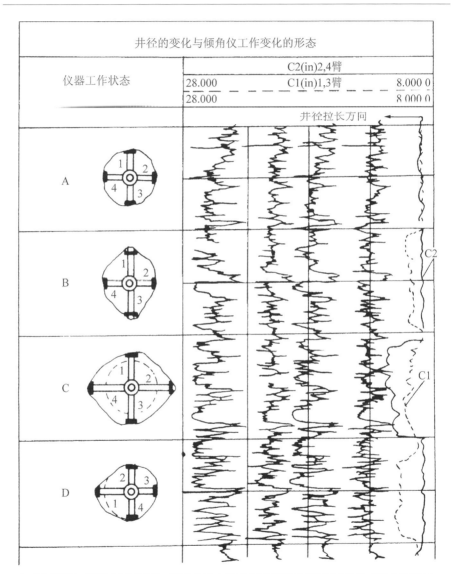

A—井孔变性较小、仪器处于自由状态;B—井眼由应力各向异性导致的井壁崩落使井眼直径拉长;C—受浸泡、冲刷影响,仪器进入槽内;D—仪器不居中井眼直径链槽型拉长,仪器进入槽内

倾角的井径反映出的由地应力引起井筒扩径的长轴方向与最大水平主应力方向垂直（图5-10）。

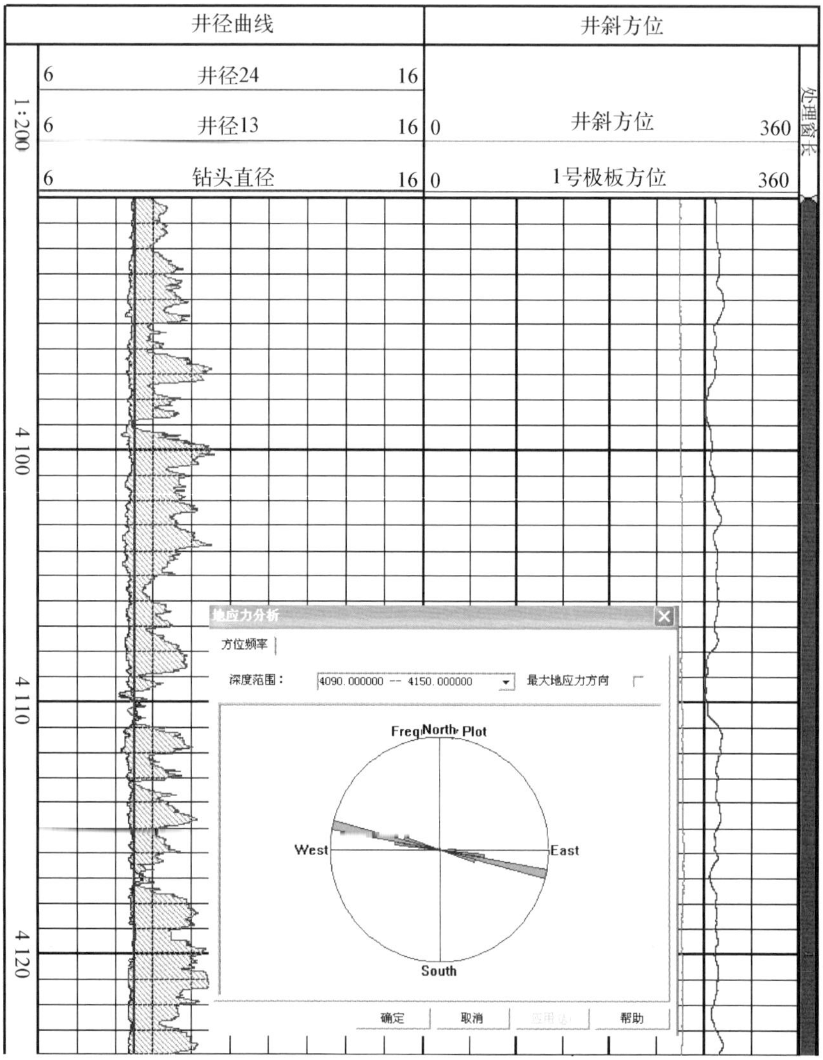

图5-10 地层倾角测井曲线

值得注意的是,利用井眼崩落法来确定地应力方向的应用效果受井斜角影响,在垂直井或井斜较小的井眼中,通过井眼崩落可较准确地判断地层应力方向,但当存在一定的井斜角时,井眼崩落椭圆的长轴方向可能与最小水平应力方向存在偏差,应通过统计尽可能多的井眼崩落方位数据,推算出正确的最小水平应力方向。

2. 钻井诱导缝推断法

钻井诱导缝主要是指钻井过程中因钻具震动、钻井泥浆液比重过大或应力释放等因素致使地层发生破裂而诱发的井壁裂缝,主要表现为竖直张性诱导缝和雁状或羽状诱导缝等。在声电成像测井图像中,竖直张性诱导缝特征明显,主要体现为无天然裂缝常见的平滑边缘;雁状或羽状诱导缝呈现雁列状或羽毛状不连续裂缝。据研究表明,钻井诱导缝的方向平行于最大水平应力的方向。从图5-11中可以看出,椭圆井

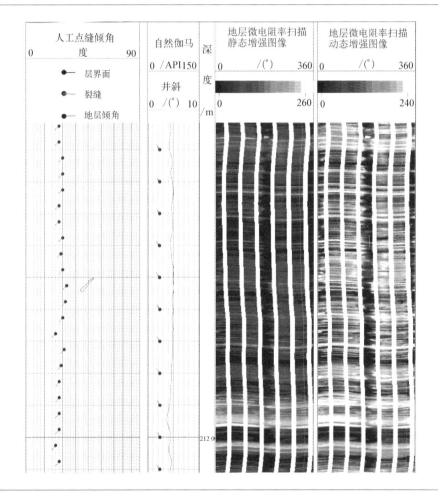

图5-11 电成像测井识别钻井诱导缝

眼长轴方向为近南北向,因此最小主应力方向为近南北向,最大主应力方向为近东西向。

需要注意的是,利用钻井诱导缝推断地应力方向时,应注意钻井诱导缝与天然裂缝的区别。钻井诱导缝与地应力存在密切关系,故大多排列比较整齐对称,规律性较强,且诱导缝宽度变化不大,而天然裂缝通常由多期构造运动形成,后经过地下流体的溶蚀和沉积作用改造,故大多呈现为不规则排列,且裂缝宽度不等。除此之外,一般情况下,钻井诱导缝的径向延伸度不大,在深探测电阻率或其他测井曲线中无明显特征。

3. 基于偶极阵列声波测井的快横波方位分析法

受非均衡应力、裂缝、不规则井眼及地层界面等诸多因素影响,地下岩层会呈现各向异性特征。在各向异性地层中,不同方位的物理性质存在一定差异,这致使偶极阵列声波测井发生横波分裂,出现频散交叉现象,并分别产生快、慢横波。在偶极阵列声波测井中,应力不均衡导致偏振横波的传播速度有所不同,通常沿最大水平应力方向偏振的横波比垂直于该方向偏振的横波传播速度要快,因此快横波的方位同最大水平应力方向一致。

由于快横波的方位与最大主应力的方向相同,因此可以利用偶极横波成像的各向异性来确定最大水平地应力的方向。井壁崩落的方位玫瑰花图(最小水平主应力的方向)和快横波方位玫瑰花图(最大水平主应力的方向)得到的地应力方向是一致的。可见,利用交叉偶极资料可以准确得到地应力方向。以岩石力学参数计算为基础,结合通过密度测井资料计算出的垂向应力(即上覆岩层压力)值,可以得到地层的最大及最小水平主应力的大小。

图 5-12 是利用交叉偶极子快横波的偏振方向来确定区域最大应力方向。从第六道的各向异性方位图中可以看出亮色条带位于近东西向,因此最大主应力方向为近东西向;从第二道玫瑰图中也可直观识别出最大主应力方向。两者方向一致。

另外,通过地应力的分析选择正确的钻进延伸方向。在页岩气宏观区带选择和目标确定时,需要全面分析预测有利的页岩气生储地质条件分布范围,钻井轨迹应选择大致沿页岩最大水平应力即垂直于主要裂缝网络系统的方位钻井,能够生成众多横向诱导缝,使天然或诱导裂缝网络彼此联通,提高页岩气的产量。

图 5-12 交叉偶极子快横波确定最大应力方向

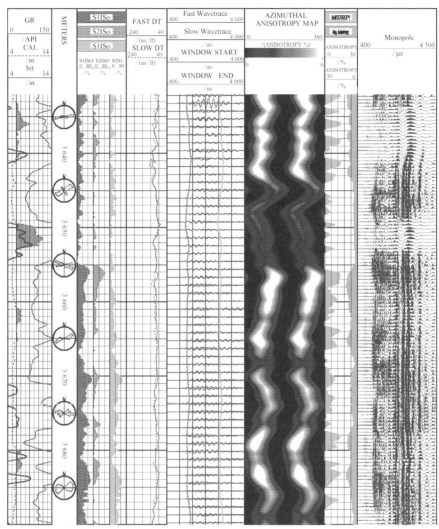

5.4 裂缝

页岩的孔隙度和渗透率都比较低,如果页岩中裂缝发育,在一定程度上可以补偿基质的低渗透率。裂缝是针对储层开展勘探开发研究的重要对象,不同类型不同特点的岩性储层所存在的裂缝特征也有所不同。裂缝是油气储集的有利场所,因此,针对裂缝的预测、描述及表征测等问题显得尤为重要,但其在地质学方面存在储集空间多样化且差异大、裂缝储层的非均质性强、裂缝储层油、气、水分布复杂等诸多难点,在裂缝成因方面也受化学、物理、成岩、构造、形成期次等多方面因素影响。

5.4.1 常规测井识别裂缝

1. 双侧向电阻率差异法

根据双侧向测井仪的测量原理,在裂缝地层中,若深浅双侧向电阻率呈正差异,即深侧向电阻率大于浅侧向电阻率,通常情况下为高角度裂缝,差异幅度越大,裂缝越发育;当电阻率曲线形态尖锐时,深浅双侧向电阻率呈负差异,即深侧向电阻率小于浅侧向电阻率,则为低角度裂缝;深浅侧向电阻率正负差异交替出现时,为网状缝;深浅双侧向电阻率幅度差取决于裂缝的组合状态。当高角度裂缝占优势时呈正差异,当低角度裂缝占优势时呈负差异。

2. 岩石孔隙结构指数法

岩石孔隙结构指数 m 是 Archie 公式中的系数,它的大小反映岩石孔隙曲折度, m 值趋近 1。裂缝越发育, m 值越低;孔隙网络弯曲度越大, m 值也增大。

3. 三孔隙度比值法

由三孔隙度测量原理知,补偿中子测井和密度测井反映地层总孔隙度,声波测井反映原生粒间孔隙度和水平裂缝。因此在裂缝地层中,求得总孔隙度、中子孔隙度、密度孔隙度、声波孔隙度,其比值越大,次生孔隙度越发育,即裂缝、溶孔越发育。

4. 骨架指数法

裂缝对密度测井和声波测井存在响应差异,通过计算声波骨架指数、构造交会骨架指数来识别裂缝。

由声波测井孔隙度公式得出声波骨架指数为

$$\Delta t_{ma} = (\Delta t - \Delta t_f \times \phi_s)/(1 - \phi_s) \qquad (5-48)$$

将密度测井孔隙度 ϕ_D 代入式(5-48),得出密度骨架指数为

$$D_{ma} = (\Delta t - \Delta t_f \times \phi_D)/(1 - \phi_D) \qquad (5-49)$$

交会骨架指数定义为

$$X_{ma} = \Delta t_{ma}/D_{ma} - 1 \qquad (5-50)$$

若裂缝发育: $\phi_D > \phi_s, \Delta t_{ma} > D_{ma}, X_{ma} > 0$;

若裂缝不发育: $\phi_D \approx \phi_s, \Delta t_{ma} \approx D_{ma}, X_{ma} \approx 0$。

因此, X_{ma} 可用来指示裂缝。

5. 地层因素比值法

地层因素 F 取决于地层岩性、孔隙度和孔隙结构复杂程度。在岩性一定的情况下, F 取决于孔隙度和孔隙结构。利用电阻率求出的地层因素与孔隙度求出的地层因素,构造了地层因素比值 FRP。由电阻率测井得出的地层因素 $FR = R_o/R_w$,由孔隙度测井计算得出地层因素 $FP - \alpha/\phi_m$。

取 FR 与 FP 的比值得到地层因素比值 FRP

$$FRP = FR/FP = R_t \phi_m/(\alpha R_w) \qquad (5-51)$$

式中 R_w——地层水电阻率;

R_o——纯水层深侧向电阻率。

地层中存在的裂缝使孔隙度增大,孔隙结构指数 m 减小, FP 明显减小,导致 FRP 上升。

6. 饱和度比值法

裂缝性地层为一种双介质渗滤系统,泥浆及其滤液的侵入非常复杂,但其基本侵入规律是井壁附近侵入严重,远离井眼的地层侵入减弱,故有 $S_{xo} \geqslant S_w$,其比值为

$$S_{wx} = S_w/S_{xo} = [R_w R_{xo}/(R_{mf} R_t)]^{1/n} \qquad (5-52)$$

由上式可见,裂缝越发育,侵入越严重,深、浅电阻率差异越小,S_{wx} 越趋近于 1,因此,S_{wx} 可作为裂缝指示参数。但裂缝十分发育,截割式侵入会导致 $S_{xo} \approx S_w$,这时该方法的准确度将失真。

7. MR 等效弹性模量差比法 E_c

MR 等效弹性模量主要用于识别含气裂缝性地层,因为天然气对纵波速度和密度反应较敏感。地层等效弹性模量 E_c 由声波和密度测井得到,按下式计算:

$$E_c = (\rho_b / \Delta t_c^2) \times 10^{16} \qquad (5-53)$$

式中　E_c——地层等效弹性模量,GPa;

　　　Δt_c——地层纵波时差,μs/m;

　　　ρ_b——地层体积密度,g/cm³。

由体积模型计算地层 100% 含水时等效弹性模量 E_{cw}:

$$E_{cw} = (\rho_{bw} / \Delta t_{cw}^2) \times 10^{16} \qquad (5-54)$$

式中　ρ_{bw}、Δt_{cw}——岩石 100% 含水时的密度和声波时差;

　　　ρ_w、ρ_{ma}——地层水和骨架的密度;

　　　Δt_w、Δt_{ma}——地层水和骨架声波时差;

　　　ϕ_t 为地层总孔隙度。

当地层为含气裂缝地层时,$E_{cw} > E_c$,即两者之差 $E_{MR} = E_{cw} - E_c > 0$;当地层为致密性层或含水的裂缝性地层时,$E_{cw} \approx E_c$,即 $E_{MR} \approx 0$。此方法能较准确地识别含气裂缝性地层。

8. 光电吸收截面指数(Pe)曲线识别裂缝岩石

光电吸收截面指数 Pe 只反映岩性,与裂缝无关。在使用重金石泥浆钻井时,因重金石分子中所含钡元素的光电吸收指数很大,在钻井压井过程中,由于存在裂缝,大量重金石泥浆侵入裂缝或在裂缝带井壁形成重金石泥饼,Pe 曲线值将增加很高,这能很好地指示地层裂缝的存在。

John B. Curtis 等(1979)利用常规测井方法对 Appalachian Basin 的页岩气储层裂缝进行了分析研究。研究井主要包括: Martin County 的 Columbia Gas #20337, Wise County 的 Columbia Gas #20338, Lincoln County 的 Columbia Gas #20401、

Columbia Gas #20402,Jackson County 的 Consolidated Gas #11940、Consolidated Gas #12041,Mason County 的 Reel Energy D/K Farm # 3。文中提到了利用双侧向测井和 delta rho 方法来识别页岩气储层裂缝。从图 5 - 13 中可以看出,页岩气储层裂缝的存在致使深、浅侧向测井曲线出现差异,分离较大且变化趋势相反,因此双侧向测井和 delta rho 方法在页岩气裂缝识别上可以起到一定的效果(John B. Curtis 等, 1979)。图中深浅电阻率曲线分离处对应裂缝明显,与伽马曲线响应相对应,实际探测情况与理论吻合。

图 5 - 13
Well # 20402 双侧向测井识别裂缝(John B. Curtis 等, 1979)

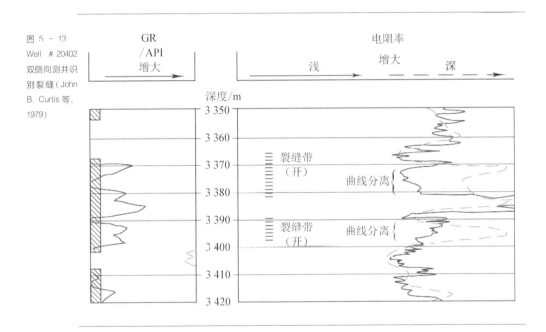

5.4.2　　　成像测井与岩心

在成像测井图像上,地质构造特征差异主要表现在颜色和几何形态等方面,一般情况下,图像中的线状、沟槽状、条带或区块等形态会对应着裂缝、井眼崩落、层理或破碎带等地质构造特征。根据地质构造的电性特征、声学性质、成因、充填物及充填程度等多方面差异,可大致划分出以下几种类型。

(1)裂缝 由于裂缝开启状态、充填物及充填程度的不同,其在成像测井图像上的电性特征和声学性质响应也存在明显差异,高电阻率和高声阻抗的裂缝一般表现为亮色线状,而低电阻率和低声阻抗的裂缝则表现为暗色线状。根据裂缝成因的不同,可将其分为天然构造缝和钻井诱导缝两种。在成像测井图像上,天然裂缝大多产状无规律且不固定,形态也各不相同,而钻井诱导缝则排列整齐,规律性强,多呈垂直的雁状、羽状或树枝状形态,沿井壁近似 180°对称分布。区分天然裂缝和钻井诱导缝的最明显标志是,钻井诱导缝在成像测井图像中存在识别特征,而在岩心上无显示。

(2)井眼崩落 在井孔完钻后,由于井眼内部失去原始地层岩石的支撑,井壁会发生剪切性破裂,即出现井眼崩落现象。井眼崩落在声成像测井图像上反映较明显,通常为沟槽状或两道竖直的暗黑色条带,对称间隔约 180°。

(3)层理 岩层中物质成分、颗粒大小、形状颜色等会在一定方向上发生改变,从而产生层理。在成像测井图像中,裂缝与层理的特征有相似之处,都以正弦曲线的方式展布,但通常裂缝正弦曲线两侧为连续岩性,而层理则表现为正弦曲线两侧的岩性突变。层理的成像测井特征主要表现为组合线状或间续(递变)条带状,根据线状组合形式或间续递变形态的不同,可进一步判别水平层理、波状层理、交错层理等类型。另外,裂缝多与层理面呈一定角度相交。

(4)破碎带 因地质构造运动使岩体的整体性遭到破坏,随着历史年代积累,破坏程度逐步加深,地层中会出现破碎层段,称为破碎带。在成像测井图像上,破碎带一般表现为暗黑色区块,地层破碎严重时,井眼会出现扩径,电成像仪器井壁贴合将受到影响,导致电成像图像中的空白条状区域出现弯曲或宽度骤增等现象;声成像仪器也会面临难以居中等问题,致使声成像图像出现失真。

Gale 等 2007 年综合成像测井和岩心资料对 Fort Worth 盆地密西西比 Barnett 页岩气储层的裂缝体系进行了评价(图 5 - 14)。

Charles Boyer 等(2010)指出,在页岩气水平井的开发中,随钻成像测井系统已被应用于解决水平井测井存在的一些问题(图 5 - 15)。应用该系统可以在整个井筒长度范围内进行电阻率成像和井筒地层倾角分析。成像能够将地层天然裂缝和钻井诱

图 5 - 14 Fort Worth 盆地密西西比纪 Barnett 页岩气储层的裂缝体系（Gale 等，2007）

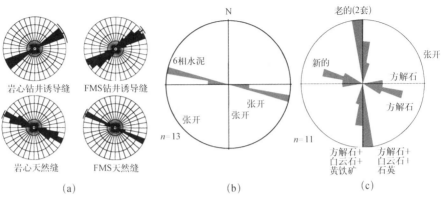

岩心钻井诱导缝　　FMS钻井诱导缝

岩心天然缝　　FMS天然缝

(a)　　(b)　　(c)

图 5 - 15 随钻成像测井识别页岩气储层裂缝（Charles Boyer 等，2010）

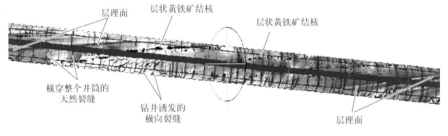

发裂缝进行比较，帮助作业者确定射孔和油井增产的最佳目标。利用测井得到的成像资料来识别地震资料无法识别的断层。

Hamed Soroush 等指出，在页岩气储层测井为了防止井眼垮塌，通常采用油基泥浆钻井，为了评价裂缝通常油基泥浆电阻率成像测井（OBMI）和超声成像测井（UBI），图 5 - 16 为 Barnett 层的 OBMI 与 UBI 的比较。在 OBMI 图像上可以看出细致的层理以及裂缝发育，而 UBI 上可以体现出井眼崩落以及诱导缝，两者互补，既可以分辨裂缝及层理，也可以进行地应力状态的分析。

Waters 等论述了页岩气水平井钻井中成像测井应用，识别层理和裂缝（图 5 - 17）。

P. Eng 等（2011）利用声电成像测井识别了页岩气储层的裂缝构造（图 5 - 18）。天然裂缝在页岩气储层中具有非常重要的意义，用声电成像测井能够有效地识别裂缝构造。从图中可以看出，白色为高电阻，黑色为低电阻。

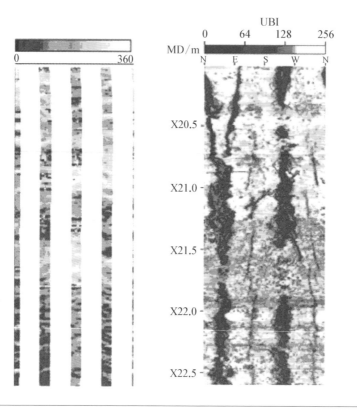

图 5 - 16 成像测井识别页岩气储层裂缝实例（Hamed Soroush 等）

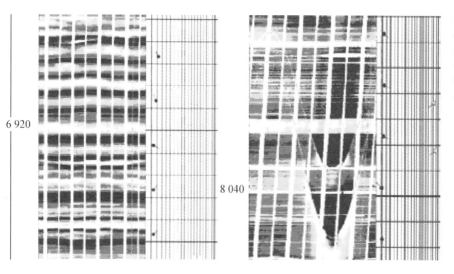

图 5 - 17 成像测井在水平井中识别页岩气储层层理和裂缝实例（Waters 等）

图5-18 成像测井
识别页岩气储层裂缝
(P. Eng 等，2011)

斯伦贝谢公司在四川盆地寒武系地层对评价井进行了核磁共振测井。通过分析比较认为，寒武系地层发育浅海陆棚相沉积，水平层理发育。从ECS和FMI（图5-19）图

图5-19 成
像测井显示水
平层理和黄铁
矿

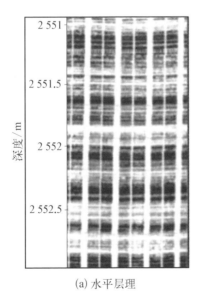

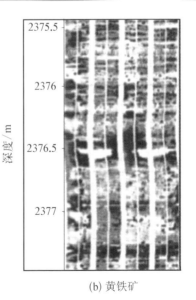

（a）水平层理

（b）黄铁矿

像来看,黄铁矿[图5-19(b)中黑色斑点]含量在3%左右。为了校对黄铁矿含量,对四川盆地寒武系27块岩心样品进行了黄铁矿矿物含量测定。实验结果表明,黄铁矿含量占总全岩总量的3.06%,验证了斯伦贝谢公司测井解释结果,不需要重新对黄铁矿含量进行校正。

第 6 章

测井系列
组合与优化

页岩气资源评价研究贯穿于战略选区、资源普查、有利区域勘探和评价以及具有经济效益的页岩气开发四个大的阶段,而其中后三个阶段与测井资料的采集和评价紧密相连。这三个阶段需要解决的地质问题和面临的工程问题有着很大的不同,因而在测井系列的优化选择上表现出各自不同的特点。

在上述三个过程中,由于投资规模、地质和工程的要求各不相同,因此要根据各阶段需要解决的地质和工程问题的不同,有针对性地优化选择测井系列,从而实现各阶段的地质目的。选择高效快捷、经济适用的测井系列尤为重要。

6.1　国内测井采集系统现状

目前国内测井采集系统呈现出多样化,表现为引进系统与国产系统并存,各测井系统精度和测井方法多样。但从常规测井系列分析,大致可以分为五类,分别为引进的高端成像测井系统、国产高端成像系统、早期引进及国产数控系统、国产普通测井数控系统以及国内其他的普通测井系统。

1. 引进的高端成像测井系统

目前,以斯伦贝谢的 Maxis－500、阿特拉斯的 Eclips－5700(图 6－1、图 6－2、图 6－3)和哈里伯顿公司的 Excell－2000(图 6－4)/Log－IQ 为代表的高级成像测井

图 6－1　Eclips－
5700 测井系统(一)

图 6 - 2　Eclips -
5700 测井系统（二）

图 6 - 3　Eclips -
5700 拖撬

图 6 - 4　Excell -
2000 成像地面系统

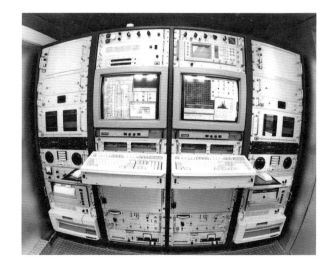

系统,显著特点是其三孔隙度、自然伽马系列数字化、三电阻率精度更高,仪器长度更短且组合性更强;声波和微电阻率井壁成像、核磁共振成像、侧向/感应阵列化、声波阵列化,研究地层矿物元素化,地层测试模块化。具有提供资料全、精度高、配套性好、耐温耐压好、性能稳定、各种解释方法完善且配套性好的优点,可以针对不同的油气藏提供各自不同的组合和解决方案。

2. 国产高端成像测井系统

国产高端成像测井系统有中石油的长城钻探 Leap600、Leap800 测井系统(图 6 - 5、图 6 - 6)、CPL(中国石油测井公司)的 Eilog 测井系统;中海油的 Elis 测井系统;中石化的 SL - 6000 系统等,这类系统都能完成以三孔隙度、自然伽马/能谱、三电阻率等常

图 6 - 5　Leap600
测井系统

图 6 - 6　Leap800
测井系统

规测井,同时各自具有不同的特点,如 Leap800 的相控声波、阵列感应、过套管电阻率等,可集成 Excell－2000 各类成像测井技术;Eilog 可提供阵列感应、阵列声波、微电阻率扫描成像、阵列侧向等成像测井技术;Elis 可提供声、电成像测井,阵列感应、模块式地层测试技术。但其配套性和完整性与国外三大测井公司的系统还有一定的差距,同时国内其他一些生产厂家也在逐步推出自己的新一代成像测井系统。

3. 早期引进数控测井系统

早期引进的设备如斯伦贝谢的 CSU、阿特拉斯的 CLS3700 以及哈里伯顿的 DDL 系列以及煤田引进的蒙特测井系统,都能提供常规三孔隙度、三电阻率、自然伽马/能谱、地层倾角、长源距声波全波测井系列,能够满足各类常规储层的综合评价与分析。

4. 国产普通测井数控系统

国产数控系统以新乡 22 所的 SDZ－3000/5000、环鼎公司的 520/530 系统等为代表,能提供三孔隙度、三电阻率、自然伽马/能谱、地层倾角、长源距声波全波测井系列,能够满足各类常规储层的综合评价与分析。目前也各自在不断开发和推广其成像测井技术。

5. 其他的普通测井系统

其他类测井系统即其他各厂家生产或引进的但应用不是十分广泛的测井系统,这类系统通常测井系列不是十分完善,往往针对某一些特殊领域设计而成,在地层岩性、储层评价方面适应范围相对较窄。

6.2　　各类不同测井组合在页岩气评价中的作用

在页岩气从普查到勘探再到开发的不同阶段中,需要解决的问题各不相同,则在选择测井系列中也应根据具体情况分别对待。要有针对性地优化选择测井项目,必须对各类测井项目有较深入的了解。

1. 单孔隙度系列

单孔隙度测井系列是最为简单的测井系列,通常的组合为井径、自然电位、自然伽马、侧向/感应电阻率测井、声波时差测井。利用这一组合可以进行地层对比、页岩识别,声波时差与电阻率结合可简单识别出有机碳相对的含量,划分出富含有机碳的地层层段。

2. 三孔隙度测井系列

包括自然伽马、自然电位、井径、侧向/感应电阻率、岩性密度、补偿中子、声波时差测井,基本能满足页岩储层的识别与低精度评价的要求。自然伽马强度能区分含气页岩与普通页岩;自然电位能划分储层的有效性;深浅电阻率在一定程度上能反映页岩的含气性;岩性密度测井能定性区分岩性;补偿中子与声波时差在页岩储层为高值。通常密度随着页岩气含量的增加而变小、中子与声波时差测井随着页岩气含量的增加而变大,因此利用常规测井系列能有效地区分页岩储层。但该系列对于页岩储层矿物成分含量的计算、裂缝识别与岩石力学参数的计算等方面存在不足,目前常规测井系列并不能完全满足页岩储层评价的要求,因此还需开展特殊测井系列的应用。

3. 成像测井系列

应用于页岩储层的特殊测井系列可选择元素俘获谱(ECS,GEM)测井、偶极声波测井、声电成像测井和核磁共振测井等。

ECS 元素测井可求取地层元素含量,由元素含量计算出岩石矿物成分。它所提供的丰富信息,能满足评价地层各种性质、获取地层物性参数、计算黏土矿物含量、区别沉积体系、划分沉积相带和沉积环境、推断成岩演化、判断地层渗透性以及评价岩石的脆性等需要。

偶极声波测井能提供纵波时差、横波时差资料,利用相关软件可进行各向异性分析处理,判断水平最大地层应力的方向,计算地层水平最大与最小地层应力,求取岩石泊松比、杨氏模量、剪切模量、破裂压力等岩石重要力学参数,满足岩石力学参数计算模型建立的要求,指导页岩储层的压裂改造。

声、电成像测井具有高分辨率、高井眼覆盖率和可视性特点,在岩性与裂缝识别、构造特征、应力方向分析方面具有很好的应用效果,从而识别页岩储层裂缝的类型,这对指导页岩气的改造、评定页岩储层的开发效果有着重要的意义。

4. 旋转式井壁取心

旋转式井壁取心可以根据测井资料发现目的层后进行有目的地取心,取心可以直接进行有机碳、孔隙度、渗透率以及矿物成分分析(图6-7、图6-8)。

图6-7 旋转式井壁取心器示意（一）

图6-8 旋转式井壁取心示意（二）

1 990 m

6.3 页岩气测井系列组合与优化

6.3.1 页岩气测井系列选取原则

1. 页岩气测井评价内容要求

由于页岩气具有其自身的特殊性,需要采用压裂开采,除与常规油气相似的资源评价外,还需要进行一系列与工程相关的参数的评价。因此在页岩气评价中,测井的综合评价由常规油气评价的"四性"评价变为"七性"评价,即除与传统油气相同的"岩性、物性、含油气性、电性评价"外,还需要对"烃源岩特性、岩石脆性、地应力各向异性"进行评价。

2. 选取原则

根据页岩气的特点,结合测井评价页岩气的内容要求,归纳页岩气测井系列选取原则如下:

(1)能够利用测井资料建立评价页岩的有机质、孔隙度、含水饱和度、含气量、矿物组分等参数的解释模型。

(2)能够利用测井资料建立识别页岩气有利储集层段的解释标准。

(3)能够利用测井资料建立评价页岩岩石力学、地应力、裂缝及脆性矿物含量等参数的解释模型。

6.3.2 页岩气测井系列选取结果

一般情况下测井通常分为标准测井系列与评价测井系列。标准测井系列主要用于区域地层对比、确定层位等,无论是普查、勘探还是开发井,必须根据各区域情况进行标准测井,标准测井系列原则上包含电阻率测井 + 自然伽马 + 自然电位测井;部分区域根据情况可增加声波测井。而利用测井资料对地层进行详细的评价时,其测井项目需要完整化、系列化,能达到较为准确评价页岩气层的目的,因此在普查、勘探和开发阶段其评价测井系列各有差异(表6-1)。

表6-1 普查井、探井评价井及开发井评价测井系列

测 井 项 目	解决的地质问题	普查井	予探及评价井	开发井
自然电位	地层渗透性、区域对比、地层水性质	√注1	√	√
自然伽马及自然伽马能谱	地层对比、干酪根异常指示、地层矿物成分,黏土矿物类型、岩石组分	√	√	√
井径	测井资料校正参数、工程应用	√	√	√
岩性密度	岩石组分、孔隙度、干酪根含量	√	√	√
补偿中子	岩石组分、孔隙度	√	√	√
声波时差	岩石组分、孔隙度、地层压实趋势	√	√	√
双侧向-微球聚焦/双感应	地层对比、流体性质	√	√	√
阵列感应	流体性质、页岩成熟度		可选择	可选择
交叉偶极阵列声波	岩石力学参数、地层各向异性	√	√	可选择
地层温度	区域地温规律、气体温度校正		√	√
元素测井	岩石组分及矿物含量	可选择	可选择	可选择
核磁共振	孔隙度、可动流体体积、基质渗透率	可选择	可选择	可选择
水基/油基电阻率成像	岩石结构、构造、裂缝,沉积环境、应力方向等	√	√	可选择
地层测试	地层压力、地层渗透率、气体压力校正	可选择	可选择	
旋转井壁取心	X 衍射矿物分析、其他分析	可选择	可选择	可选择
连续测斜	井身轨迹检查、后期防碰等	深井或下套管必测	√	√
固井质量(VDL)	固井质量评价	√(如固井则必测)	√(如固井则必测)	√(如固井则必测)
备注	√为必须测量项目;如开发井采用 LWD 随钻电阻率、自然伽马,则可取消测量电阻率及自然伽马			

1. 普查阶段

资源普查阶段。对于广义的勘探来说,它一般按大地构造单元或油区进行部署,以盆地和盆地群为主要目标,要求调查盆地与周缘地区的关系,盆地构造单元划分,区域和盆地的地层系统及演化历史,油气藏、井下油气显示及可能的生储盖组合,对全区的页岩气远景进行评价并指出进一步详查的区带。显然,它与盆地评价有大致相同的含义。普查的着眼点在于对全盆地进行整体分析,在普查阶段可在盆地内部署适量的浅钻,建立区域构造轮廓的地质—地球物理综合大剖面,进行参数井(或称科探井、基准井)的钻探,必要时沿主要地球物理综合大剖面部署相应的剖面井。最后在综合研

究的基础上提供页岩气调查普查研究报告。对于狭义的勘探而言,普查阶段可归为页岩气勘探的早期地质工作阶段。

在普查中最主要的地质任务是发现各大区域的详细地层特征,进而发现页岩气发育潜力区。在资料井中要大量取心。建议的普查阶段资料井的测井系列为:

(1)"四性"评价

基本的测井系列为:井径、自然伽马及自然伽马能谱、双侧向/感应,岩性密度、补偿中子、声波时差。要取得更为准确的岩性成果,即准确的矿物成分、有机碳含量、岩石结构和孔喉分布等,则可选择元素测井(斯伦贝谢的 ECS、哈里伯顿的 GEM、阿特拉斯的 FLeX)来准确评价矿物组分和有机碳含量等;选择核磁测井标准测井准确获得地层黏土束缚水、毛管束缚流体和可动流体体积,以及通过岩心标定获得岩石孔喉分布等。

(2)烃源岩特性

烃源岩特性主要是评价有机碳含量、成熟度和干酪根类型,目前有机碳含量的评价主要有孔隙度-电阻率法、能谱铀评价法、核磁共振法、最优化矿物成分转换法等;成熟度通常根据区域岩心分析可得到,在一定区域内其成熟度变化差异不大;干酪根类型一般有岩心分析法,而测井分析干酪根类型的方法较少,目前一般采用元素测井的氢碳比和氧碳比来进行分类。

(3)岩石脆性

岩石脆性是指其在破裂前未觉察到的塑性变形的性质,即岩石在外力作用下容易破碎的性质,通常情况下可以采用矿物成分指示、岩石弹性参数指示法。一般情况下岩石弹性参数指示法更为准确,其采用测井系列为提供的准确的矿物组分系列与阵列声波测井。

(4)应力各向异性

应力的各向异性包含应力各向异性和裂缝发育的各向异性,即评价裂缝强度、裂缝密度、裂缝发育方向,采用的测井系列为井周声、电成像测井和交叉偶极声波测井。

同时,考虑到目前国内页岩气普查中投资状况,对于取心较少的情况下,测井基本系列如下:

电阻率测井:侧向/感应测井;

孔隙度测井:声波时差测井;

天然放射性：自然伽马测井；

其他测井：自然电位、井径测井。

2. 勘探阶段

页岩气勘探评价阶段。在普查取得确定的有利区域后，利用各种勘探手段了解地下的地质状况，认识生烃、储集、保存等条件，综合评价页岩气远景，确定页岩气聚集的有利地区，并探明页岩气田面积，搞清页岩气层情况和产出能力的过程。在这个过程中，会采用钻井的方式获取各种资料，进行页岩气评价和区域控制。

勘探阶段是对区域页岩气的认识和评价，并进行试验性的开采；由于页岩气具有其自身的特殊性，需要进行"七性"评价，才能在页岩气勘探中取得好的效果。因此针对页岩气评价要求，为区域开发提供各类准确的参数，测井系列也按照解决"七性"评价问题来进行设计。

（1）"四性"评价

基本的测井系列为：井径、自然伽马及自然伽马能谱、双侧向/感应，岩性密度、补偿中子、声波时差；要取得更为准确的岩性成果，即准确的矿物成分、有机碳含量、岩石结构和孔喉分布等，则可选择元素测井（斯伦贝谢的 ECS、哈里伯顿的 GEM、阿特拉斯的 FLeX）来准确评价矿物组分和有机碳含量等；选择核磁测井标准测井准确获得地层黏土束缚水、毛管束缚流体和可动流体体积，以及通过岩心标定获得岩石孔喉分布等。

（2）烃源岩特性

烃源岩特性主要是评价有机碳含量、成熟度和干酪根类型，目前有机碳含量的评价主要有孔隙度-电阻率法、能谱铀评价法、核磁共振法、最优化矿物成分转换法等；干酪根类型一般采用元素测井的氢碳比和氧碳比来进行分类。

（3）岩石脆性

采用阵列声波测井与可提供准确的矿物组分的测井系列组合。

（4）应力各向异性

采用的测井系列为井周声、电成像测井和交叉偶极声波测井。

（5）工程类测井

连续测斜可以了解井深在地质体中的空间分布，固井质量是检查水泥与套管、水泥与地层胶结情况,一般采用声波–变密度测井即可评价一、二界面的胶结情况。

（6）旋转式井壁取心

旋转式井壁取心与传统的钻井取心相比较具有一定的优势,具有取心目的性强,芯直径和长度完全能满足各类岩心分析实验的需要,且价格便宜,时效性高的特点。

3. 开发阶段

页岩气开发阶段。在勘探区域进行准确评价、勘探确定储量、控制面积、开采方式、经济效益评估后,针对有经济效益的页岩气区按照适当的开发方式进行开发,在开发过程中要选择准确的开发层段,进行精细的页岩气三维分布,选择准确的完井方式、生产层段进行优化开采。

开发阶段采用的测井系列主要考虑以下方面：满足基本的评价要求、快速高效、经济适用、开发方式。综合考虑这几个方面根据不同的井型采用不同的测井系列。

（1）直井或略有一定斜度的开发井

标准测井(井口–井底)：侧向/感应 + 自然伽马 + 自然电位;

电阻率测井：侧向/感应测井;

孔隙度测井：声波时差、岩性密度、中子测井;

天然放射性：自然伽马能谱测井;

其他测井：自然电位、井径测井;

工程类：连续测斜、声波–变密度测井。

（2）水平井

大斜度段(能自由下放段)：采用与常规直井相同的测井系列。

水平段(自由下放段底至井底)：采用钻具传输技术完成与直井相同的测井系列或采用LWD测井技术测量电法测井 + 自然伽马测井。控制程度高区域可不再补充孔隙度测井系列,如控制程度较低则需补充孔隙度测井及自然伽马能谱测井系列。

参 考 文 献

[1] Decker A D, Wicks D E. Log-based Gas Content and Resource Estimates for the Antrim Shale, Michigan Basin. Society of Petroleum Engineers, 1993: 659 − 669.

[2] Buckner N, Slatt R M, Coffey B, et al. Stratigraphy of the Woodford Shale from behind-outcrop drilling, logging, and coring. AAPG Search and Discovery Article, 2009, 50147.

[3] Beskok A, Kaniadakis G E. A model for flows in channels, pipes, and ducts at micro and nano scales. Microscale Thermophy Eng, 1999, 3(1): 43 − 47.

[4] Cluff B, Miller M. Log evaluation of gas shales: a 35-year perspective, April 2010, DWLS luncheon.

[5] Cluff B. Barnett Shale-Woodford Shale play of the Delaware basin — is it another giant shale gas field in Texas? The Discovery Group, Inc, 2006.

[6] Civan F. Reservoir Formation damage-fundamentals, modeling, assessment, and mitigation. Pp. 1114, 2nd edn. Gulf Professional Publishing, Elsevier, Burlington, 2007.

[7] Civan F. Effective correlation of apparent gas permeability in tight porous media. Transp Porous Med, 2010, 82(2): 375 − 384.

［ 8 ］ Civan F. A review of approaches for describing gas transfer through extremely tight porous media. In: Vafai, K. (ed) Proceedings of the Third ECI International Conference on Porous media and its Application in Science, Engineering, and Industry, Montecatini Terme, Italy, pp. 53 – 58, 20 – 25June 2010b.

［ 9 ］ Soeder D J. Porosity and Permeability of Eastern Devonian Gas Shale. SPE Formation Evalution, 1988: 116 – 124.

［ 10 ］ Barson D, Christensen R, Decoster E, et al. Spectroscopy: The Key to Rapid, Reliable Petrophysical Answers. Oilfeild Review, summer, 2005.

［ 11 ］ Ross D J K, Bustin R M. Characterizing the shale gas resource potential of Devonian-Mississippian strata in the Western Canada sedimentary basin: Application of an integrated formation evaluation. AAPG Bulletin, 2008 (92): 87 – 125.

［ 12 ］ Decker A, Hill D, Wicks D. Log-based gas content and resource estimates for the Antrim Shale, paper SPE – 25910, Michigan basin: SPE Rocky Mountain Regional/Low Permeability Reservoirs Symposium, 1993: 659 – 669.

［ 13 ］ Decker A, Wicks D, Coates J M P. Gas content measurements and log based correlations in the Antrim Shale. Topical report. , in G. R. Institute, ed. , Chicago, IL, p. 51 p. + appendices. 1993, OSTI ID: 7203859.

［ 14 ］ Dorsch J, Katsube T J. Effective porosity and pore-throat sizes of mudrock saprolite from the Nolichucky Shale within Bear Creek Valley on the Oak Ridge Reservation: Implications for contaminant transport and retardation through matrix diffusion, 1996, p. 81 p. OSTI ID: 285464.

［ 15 ］ Dorsch J. Determination of effective porosity of mudrocks: a feasibility study, 1995, p. 70 p. OSTI ID: 204203.

［ 16 ］ Evans K F, Engelder T, Plumb R A. Appalachian stress study 1. A detailed description of in situ stress variations in Devonian shales of the Appalachian plateau: Journal of Geophysical Research, 1989, 94: 7129 – 7154.

[17] Evans K F, Oertel G, Engelder T. Appalachian Stress Study 2. Analysis of Devonian Shale Core: Some Implications for the Nature of Contemporary Stress Variations and Alleghanian Deformation in Devonian Rocks: Journal of Geophysical Research, 1989, 94: 7155 - 7170.

[18] Civan F, Rai C S, Sondergeld C H. Shale-Gas Permeability and Diffusivity Inferred by Improved Formulation of Relevant Retention and Transport Mechanisms. Trans Porous Med, 2011, 86: 925 - 944.

[19] Fertl W, Chilingarian G. Hydrocarbon resource evaluation in the Woodford Shale using well logs. Journal of Petroleum Science and Engineering, 1990, 4: 347 - 357.

[20] Flower J G. Use of sonic-shear-wave/resistivity overlay as a quick-look method for identifying potential pay zones in the Ohio (Devonian) Shale. Jour Petroleum Technology, 1983, 35(03): 638 - 642.

[21] Gatens J I, Harrison C W, Lancaster D E, et al. In-Situ Stress Tests and Acoustic Logs Determine Mechanical Properties and Stress Profiles in the Devonian Shales. SPE Formation Evaluation, 1990, 5(9): 248 - 254.

[22] Gas_Research_Institute, Formation evaluation technology for production enhancement: log, core, geochemical analyses in Barnett shale, in G. R. Institute, ed. , Chicago, IL, 1991: 125 p. GRI 5086 - 213 - 1390.

[23] Hester T C, Schmoker J W. Determination of organic content from formation-density logs, Devonian-Mississippian Woodford Shale, Anadarko basin, Oklahoma: U. S. Geological Survey Open-File Report 87 - 20, 1987: 11.

[24] Hester T C, Schmoker J W. Formation resistivity as an indicator of oil generation in black shales [abstract]: AAPG Bulletin, 1987, 71: 1007.

[25] Hester T C, Sahl H L, Schmoker J W. Cross sections based on gamma-ray, density, and resistivity logs showing stratigraphic units of the Woodford Shale, Anadarko basin, Oklahoma: U. S. Geological Survey Miscellaneous Field Studies Map MF - 2054, 1988, 2 sheets.

[26] Hester T C, Schmoker J W, Sahl H L. Log-derived regional source-rock characteristics of the Woodford Shale, Anadarko basin, Oklahoma: U. S. Geological Survey Bulletin 1866 – D, 1990: 38.

[27] Hester T C, Schmoker J W, Sahl H L. Structural controls on sediment distribution and thermal maturation of the Woodford Shale, Anadarko basin, Oklahoma, in K. S. Johnson and B. J. Cardott, eds. , Source rocks in the southern Midcontinent, 1990 symposium: OGS Circular 93: 321 – 326.

[28] Hester T C, Schmoker J W, Sahl H L. Tectonic controls on deposition and source-rock properties of the Woodford Shale, Anadarko basin, Oklahoma; loading, subsidence, and forebulge development, in C. H. Thorman, ed. , Application of structural geology to mineral and energy resources of the central and western United States: U. S. Geological Survey Bulletin 2012: B1 – B11.

[29] Gale J F W, Reed R M, Holder J. Natural fractures in the Barnett Shale and their importance for hydraulic fracture treatments. AAPG Bulletin, 2007, 91(4): 603 – 622.

[30] Gatens J M III, Harrison C W III, Lancaster D E, et al. In-situ stress tests and acoustic logs determine mechanical properties and stress profiles in the Devonian shales. SPE Formation Evaluation, 1990.

[31] Curtis J B, Fingleton W G. A well log method for evaluation the Devonian Shales in the Appaliachian Basin. Science Applications. 1979, 144: 1 – 33.

[32] Johnson T A. Core description of the Marmation and Cherokee Groups-Osborn LLC – Layne Energy Rose Hill #1 – 6 Well(sec. 6 – T. 16S. – R. 24E.), Miami County, KS: Kansas Geol, 2004.

[33] Hemingway J, Rylander E. Formation evalution in cased hole horizontal shale gas wells using inelastioc and capture spectroscopy. SPWLA 52nd Annual Logging Symposium, 2011(5): 14 – 18.

[34] Kinley T J, Cook L W, Breyer J A, et al. Hydrocarbon potential of the Barnett Shale (Mississippian), Delaware Basin, west Texas and southeastern New

Mexico. AAPG Bulletin, August 2008, 92(8): 967－991.

[35] Kuuskraa V A, Stevens S H. Worldwide Gas Shales and Unconventional Gas: A Status Report, Advanced Resources International, Inc, 2009.

[36] Liu Honglin, Wang Hongyan, Liu Renhe, et al. Shale Gas In China: new important role of energy in 21st century. shale gas symposium, 2009(22).

[37] Loeb L B. The Kinetic Theory of Gases. 2nd edn. McGraw-Hill Co. Inc. , New York, 1934.

[38] Loyalka S K, Hamoodi S A. Poiseuille flow of a rarefied gas in a cylindrical tube: solution of linearized Boltzmann equation. Phys. Fluids, 1990, A 2(11), 2061－2065.

[39] LeCompte B. Comprehensive Resource Play Evaluation for Well Completion Decisions-Mineralogy, Acoustic, and NMR Integration, Murphy Oil Inc, 2010.

[40] Lewis R, Ingraham D, Pearcy M, et al. New Evaluation Techniques for Gas Shale Reservoirs, Resservoir Symposium, 2004.

[41] Luffel D L, Guidry F K, Curtis J B. Evaluation of Devonian Shale with new core and log analysis methods: Paper SPE－21297, Journal of Petroleum Technology, 1992, 44: 1192－1197.

[42] Luffel D L, Guidry F K. New core analysis methods for measuring reservoir rock properties of Devonian shale: paper SPE－20571, Jour Petroleum Technology, 1992, 44: 1184－1190.

[43] Luffel D L, Guidry F K. Reservoir rock properties of Devonian shale from core and log analysis: Soc Core Analysts 3rd Annual Technical Conference, 1989: 13.

[44] Luffel D L. Advances in shale core analyses, Chicago, Il, Gas Research Institute, 1993: 138.

[45] Miller M, Oklahoma C T. Log evaluation of gas shales: a 35-year perspective. April 2010 DWLS luncheon, 2010.

[46] Blackford M A. Electrostratigraphy, Thickness, and Petrophysical Evaluation of the Woodford Shale, Arkoma Basin, Oklahoma. Master of Science, 2007.

[47] Mullen M. Reservoir characterization and analysis of shale gas methane (SGM)
       plays using wireline logs, in P. Lufholm and D. Cox, eds. , 2005 WTGS Fall
       Symposium: West Texas Geological Society, 2005, Publication No. 05 - 115:
       109 - 114.

[48] Pollastro R M, Jarvie D M, Hill R J. Geologic framework of the Mississippian
       Burnett Shale, Barnett-Paleozoic total petroleum system, Bend arch-Fort Worth
       Basin, Texas. American Association of Petroleum Geologists Bulletin, 2007,
       91(4): 405 - 436.

[49] Lewis R, Ingraham D, Pearcy M, et al. New Evaluation Techniques for Gas
       Shale Reservoirs. Reservoir Symposium, 2004.

[50] ResTech_Houston_Inc, Development of laboratory and petrophysical techniques
       for evaluating shale reservoirs, Chicago, IL, Gas Research Institute, 1996.

[51] Rickman R, Mullen M, Petre E, et al. A Practical Use of Shale Petrophysics for
       Stimulation Design Optimization: All Shale Plays Are Not Clones of the Barnett
       Shale, 2008, 9: 115258.

[52] Rogner H H. An Assessment of World Hydrocarbon Resources, Annual Review of
       Energy Environment, 1997(22): 217 - 262.

[53] Schmoker J W. Use of formation-density logs to determine organic-carbon content
       in Devonian shales of the western Appalachian Basin and an additional example
       based on the Bakken Formation of the Williston Basin: U. S. Geological Survey
       Bulletin 1909, 1993: J1 - J14.

[54] Soeder D J. Porosity and permeability of eastern Devonian gas shale.
       Unconventional Gas Technology Symposium, Louisville, KY, SPE, 1986:
       75 - 81.

[55] Schmoker J W. Determination of organic-matter content of Appalachian Devonian
       shales from gamma-ray logs: AAPG Bulletin, 1981, 65: 1285 - 1298.

[56] Schmoker J W. Organic content of Devonian Shale in western Appalachian basin:
       AAPG Bulletin, 1980, 64: 2156 - 2165.

［57］ Schmoker J W. Determination of organic content of Appalachian Devonian shales from formation-density logs. AAPG Bulletin, 1979, 63: 1504 – 1537.

［58］ Montgomery S L, Jarvie D M, Bowker K A, et al. Pollastro Mississippian Barnett Shale, Fort Worth basin, north-central Texas: Gas-shale play with multi-trillion cubic foot potential. AAPG Bulletin, 2005, 89: 155 – 175.

［59］ Soroush H, Rasouli V, Tokhmechi B. A data processing algorithm proposed for identification of breakout zones in tight formations: A case study in Barnett gas shale, Journal of Petroleum Science and Engineering, 2010.

［60］ Schlumberger Ltd. Log interpretation principle/application. Houston: Schlumberger Educational Services, 1989.

［61］ Tison S A, Tilfoed C R. Low density water vapor measurements; the NIST primary standard and instrument response. NIST internal Report 5241, 1993.

［62］ Kinley T J, Cook L W, Breyer J A, et al. Hydrocarbon potential of the Barnett Shale (Mississippian), Delaware Basin, west Texas and southeastern New Mexico. American Association of Petroleum Geologists Bulletin, 2008, 92(8): 976 – 991.

［63］ Truman R B, Campbell R L. Devonian-shale well-log interpretation. Annual report, 1985.

［64］ Vanorsdale C, Boring P. Evaluation of initial reservoir data to estimate Devonian shale gas reserves. Paper SPE – 16862, SPE 62nd Annual Technical Conference, 1987: 283 – 288.

［65］ Vanorsdale C. Evaluation of Devonian shale gas reservoirs. Jour Petroleum Technology, 1987: 209 – 216.

［66］ Waters G, et al. Use of horizontal well image tools to optimize Barnett shale reservoir exploration. 2010, SPE.

［67］ White J. Shale plays soar: An Investor's Guide to Unconventional Gas: Shales and Coalbed Methane, Supplement to Oil & Gas Investor, 2008: 2 – 8.

［68］ Work P L. Digitized well logs can help boost success in exploring shale intervals:

Oil and Gas Journal, 1975, 73(7): 84 - 88.

[69] Wang Y, Dusseanlt M B. A coupled conductive-convective thermo-poroelastic solution and implication for wellbore stability. Journal of Petroleum Science and Engineering, 2003, 38: 187 - 198.

[70] Yang Yunlai, Andrew C. Aplin and Steve R. Larter. Quantitative assessment of mudstone lithology using geophysical wireline logs and artificial neural networks: Petroleum Geoscience, 2004, 10: 141 - 151.

[71] Metwally Y M, Sondergeld C H. Measuring low permeabilities of gas-sands and shales using a pressure transmission technique. Int J Rock Mech Mining Sci, 2011.

[72] Hank Z, Givens N B, Curtis B. Thermal Maturity of the Barnett Shale Determined from Well-Log Analysis: AAPG Bulletin, 2007, 91: 535 - 549.

[73] Zou Caineng, Dong Dazhong, Wang Shejiao, et al. Geological characteristics and resource potential of shale gas in China. Petroleum Exploration and Development. 2010, 37(6): 641 - 653.

[74] 陈乔,刘向君,刘洪,等. 层理性页岩地层超声波透射实验. 天然气工业,2013, 38(8): 140 - 144.

[75] 陈曜岑. 利用测井资料研究和评价生油岩. 石油物探,1996,35(1): 99 - 107.

[76] 陈玲,保吉成,陈续琴. 老井分区水泥胶结测井固井质量评价技术. 青海石油, 2011,29(3): 82 - 84.

[77] 陈勉,金衍,张广清. 石油工程岩石力学. 北京: 科学出版社,2008.

[78] 陈更生,等. 页岩气藏形成机理与富集规律初探. 天然气工业,2009,29(5).

[79] 陈尚斌,等. 中国页岩气研究现状与发展趋势. 石油学报,2010,31(4).

[80] 成志刚,张蕾,赵建武,等. 利用岩石声学特性评价致密砂岩储层含气性. 测井技术,2013,37(3): 253 - 257.

[81] 蔡美峰,乔兰,李华斌. 地应力测量原理和技术. 北京: 科学出版社,1995.

[82] 邓金根,张洪生. 钻井工程中井壁失稳的力学机理. 北京: 石油工业出版社, 1998.

[83] 董大忠,等.页岩气资源评价方法及其在四川盆地的应用.天然气工业,2009,29(5).

[84] 冯启宁.用测井资料计算地层破裂压力的公式和方法.石油大学学报(自然科学版),1983,03.

[85] 高楚桥,张超谟,钟兴水.ELAN 解释(程序)方法简析.测井技术,1995,19(2):135－139.

[86] 葛洪魁,林英松,王顺昌.地应力测试及其在勘探开发中的应用.石油大学学报(自然科学版),1998,22(1):94－99.

[87] 辜涛,李明,魏周胜,等.页岩气水平井固井技术研究进展.钻井液与完井液,2013,30(4):75－80.

[88] 黄蓬刚.低渗透砂岩储层岩石渗流电性特征研究:以 FJ 及 JZG 储层为例.西安:西安石油大学,2012.

[89] 黄仁春,王燕,程斯洁,等.利用测井资料确定页岩储层有机碳含量的方法优选:以焦石坝页岩气田为例.天然气工业,2014,34(12):25－32.

[90] 黄锐,张新华,秦黎明,等.页岩矿物成分井场快速评价研究.矿物岩石地球化学通报,2013,32(6):774－777.

[91] 黄志洁,郝晓良,张磊,等.MIT 多臂井径仪解释方法改进研究.西南石油大学学报(自然科学版),2009,31(4):42－46.

[92] 黄荣樽.地层破裂压力模式的探讨.华东石油学院学报,1984,5(1):335－347.

[93] 黄荣樽,陈勉,邓金根,等.泥页岩井壁稳定力学与化学的耦合研究.钻井也与完井液,1995,12(3):15－21.

[94] 侯振永,郝晓良,陈勇,等.径向水泥胶结测井仪(RBT)在阿联酋地区的应用.石油天然气学报,2012,34(10):77－80.

[95] 蒋裕强,董大忠,漆麟,等.页岩气储层的基本特征及其评价.天然气工业,2010,30(10):7－12.

[96] 姜福杰,庞雄奇,欧阳学成,等.世界页岩气研究概况及中国页岩气资源潜力分析.地学前缘,2012,19(2):198－211.

[97] 刘海良,苏文利,罗振佳,等.页岩气、油页岩资源的电阻率法勘查.物探与化探,

2012,36(3):503－506.

[98] 刘祝萍,吴小薇,楚泽涵.岩石声学参数的实验测量及研究.地球物理学报,
1994,37(5):659－667.

[99] 刘向君,罗平.石油测井与井壁稳定.北京:石油工业出版社,1999.

[100] 刘之的.碳酸盐岩地层井壁稳定性测井评价方法研究.成都:西南石油大
学,2004.

[101] 李太伟,郭和坤,李海波,等.应用核磁共振技术研究页岩气储层可动流体.特种
油气藏,2012,19(1):107－109.

[102] 李延钧,张烈辉,冯媛媛,等.页岩有机碳含量测井评价方法及其应用.天然气地
球科学,2013,24(1):169－175.

[103] 李启翠,楼一珊,史文专,等.FMI 成像测井在四川盆地页岩气地层中的应用.石
油地质与工程,2013,27(6):58－60.

[104] 李新景,胡素云,程克明.北美裂缝性页岩气勘探开发的启示.石油勘探与开发,
2007,34(4):392－400.

[105] 李志明,张金珠.地应力与油气勘探开发.北京:石油工业出版社,1997.

[106] 李玉喜.我国非常规油气资源类型和潜力.国土资源部,2007.

[107] 李世臻,曲英杰.美国煤层气和页岩气勘探开发现状及对我国的启示.中国矿
业,2010,19(12).

[108] 李新景,等.北美页岩气资源形成的地质条件.天然气工业,2009,29(5).

[109] 陆巧焕,等.测井资料在生油岩评价中的应用.测井技术,2006,30(1).

[110] 黎昌华,白璐.井温测井在油气田开发中的应用.钻采工艺,2001,24(5):
35－37.

[111] 缪飞飞,任晓娟,刘继梓,等.流体流动对低渗岩心电阻率的影响实验研究.特种
油气藏,2009,16(2):76－86.

[112] 龙鹏宇,等.重庆及其周缘地区下古生界页岩气资源勘探潜力.天然气工业,
2009,29(12).

[113] 马建斌.基于 AutoScan－Ⅱ 的岩石物理实验及储层参数研究.荆州:长江大
学,2013.

[114] 马斌.自然伽马能谱测井在储层评价中的应用.科技信息,2011,(20):396-397.

[115] 莫修文,李舟波,潘保芝.页岩气测井地层评价的方法与进展.地质通报,2011,30(2):400-405.

[116] 聂海宽,张金川.页岩气聚集条件及含气量计算:以四川盆地及其周缘下古生界为例.地质学报,2012,86(2):349-361.

[117] 聂昕,邹长春,杨玉卿,等.测井技术在页岩气储层力学性质评价中的应用.工程地球物理学报,2012,9(4):433-439.

[118] 聂海宽,等.页岩气成藏控制因素及中国南方页岩气发育有利区预测.石油学报,2009,30(4).

[119] 潘仁芳,伍媛,宋争.页岩气勘探的地球化学指标及测井分析方法初探.中国石油勘探,2009,(3):6-28.

[120] 钱志,金强,王锐,等.自然伽马能谱测井在西部油气勘探中的应用.石油仪器,2005,19(5):62-64.

[121] 全家正,白龙,刘忠飞,等.川西首口页岩气水平井固井技术.天然气勘探与开发,2013,36(4):77-80.

[122] 石昆法,吴璐苹,李英贤,等.储层条件下岩石样品电性参数测定及规律.地球物理学报,1995,38(A1):295-302.

[123] 石文睿,张占松,张智琳,等.偶极阵列声波测井在页岩气储层评价中的应用.江汉石油职工大学学报,2013,26(6):54-57.

[124] 史謌,邓继新.地层条件下泥、页岩衰减各向异性研究.中国科学 D 辑,2005,35(3):268-275.

[125] 孙军昌,陈静平,杨正明,等.页岩储层岩芯核磁共振响应特征实验研究.科技导报,2012,30(14):25-30.

[126] 谭廷栋.从测井信息中提取地层破裂压力.地球物理测井,1990,14(6):371-377.

[127] 王权杰,等.葡西油田油水同层油藏开发与实践.北京:石油工业出版社,2006.

[128] 王为民,孙佃庆,苗盛.核磁共振测井基础实验研究.测井技术,1997,21(6):

385 - 392.

[129] 王忠东,汪浩,李能根,等.核磁共振岩心基础实验分析.测井技术,2001,25(3): 170 - 174.

[130] 王燕.自然伽马能谱测井资料确定黏土含量方法研究.石油天然气学报,2012, 35(1):100 - 104.

[131] 王进涛,余晓玲,张裕,等.井温测井曲线在江苏油田的研究及应用.中国石油和 化工标准与质量,2012,145 - 164.

[132] 王青川,雷刚,汪海文,等.井温测井在生产测井中的应用.中国石油和化工标准 与质量,2013,233 - 234.

[133] 王社教,李登华,李建忠,等.鄂尔多斯盆地页岩气勘探潜力分析.天然气工业, 2011,31(12):40 - 46.

[134] 汪成芳,曹丛军,邓宏波.江汉油田复杂情形的固井质量评价.江汉石油职工大 学学报,2012,25(2):33 - 36.

[135] 魏姗姗,龙耀萍.利用常规资料开展页岩气储层测井评价.煤层气、页岩气勘探 开发与井筒技术推介交流会,2013.

[136] 熊建安,房磊,吴甫成,等.岩石、矿物和自然环境中天然放射性剂量研究.湖南 师范大学自然科学学报,2008,31(4):119 - 123.

[137] 肖昆,邹长春,黄兆辉,等.页岩气储层测井响应特征及识别方法研究.科技导 报,2012,30(18):73 - 79.

[138] 谢润成.川西坳陷须家河组探井地应力解释与井壁稳定性评价.成都:成都理 工大学,2009.

[139] 徐士林,包书景.鄂尔多斯盆地三叠系延长组页岩气形成条件及有利发育区预 测.天然气地球科学,2009,20(3):460 - 465.

[140] 许晓宏,黄海平,等.测井资料与烃源岩有机碳含量的定量关系研究.江汉石油 学院学报,1998,20(3).

[141] 于炳松.页岩气储层的特殊性及其评价思路和内容.地学前缘,2012,19(3): 252 - 258.

[142] 袁晓光,张宝露.利用自然伽马能谱测井寻找页岩储层.中国石油和化工标准与

质量,2012.

[143] 袁祖贵,成效宁,孙娟. 地层元素测井(ECS)——一种全面评价储层的测井新技术. 第三届北京核学会核应用技术学术交流会,2004.

[144] 岳炳顺,黄华,陈彬,等. 东濮凹陷测井烃源岩评价方法及应用. 石油天然气学报,2005,27(3):351-354.

[145] 闫永平,张付明. 新型组合井径测井仪器. 测井技术,2004,28(4):332-334.

[146] 闫联国,周玉仓. 彭页 HF-1 页岩气井水平段固井技术. 石油钻探技术,2012,40(4):47-51.

[147] 尹国平,魏琳. 井斜方位仪在石油测井领域中的应用. 石油仪器,2010,24(2):31-33.

[148] 张晓玲,肖立志,谢然红,等. 页岩气藏评价中的岩石物理方法. 地球物理学进展,2013,28(4):1962-1974.

[149] 张晋言. 泥页岩岩相测井识别及评价方法. 石油天然气学报,2013,35(4):96-103.

[150] 张金川,徐波,聂海宽,等. 中国页岩气资源勘探潜力. 天然气工业,2008,28(6):136-159.

[151] 张金川,薛会,张德明,等. 页岩气及其成藏机理. 现代地质,2003,17(4):466.

[152] 张金川,金之钧,袁明生. 页岩气成藏机理和分布. 天然气工业. 2004,24(7):15-18.

[153] 张金川,等. 我国页岩气富集类型及资源特点. 天然气工业,2009,29(12).

[154] 张林晔,等. 页岩气的形成与开发. 天然气工业,2009,29(1).

[155] 张景和,孙宗颁. 地应力、裂缝测试技术在石油勘探开发中的应用. 北京:石油工业出版社,2001.

[156] 张晋言,孙建孟. 利用测井资料评价泥页岩油气"五性"指标. 测井技术,2012,36(2):146-154.

[157] 张立鹏,等. 用测井资料识别烃源岩. 测井技术,2001,25(2).

[158] 邹长春,谭茂金,尉中良,等. 地球物理测井. 北京:地质出版社,2010.

[159] 朱定伟,王香增,丁文龙,等. 测井资料在优质页岩气储层识别中的应用:以鄂

尔多斯盆地东南部长 7 段黑色页岩为例. 西安石油大学学报(自然科学版),
2013,28(2):25-34.

[160] 朱有光,等. 用测井信息获取烃源岩的地球化学参数研究. 测井技术,2003,
27(2).

[161] 赵彦超,等. 碳氧比测井———一种潜在的生油岩评价工具. 测井技术,1994,
18(4).

[162] 赵常青,冯彬,刘世彬,等. 四川盆地页岩气井水平井段的固井实践. 天然气工
业,2012,32(9):61-65.

[163] 钟敬敏. 春晓气田群定向井井壁稳定性研究. 成都:西南石油大学,2004.

[164] 钟文俊. 大北克深地区复杂岩性地层井眼稳定性的测井评价. 成都:西南石油
大学,2011.

[165] 战雕,乔根才,王海成,等. 我国典型页岩气区块勘探开发现状分析. 长江大学学
报,2012,9(7):49-51.